蓝天保卫战：

在用汽车排放超标控制技术丛书

汽车排放超标控制技术通论

《蓝天保卫战：在用汽车排放超标控制技术丛书》编写组　编著

INTRODUCTION TO
CONTROL
TECHNOLOGIES
OF EXCESSIVE EMISSIONS FROM AUTOMOBILES

人民交通出版社股份有限公司

北　京

内 容 提 要

本书根据当前我国汽车排放超标控制治理形势要求及实施在用汽车排放检验与维护制度(I/M制度)需要,紧扣我国汽车排放检验与维修行业实际和特点,阐述了汽车排放污染来源及控制机理、汽车排放检验、诊断与维修技术体系等方面的知识,同时充分吸收和借鉴了国外实施I/M制度的经验做法,研究并提出了我国I/M制度的设计与运行建设。

本书是从事汽车排放检验与维修行业管理工作的技术人员必备读本,是汽车排放检验和维修人员提高技术、业务素质的良师益友,也可作为各级交通运输、生态环境部门治理在用汽车排放超标的培训教材以及高等院校教学的参考书籍。

图书在版编目(CIP)数据

汽车排放超标控制技术通论 /《蓝天保卫战 : 在用汽车排放超标控制技术丛书》编写组编著. — 北京 : 人民交通出版社股份有限公司, 2022.6
(蓝天保卫战 : 在用汽车排放超标控制技术丛书)
ISBN 978-7-114-17643-2

Ⅰ.①汽…　Ⅱ.①蓝…　Ⅲ.①汽车排气—空气污染控制　Ⅳ.①X734.201

中国版本图书馆CIP数据核字(2021)第190449号

蓝天保卫战:在用汽车排放超标控制技术丛书
Qiche Paifang Chaobiao Kongzhi Jishu Tonglun
书　　名:**汽车排放超标控制技术通论**
著 作 者:《蓝天保卫战:在用汽车排放超标控制技术丛书》编写组
责任编辑:刘　博　姚　旭　钟　伟
责任校对:席少楠
责任印制:刘高彤
出版发行:人民交通出版社股份有限公司
地　　址:(100011)北京市朝阳区安定门外外馆斜街3号
网　　址:http://www.ccpcl.com.cn
销售电话:(010)59757973
总 经 销:人民交通出版社股份有限公司发行部
经　　销:各地新华书店
印　　刷:北京印匠彩色印刷有限公司
开　　本:720×960　1/16
印　　张:19.5
字　　数:329千
版　　次:2022年6月　第1版
印　　次:2022年6月　第1次印刷
书　　号:ISBN 978-7-114-17643-2
定　　价:100.00元
(有印刷、装订质量问题的图书由本公司负责调换)

丛书审定组

主　审: 徐洪磊　许其功

副主审: 吴　烨　丁　焰

成　员: 葛蕴珊　周　炜　陈海峰　马盼来　李　波
田永生　黄新宇　褚自立　傅全忠

丛书编写组

主　编: 郝吉明　李　刚

副主编: 曹　磊　龚巍巍

成　员: 渠　桦　崔明明　尹　航　慈勤蓬　崔修元
王　欣　刘　嘉　张宪国　刘　杰　钱　进
张少君　陈启章　李秀峰　严雪月

本书编写组

李　刚　龚巍巍　曹　磊　渠　桦　刘　杰
崔明明　慈勤蓬　崔修元　王　欣　张宪国
钱　进　尹　航　杨孝文　杨道源　刘　嘉
严雪月　孟祥峰　韦　一

前言

我国已实现全面建成小康社会的第一个百年奋斗目标，全党全国各族人民意气风发向着全面建成社会主义现代化强国的第二个百年奋斗目标迈进。人民群众在物质文化生活水平显著提高的同时，对生态环境质量也有着更高的要求，如何有效控制与治理我国在用汽车的排放污染、助力建设美丽中国，已成为推动我国交通可持续发展、提升生态环境治理能力和治理体系现代化的重要课题。

党的十八大把生态文明建设纳入中国特色社会主义事业“五位一体”总体布局。2018年，中共中央、国务院作出重大决策部署，要求坚决打赢蓝天保卫战。2019年9月，中共中央、国务院印发《交通强国建设纲要》，要求坚决打好柴油货车污染治理攻坚战，统筹车、油、路治理，有效防治公路运输大气污染。2021年9月，中共中央、国务院印发《关于完整准确全面贯彻新发展理念做好碳达峰碳中和工作的意见》，要求着力解决资源环境约束突出问题。2021年11月召开的党的十九届六中全会强调，要坚持人与自然和谐共生，协同推进人民富裕、国家强盛、中国美丽。“十四五”时期是深入打好污染防治攻坚战、持续改善生态环境质量的关键五年，其中柴油货车污染治理攻坚战是大气污染防治的三大标志性战役之一。

汽车排放检验与维护制度（I/M制度）于20世纪70年代起源于饱受光化学烟雾困扰的发达国家，并于后期持续改进。美国实施I/M制度对减少加利福尼亚州等汽车排放重点地区空气污染、改善空气质量发挥了关键作用，日本和欧盟诸国实施I/M制度后在空气质量改善方面也取得明显成效。I/M制度良好的经济、社会效益得到了充分体现，彰显了可持续交通发展的理念，显示出旺盛的生命力。20世纪90年代后期，我国政府主管部门及专家学者开始关注I/M制度，研究探索适用于我国的制度和技术措施，逐步形成有价值的理论成果，得到国家有关部门的重视，最终形成国家政策并迅速推广应用。从目前我国的现实发展情况看，I/M制度不仅对于治理数量庞大的在用汽车排放超标具有关键作用，也对完善维修技术内涵、引导汽车维修行业高质量发展具有重要意义。2020年6月，生态环境部、交通运输部和国家市场监督管理总局印发《关于建立实施汽车排放检验与维护制度的通知》，在全国布置建立实施I/M制度工作，标志着我国在用汽车排放超标治理驶入了快车道。

实施I/M制度是一项理论性、技术性、政策性都很强的工作，具有很大难度和挑战性，既需要思想认识到位，又需要做好充分技术准备。为深入推动我国I/M制度顺利全面实施，给在用汽车排放超标治理提供理论指引、技术指导、方法借鉴和案例示范，中国工程院院士郝吉明和交通运输部政策研究室原主任李刚牵头，组织协调交通运输部规划研究院、中国环境科学研究院、中国汽车技术研究中心、清华大学、北京理工大学、山东交通学院以及其他机构学者专家，针对在用汽车排放超标控制领域存在的理论、政策、技术、方法等方面的重大瓶颈和关键问题，开展系统深入的科学研究、提出政策制度措施建议，最终编写形成《蓝天保卫战：在用汽车排放超标控制技术丛书》。丛书以汽车排放超标控制技术通论、检验技术、诊断技术、维修技术、国外I/M制度等五个专题分别成册，详细分析介绍I/M制度的科学内涵和技术体系，探讨有关I/M制度建设和技术发展问题。

《汽车排放超标控制技术通论》是丛书的首册。该书主要讲解了汽车排放污染物来源与控制机理，及汽车排放检验、诊断、维修技术理论，介绍了国外实施I/M制度有关情况，研究提出了我国I/M制度实施与运行的思路建议，可为各级政府部门组织推进I/M制度实施，以及汽车排放检验机构（I站）和汽车排放性能维护（维修）站（M站）开展技术培训提供有益的参考借鉴，是广大汽车检验诊断维修技术人员提升业务素质与专业技能的必备教材，也可作为高等院校教学的参考书籍。

本丛书编写得到了国家出版基金立项资助（项目编号：2021X-020），得到了交通运输部运输服务司、生态环境部大气环境司的悉心指导，并得到了李骏院士、贺泓院士以及交通运输部规划研究院、中国环境科学研究院等单位和诸多专家的大力支持，中自环保科技股份有限公司、博世汽车技术服务（中国）有限公司、康明斯（中国）投资有限公司为丛书编写提供了帮助，我们在此一并表示衷心感谢！由于编者水平有限，书中难免有不妥之处，敬请读者批评指正。

绿水青山就是金山银山，践行生态绿色发展理念、建设美丽中国需要全社会共同努力。愿本丛书的出版能够为我国顺利实施I/M制度、改善区域环境空气质量、推进交通可持续发展贡献绵薄力量，愿人民群众期盼的蓝天白云常在身边！

丛书编写组

2022年5月

目　录

第一章 概　述

近年来，各地的大气污染源解析结果表明，随着对燃煤和工业污染源的持续深入治理，机动车等移动源已经成为许多大中城市细颗粒物（PM2.5）的首要本地来源，且所占比例大幅提升。党中央、国务院高度重视机动车污染防治工作，作出了一系列重大决策部署，先后出台了《中共中央　国务院关于全面加强生态环境保护　坚决打好污染防治攻坚战的意见》《打赢蓝天保卫战三年行动计划》《柴油货车污染治理攻坚战行动计划》等一系列重要文件，机动车污染防治工作逐步深入，开展了“车—油—路”全过程、全要素的治理，排放标准加快升级，车用油品质量加快提升，黄标车❶和老旧车淘汰2000多万辆。但在机动车保有总量较大、增速较快的情况下，各项污染物排放总量仍然较高，机动车排放污染问题日益凸显，成为影响区域环境空气质量的重要因素和打赢蓝天保卫战的关键。本章主要阐述了我国大气污染防治的严峻形势，介绍了汽车排放污染对大气污染的主要影响，同时也介绍了近些年我国针对汽车排放污染的主要治理措施，并指出了实施汽车排放检验与维护制度（I/M制度）对于治理在用汽车排放污染的重要作用及其在我国全面实施的必要性和可行性。

---

❶ 黄标车是新车定型时排放水平低于国一排放标准的汽油车和低于国三排放标准的柴油车的统称，通常是尾气排放污染量大、浓度高，排放稳定性差的车辆。

第一节　我国大气污染现状与治理概况

一、我国大气污染现状

近年来，我国京津冀、长三角、汾渭平原等地区频繁出现高强度、大范围、长时间的雾霾天气，对人民群众根本利益和身体健康造成严重不利影响。2020 年，全国 337 个地级及以上城市中，空气质量达标城市为 135 个，占比 40.1%。全国 337 个城市在 2019 年的 PM2.5 平均浓度为 $33\mu g/m^3$，PM10 平均浓度为 $59\mu g/m^3$，整体仍处于超标状态。人民群众对区域大气污染反应较为强烈，对改善空气质量要求迫切，大气污染治理形势紧迫。大气污染不仅是环保问题，更是民生问题，已成为人民群众关心、关注的热点。

我国区域大气污染形势依然严峻。《2020 中国生态环境状况公报》显示，2020 年京津冀及周边地区 16 个城市平均优良天数比例为 63.5%，超标天数中，以 PM2.5、O_3、PM10 和 NO_2 为首要污染物的天数分别占污染总天数的 48%、46.6%、5.3% 和 0.2%；长三角地区 41 个城市平均优良天数比例为 85.2%，超标天数中以 O_3、PM2.5、PM10 和 NO_2 为首要污染物的天数分别占污染总天数的 50.7%、45.1%、2.9% 和 1.4%；汾渭平原 11 个城市平均优良天数比例为 70.6%，平均超标天数比例为 29.4%，以 PM2.5、O_3、PM10 和 NO_2 为首要污染物的超标天数分别占总超标天数的 56.4%、36.1%、7.3% 和 0.2%；以上地区均未出现以 CO 和 SO_2 为首要污染物的超标天。

二、我国大气污染治理过程

我国能源利用方式相对传统，且能耗高、利用率低，同时人口、工业、经济在一些地区集中度高、交通运输强度大，导致我国大气污染状况比较严重，其中部分区域和城市大气污染尤为突出。21 世纪初，世界银行相关研究显示，我国的 SO_2 和 CO_2 排放量分别居世界第一位和第二位，CO_2 排放总量从 1980 年的 3.94 亿 t 增加到 2001 年的 8.32 亿 t。20 世纪 90 年代中期酸雨区面积比 80 年代扩大了 100 多万平方千米，年均降水 pH 值低于 5.6 的区域面积已占全国面积的 30% 左右。大气污染具有扩散速度快、持续时间长、流动性强等特点，给其治理造成了较大的难度。科学合理的大气污染治理制度，不仅要能有效解决已经形成的大气污染，改善

空气质量,更需要能从源头控制空气污染。我国大气污染防治工作自1973年正式启动至今,已积累了四十多年的防治经验,但总的来看属于边污染边治理的过程,总体上治理成效赶不上污染加重速度。根据几个重要的时间节点,我国大气污染治理过程可划分为五个阶段。

第一个阶段是从新中国成立至1978年,这个时期属于以工业粉尘治理为主导的大气污染控制阶段。新中国成立之初,我国的工作重点在于经济建设,当时的大气污染防治政策和制度基础薄弱,而且防治的目的不在于改善空气质量,而是为了保护工人身体健康。1973年,第一次全国环境保护会议召开,制定了工业废气容许排放量浓度以及配套的废气处理方式。1974年,国务院成立了专门的环境保护领导小组,负责全国范围内的环境保护和污染治理工作,这是我国历史上首次成立的专门负责环境保护的机构,我国关于大气污染治理工作的部门初具雏形。

第二个阶段是1978—1989年,这个时期属于环境保护工作逐步发展并获得重视的阶段。1984年,国家环境保护局正式成立,相关的环境保护工作有了更加细致和具体的机构保障,环保工作得到了具体的责任落实。在1983年和1989年,两次全国环境保护会议促使环境保护成为我国的基本国策。1987年9月,全国人民代表大会常务委员会首次颁布了《中华人民共和国大气污染防治法》(以下简称《大气污染防治法》)。

第三阶段是1990—2000年,这个时期属于大气污染治理相关制度和法规得到快速发展和完善的阶段。1996年,全国环境保护大会上提出了该时期的生态保护和污染防治与治理的方针政策,环境保护作为战略被广泛推广实施。1998年,国家环境保护总局提升为正部级机构,环境保护工作得到空前重视,同时,全国的环境保护工作除国家环境保护总局主导外,其他部委在开展相关业务时也被要求加强生态保护工作。

第四阶段是2001—2012年,这个时期属于具有针对性和专项性的大气联防联控措施进一步发展和完善的阶段。我国环境保护工作以原国家环境保护总局为主的管理制度更加明确,工作开展更加有力。2000年,修订了《大气污染防治法》,这次修订完成了对立法目的、法律责任以及防治主体等内容的修改,我国大气污染防治工作的法律依据更加清晰。

第五阶段是2013年至今,这个时期属于大气污染治理行动全面开展的阶段。党的十八大以来,我国推动生态环境保护的决心之大、力度之强、成效之大前所未有,大气、水、土壤污染防治行动成效明显,祖国大地正在绿起来、美起来。2013年,国务院印发《大气污染防治行动计划》,大气污染防治攻坚战的号角正式吹响。

全国人大常委会分别于2015年和2018年两次修订《大气污染防治法》。党的十九大提出分阶段的生态环境改善目标,要求到2020年要坚决打好污染防治攻坚战,特别是要打赢蓝天保卫战,使全面建成小康社会得到人民认可、经得起历史检验;2020—2035年,生态环境根本好转,美丽中国目标基本实现;2035—2050年,生态文明将全面提升。

为深入实施《大气污染防治行动计划》,原环境保护部联合其他部委陆续开展实施了一系列大气污染防治行动。一是推动能源结构优化调整,实施以电代煤、以气代煤,加快淘汰每小时10蒸吨及以下的燃煤锅炉。2016年,全国燃煤机组累计完成超低排放改造4.4亿kW,占煤电总装机容量的47%。二是制订重点行业挥发性有机物削减行动计划,围绕石油化工等11个重点行业实施清洁生产技术改造,进一步明确水泥错峰生产措施。三是全国淘汰黄标车和老旧车,降低在用车大气污染,2015年底提前完成黄标车淘汰任务,并于2018年开始大力淘汰国三排放标准的柴油车,四是发布汽车第六阶段排放标准,船舶发动机第一、二阶段排放标准。自2019年1月1日起,全国全面供应符合第六阶段排放标准的清洁油品。五是加强重污染天气监测预警评估体系建设,统一京津冀区域重污染天气预警分级标准,及时组织空气质量预测预报会商,强化应急响应措施,加强督查督导,实施重污染天气区域应急联动。

近年来,随着《大气污染防治行动计划》的实施,全国城市空气质量总体得到了改善,PM2.5、PM10、NO_2、SO_2和CO浓度和超标率均逐年下降,大多数城市重污染天数减少。但空气质量形势依然严峻,秋冬季重污染问题突出,大气污染程度仍然与理想的空气环境有一定距离,尤其是PM2.5、PM10等颗粒物浓度超标情况依然严重,O_3污染问题日益凸显。

三、大气污染治理的形势要求

近几年,我国通过调整能源结构,降低原煤产量和消费量,对燃煤炉窑进行节能环保改造,加大工业废气的治理力度,取得了一定的成效,使我国主要大气污染物的排放量有所降低。在这种大气污染治理形势整体好转的情况下,我国机动车排放污染问题便日益凸显,已成为区域和城市空气污染的重要来源。污染物来源解析表明,在北京和上海等特大型城市的大气污染中,其移动源对细颗粒物(PM2.5)浓度的"贡献"在20%~40%,在极端不利的条件下,所占比例甚至会达到50%以上。据《2021年中国移动源环境管理年报》显示,全国机动车保有量达到3.72亿辆,其中汽车保有量达到2.81亿辆,未

来一段时期内，我国机动车保有量仍将保持增长势头，机动车排放带来的大气环境压力仍然较大。

我国政府历来重视大气污染防治工作，在各方多年的共同努力下，我国已初步建立机动车环境管理新体系，制定实施了新生产机动车环保信息公开、环保达标监管、在用机动车环保检验、黄标车和老旧车加速淘汰等一系列环境管理制度；正在探索建立非道路移动源环境管理体系，初步建立新生产非道路移动机械环保信息公开、船舶排放控制区划定等环境管理制度；正在研究探讨机动车环保召回、在用移动机械低排放区划定、清洁柴油机行动等环境管理制度。但随着机动车保有量的逐年提升，我国的大气污染治理形势仍旧十分严峻，需要强化多污染物协同控制和区域协同治理，加强细颗粒物和臭氧协同控制，基本消除重污染天气。2018 年 6 月，国务院正式发布了《关于印发打赢蓝天保卫战三年行动计划的通知》（国发〔2018〕22 号），要求经过 3 年努力，大幅减少主要大气污染物排放总量，协同减少温室气体排放，进一步明显降低细颗粒物（PM2.5）浓度，明显减少重污染天数，明显改善环境空气质量，明显增强人民的蓝天幸福感，并明确指出强化移动源污染防治。2018 年 12 月，生态环境部、交通运输部等 11 部委联合印发的《关于印发〈柴油货车污染治理攻坚战行动计划〉的通知》（环大气〔2018〕179 号）要求，坚持统筹“油、路、车”治理，以京津冀及周边地区、长三角地区、汾渭平原相关省（市）以及内蒙古自治区中西部等区域为重点，以货物运输结构调整为导向，以柴油和车用尿素质量达标保障为支撑，以柴油车（机）达标排放为主线，建立健全严格的机动车全防全控环境监管制度，大力实施清洁柴油车、清洁柴油机、清洁运输、清洁油品行动，全链条治理柴油车（机）超标排放，明显降低污染物排放总量，促进区域空气质量明显改善。

《关于印发〈柴油货车污染治理攻坚战行动计划〉的通知》明确提出，要在全国建立完善机动车排放检测与强制维护制度（I/M 制度）。各地生态环境、交通运输等部门建立排放检测和维修治理信息共享机制。排放检验机构（I 站）应出具排放检验结果书面报告，不合格车辆应到具有资质的维修单位（M 站）进行维修治理。经 M 站维修治理合格并上传信息后，再到同一家 I 站予以复检，经检验合格方可出具合格报告。I 站和 M 站数据应实时上传至当地生态环境和交通运输部门，实现数据共享和闭环管理。研究制定汽车排放及维修有关零部件标准，鼓励开展自愿认证。各地全面建立实施 I/M 制度，重点区域提前完成。监督抽测发现的超标排放车辆也应按要求及时维修。

第二节 汽车排放物对大气污染的影响

汽车排放的氮氧化物(NO_x)和挥发性有机物(VOCs)是大气光化学反应的重要前体物,也是城市颗粒物主要二次组分硝酸盐和二次有机气溶胶的前体物。另外,汽车排放产生的烃类和氮氧化物在强烈紫外线照射下生成的光化学烟雾还是臭氧(O_3)污染的主要来源。臭氧一般隐藏在万里晴空之中,但危害却丝毫不亚于PM2.5,成为拖累空气质量的"罪魁"。目前,汽车排放污染较为严重,对环境影响较大。汽车一般通过三种途径产生大气污染物,分别是内燃机燃烧、燃油蒸发和摩擦。尾气排放即排放污染物,指发动机排气管排出的废气中由于不完全燃烧而产生的CO、HC、NO_x、SO_2、颗粒物等污染物。蒸发排放物指燃油蒸气从油箱、燃料供给系统、润滑系统逸出而产生的有害油气,以及车内装饰和汽车上涂料产生的溶剂蒸气等,还包括曲轴箱通风孔溢出的有机物等有害物质(称为曲轴箱排放物)。汽车行驶过程中,由于地面和轮胎之间的摩擦和制动片摩擦造成的表面磨损,也会产生颗粒物污染。

一、汽车排放物对典型大气污染事件影响

大气污染是人为的排放污染物和它们进一步反应产生的二次污染物在大气中积累到一定程度而危害人类健康和破坏自然环境的现象。大气污染物大致可以分为气态物质以及以微粒状态存在于大气中的固体、液体烟雾等污染物质构成的颗粒物两类;也可分为由发生源直接排出的一次污染物和在大气中反应生成的二次污染物两种。目前在人口稠密和工业发达的地区,一般应引起人们注意的一次污染物有CO、SO_2、NO_x、HC、颗粒物和重金属。历史上发生过多次由一次污染物或二次污染物引起的大气污染事件,造成了极其严重的后果。

世界上第一次严重的大气污染事件发生在英国伦敦,史称"伦敦烟雾"事件。该事件的一次污染物是SO_2和煤尘,二次污染物是硫酸雾和硫酸盐气溶胶,它是由于大量燃烧煤炭造成的,所以属于燃煤型烟雾。震惊世界的"伦敦烟雾"事件首次发生在1873年12月,直接受害死亡人数达到268人,以后又多次发生类似事件,最严重的一次发生在1952年12月的一天,当时伦敦气温在0℃以下,湿度达到100%,连续4天浓雾蔽日,加上大量煤烟持续排入大气,黑烟越积越厚,大气中烟尘最高浓度达到4.46mg/L,能见度只有几十英尺,受害死亡人数达到4000余人,肺炎、肺结核、流感、

心脏病发病率成倍增长，在浓雾渐渐散去后的两个月内，又有 8000 余人陆续死亡。直至 1962 年，英国政府才查明“肇事者”是硫酸雾。它是烟雾中 SO_2遇到空气中的水分在煤烟颗粒物存在的条件下发生催化反应而形成的物质。此后多年，经过英国政府的积极治理，此类严重的大气污染事件得到了控制。

日本大型石油化工城市四日市由于大量燃用高硫重油，曾经每年排出的 SO_2和粉尘总量达到 1.3×10^5t，大气中的 SO_2最高浓度是人体允许值的 5~6 倍，并且污染物中混有铅(Pb)、锰(Mn)、钛(Ti)等有害金属颗粒，长年累月侵蚀人体的呼吸器官。该城市于 1961 年开始产生和蔓延一种严重的“四日市哮喘病”，一度蔓延至日本全国。据报道，1972 年日本该病患者高达 6376 人。后经日本政府采取有效对策，对此类污染的控制已获得显著改善。

光化学烟雾是由汽车排气中的 NO_x和未燃 HC 在阳光的强烈照射下，发生一系列光化学反应，形成二次污染物，如 O_3、醛类、过氧乙酰硝酸酯(PAN)等氧化剂。由这些 NO_x、HC 及其光化学反应的中间产物、最终产物所组成的特殊混合物形成了光化学烟雾。光化学烟雾成分中的 O_3、过氧基硝酸酯(PBN)、醛类等氧化剂对人体的影响类似 NO_x，但比 NO_x 的影响更大。这些强氧化剂对人体各器官都具有强烈的刺激性，如刺激上呼吸道黏膜和眼睛，使人出现咳嗽、流泪、头疼等症状，使哮喘病患者发病频率增加，严重时造成呼吸困难和视力减退，损害中枢神经和引起肺气肿。其慢性毒作用还可诱发染色体畸变，加速人体衰老，降低肺部对细菌的抵抗力等。光化学烟雾中的 O_3能使植物变黑直至枯死，能使橡胶开裂，它有特别的臭味，甚至使人中毒、死亡。必须指出，光化学烟雾的出现需要一定的条件，只有在汽车排放的 NO_x和 HC 等污染物较多，而又处在大气流通不通畅的特殊地理环境，并具有强烈阳光照射的条件下，才有可能产生光化学烟雾。

汽车排气造成的大气污染最早发生于 1942 年美国加利福尼亚州(简称加州)南部的海滨城市洛杉矶市，即“洛杉矶光化学烟雾事件”。此后这种烟雾年复一年地于夏季、秋季在该城市发生，造成了极大的危害，仅 1955 年一次事件中，该市 65 岁以上老人死亡约 400 人，成千上万人出现红眼、流泪、喉痛、胸闷和呼吸困难等症状，甚至远离洛杉矶市 100km 之外的高山上，也有很多松树枯死，附近大面积的农作物和经济作物遭到严重破坏，引起大范围恐慌。直至十几年后，才确认造成这一严重事件的罪魁祸首就是汽车排出的 NO_x和 HC 经过光化学反应生成的 O_3等二次污染物。为数不多的大城市也多次发生过类似于洛杉矶市的污染事件，日本东京于 1970 年 7 月 18 日发生的一次光化学烟雾事件中，受害人数高达 6000 人。1973 年，东京光化学氧化剂 1h 浓度值高于 0.12×10^{-6}的天数超过了 300 天，而 1980 年则不到 100 天,这表明日本东京的环境有了很大的改善。

二、汽车排放物对区域大气环境质量影响

工业、燃煤和机动车已成为区域大气污染的重要来源,且机动车的占比越来越高。2017 年 4 月以来,我国开展了大气重污染成因与治理攻关研究项目,汇集国内众多环境科学、大气科学、气象科学以及行业治理等方面的专家和一线科研工作者,建成了天地空综合立体观测网,通过外场观测、实验室分析和数值模拟等综合研究手段,集中开展联合攻关,发现京津冀及周边地区大气重污染主要是由污染物本地积累、区域传输和二次转化综合作用造成的。研究表明,大气氧化驱动的二次转化是京津冀大气污染积累过程中爆发式增长的动力。PM2.5 二次转化微观机理十分复杂,硝酸盐、硫酸盐、铵盐和二次有机物等组分快速生成助推了 PM2.5 爆发式增长,不同时段、不同城市和不同气象条件下,各二次组分增长的贡献不同。研究表明,汽车尾气对 PM2.5 一次来源和二次转化均有较大影响。

源解析发现,机动车排放与燃煤、工业生产排放已成为我国大气污染最主要的污染源,城市大气污染已由煤烟型污染转化为煤烟和机动车排气混合型污染,部分城市机动车排气污染甚至已占主导地位,其对大气污染的分担率不断提高。根据我国已经完成的第一批城市大气细颗粒物(PM2.5)源解析结果,大多数城市 PM2.5 的产生仍以燃煤排放为主,但已有部分城市移动源的排放成了 PM2.5 的首要来源,具体如图 1-1 所示。据《第二次全国污染源普查公报》的统计结果,2017 年全国大气污染 NO_x 排放为 1785.22 万 t,其中移动源占比为 59.6%。

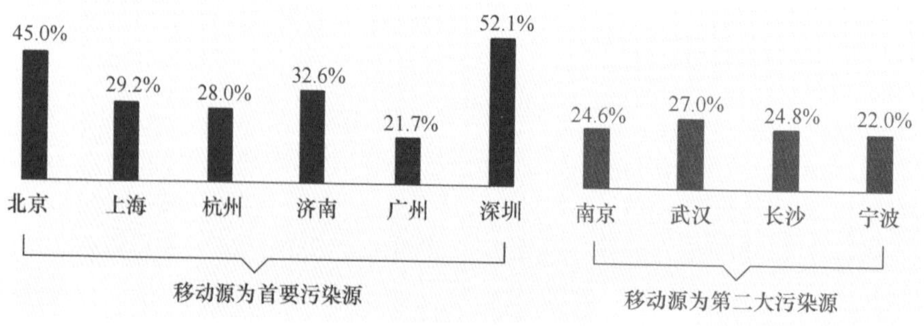

图 1-1 城市移动源排放的 PM2.5 占比

三、汽车排放物对温室效应影响

汽车排气中含有大量的二氧化碳（CO_2）。CO_2是没有毒性的，但是它却是引起温室效应的主要物质。地球从太阳接收能量，又向周围空间辐射能量，两者长期保持着平衡，所以地球的年平均温度几乎没有什么变化。如果年平均温度因地球能量平衡发生变化而下降几摄氏度，有可能带来一个冰河期；反之，如果年平均温度上升几摄氏度，就可能发生冰峰消融，海平面上涨，淹没城市和陆地。

水蒸气和CO_2能吸收红外辐射，它们在大气层里能够捕获地球表面辐射出去的部分热量并使之辐射到地面，不使地球表面夜间温度过低，这种类似温室的保温作用，称为温室效应。它对于维持地球目前的能量平衡是必要的，如果大气中的水分和CO_2含量增加，吸收的热量随之增加，则地面辐射散失的热量也随之减少，从而导致温度上升，增强了温室效应，最终将导致全球气候变暖。

交通领域能耗和碳排放量大且增长迅速。交通、工业、建筑是化石能源消耗及温室气体排放的三大重点领域。交通领域石油消费占我国石油终端消费的比例为60%左右。近年来，我国交通领域（含社会车辆）碳排放量占全社会碳排放总量的10%左右、碳排放量年均增速保持在5%左右，是我国实现碳减排目标的重点领域。汽车排放是我国温室气体排放的主要来源之一。

纵观历史上几起典型的大气污染事件，汽车排放污染对人体健康和自然环境产生了巨大的影响和破坏。为此，和安全监管一样，包括汽车排放治理在内的环境保护和监管，已成为各国政府优先考虑的公共政策。

第三节 我国汽车排放污染控制主要方法

为贯彻落实《大气污染防治法》和国务院要求，原环境保护部和交通运输部等部门制订了机动车污染防治工作方案和配套政策，并强化协调配合，加大工作力度。目前，我国已初步建立了机动车环境管理体系，实施了新生产机动车环保信息公开、环保达标监管、在用机动车环保检验、黄标车和老旧车加速淘汰、车辆日常维护等一系列环境管理制度，相关法律、法规、标准体系不断完善，监管能力逐步加强。

一、严格汽车排放标准

近年来，我国一直在持续加快推进实施更严格的新车排放标准、生产一致性检查检验标准。主要是因为新车排放标准对汽车排气有较好的预防治理作用,其主要特点为:①从源头控制,是削减机动车污染物的根本所在;②控制新定型、新生产汽车和发动机污染物排放,可从新车设计和生产质量上把关。我国新车排放标准实施进程如图 1-2 所示,标准主要内容见表 1-1。

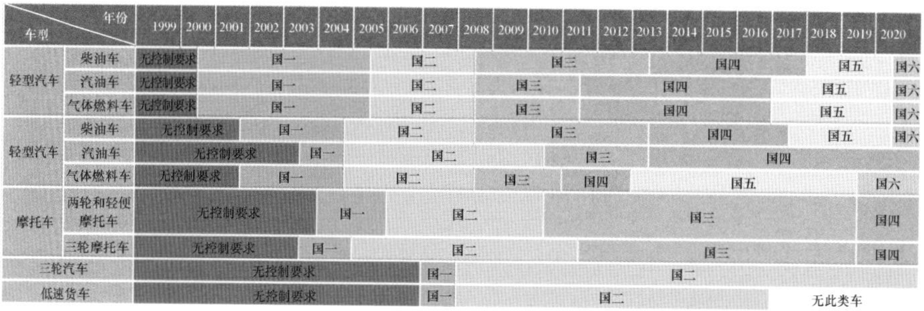
年份
车型
1999 2000 2001 2002 2003 2004 2005 2006 2007 2008 2009 2010 2011 2012 2013 2014 2015 2016 2017 2018 2019 2020
轻型汽车
柴油车 无控制要求 国一 国二 国三 国四 国五 国六
汽油车 无控制要求 国一 国二 国三 国四 国五 国六
气体燃料车 无控制要求 国一 国二 国三 国四 国五 国六
轻型汽车
柴油车 无控制要求 国一 国二 国三 国四 国五 国六
汽油车 无控制要求 国一 国二 国三 国四
气体燃料车 无控制要求 国一 国二 国三 国四 国五 国六
摩托车
两轮和轻便摩托车 无控制要求 国一 国二 国三 国四
三轮摩托车 无控制要求 国一 国二 国三 国四
三轮汽车 无控制要求 国一 国二
低速货车 无控制要求 国一 国二 无此类车

图 1-2　新车排放标准实施进程图

新车排放标准主要内容　　表 1-1

序号	标准名称、编号	车辆类别	燃料类型	受控污染物种类
1	《轻型汽车污染物排放限值及测量方法(中国Ⅲ、Ⅳ阶段)》(GB 18352.3—2005)	轻型	汽油、柴油、气体燃料	排气污染物:CO、HC、NO_x、PM 曲轴箱:HC 排放 燃油蒸发:HC 排放
2	《轻型汽车污染物排放限值及测量方法(中国第五阶段)》(GB 18352.5—2013)	轻型	汽油、柴油、气体燃料	排气污染物:CO、THC、NMHC、NO_x、PM、PN 曲轴箱:HC 排放 燃油蒸发:HC 排放
3	《轻型汽车污染物排放限值及测量方法(中国第六阶段)》(GB 18352.6—2016)	轻型	汽油、柴油、气体燃料	排气污染物:CO、THC、NMHC、NO_x、N_2O、PM、PN 实际行驶:NO_x、PN、CO 曲轴箱:HC 排放 燃油蒸发:HC 排放 加油过程:HC 排放
4	《重型柴油车污染物排放限值及测量方法(中国第六阶段)》(GB 17691—2018)	重型	柴油、气体燃料	排气污染物:CO、THC、NMHC、CH_4、NO_x、NH_3、PM、PN、烟度
5	《重型车用汽油发动机与汽车排气污染物排放限值及测量方法(中国第Ⅲ、Ⅳ阶段)》(GB 14762—2008)	重型	汽油	排气污染物:CO、HC、NO_x

二、提升车用燃料品质

车用燃料的品质直接影响汽车及发动机的燃烧过程和燃烧效果，车用燃料一直是我国机动车环境管理的重要内容，其对机动车排放的影响随着机动车排放标准的逐步提升而日益凸显。目前，我国车用燃料环境管理范围包括汽油、柴油、油气回收等。燃油标准为产品标准，燃油标准的及时出台和有效实施，直接关系到排放标准的实施进程和效果；车用燃料品质的提升，将直接降低机动车污染排放。我国燃油标准实施时间汇总见表 1-2。目前，我国正在执行的车用燃料相关标准见表 1-3。

燃油标准实施时间汇总表　　表 1-2

<table>
<tr><th colspan="2" rowspan="2">实施范围</th><th rowspan="2">燃油类型</th><th colspan="7">标准阶段</th></tr>
<tr><th>无控制</th><th>国一</th><th>国二</th><th>国三</th><th>国四</th><th>国五</th><th>国六</th></tr>
<tr><td colspan="2" rowspan="3">全国</td><td>车用汽油</td><td>(1000×10$10^{-6}$)[①]</td><td>2003 年 7 月 1 日 (800×10^{-6})</td><td>2005 年 7 月 1 日 (500×10^{-6})</td><td>2010 年 1 月 1 日 (150×10^{-6})</td><td>2014 年 1 月 1 日 (50×10^{-6})</td><td>2017 年 1 月 1 日 (10×10^{-6})</td><td>2019 年 1 月 1 日 (10×10^{-6})</td></tr>
<tr><td>车用柴油</td><td>($2000/5000/10000\times10^{-6}$)</td><td>2002 年 1 月 1 日 (2000×10^{-6})</td><td>—</td><td>2011 年 7 月 1 日 (350×10^{-6})</td><td>2015 年 1 月 1 日 (50×10^{-6})</td><td>2017 年 1 月 1 日 (10×10^{-6})</td><td>2019 年 1 月 1 日 (10×10^{-6})</td></tr>
<tr><td>普通柴油</td><td>($2000/5000/10000\times10^{-6}$)</td><td>2002 年 1 月 1 日 (2000×10^{-6})</td><td>—</td><td>2013 年 7 月 1 日 (350×10^{-6})</td><td>2017 年 7 月 1 日 (50×10^{-6})</td><td>2017 年 11 月 1 日 (10×10^{-6})</td><td>与车用柴油并轨</td></tr>
<tr><td rowspan="6">部分区域[②]</td><td rowspan="3">东部</td><td>车用汽油</td><td colspan="4" rowspan="3">—</td><td rowspan="2">—</td><td>2016 年 1 月 1 日</td><td rowspan="3">—</td></tr>
<tr><td>车用柴油</td><td>2016 年 1 月 1 日</td></tr>
<tr><td>普通柴油</td><td>2016 年 1 月 1 日</td><td>—</td></tr>
<tr><td rowspan="3">2+26 城市</td><td>车用汽油</td><td colspan="6" rowspan="3">—</td><td rowspan="2">2017 年 10 月 1 日</td></tr>
<tr><td>车用柴油</td></tr>
<tr><td>普通柴油</td><td>—</td></tr>
</table>

注：①括号内指燃油硫含量；

②仅指国家要求提前实施的情况。

主要车用燃料标准列表

表 1-3

燃料类型	标准名称
汽油标准	《车用汽油》(GB 17930)
	《车用乙醇汽油(E10)》(GB 18351) 《车用乙醇汽油调和组分油》(GB 22030) 《车用甲醇汽油(M85)》(GB 23799) 《车用燃料甲醇》(GB/T 23510)
柴油标准	《车用柴油》(GB 19147) 《B5 柴油》(GB 25199)
油气排放控制标准	《储油库大气污染物排放标准》(GB 20950) 《汽油运输大气污染物排放标准》(GB 20951) 《加油站大气污染物排放标准》(GB 20952) 《油品装载系统油气回收设施设计规范》(GB 50759)

为了确保新车排放标准有效实施,改善京津冀及长三角地区的环境空气质量,环境保护部于 2016 年组织委托第三方机构开展了京津冀及长三角地区车用燃料随机抽样调查。其中,京津冀地区车用燃油品质调查选取了 5 个城市的 66 个样品,调查结果显示,车用汽油和车用柴油样品达标率分别为 100% 和 69. 76%。京津冀地区车用汽油品质良好,均能达到国家标准要求,但柴油品质存在较大问题。长三角地区车用燃油品质调查选取了 12 城市 80 个样品,结果显示,车用汽油和车用柴油样品达标率分别为 98. 3% 和 90. 9%,说明车用柴油品质仍需要进一步提升。

近年来,我国一直在大力发展新能源汽车且其销量日益增加,但在未来若干年内,汽油车和柴油车仍将会在汽车市场中占据主流地位。未来,提升车用燃油品质,仍将是我国机动车环境管理工作的重中之重。从技术上而言,车用汽油的发展方向是无硫化和降低烯烃、芳烃值;车用柴油的发展方向是无硫化、提高十六烷值和降低多环芳烃含量。

三、淘汰黄标车及老旧车辆

为贯彻落实《大气污染防治法》和相关政策等要求,各地区及有关部门纷纷制订有利于机动车污染防治和减排的工作方案和配套政策,并强化协调配合,加大黄标车及老旧车淘汰力度。2013 年 9 月,国务院印发《大气污染防治行动计划》,明确淘汰 2005 年底前注册营运的黄标车。2015 年,环境保护部会同公安部、财政

部、交通运输部、商务部联合印发《关于全面推进黄标车淘汰工作的通知》，明确了全国黄标车淘汰工作的内容和要求，具体包括强化执法监管、严格报废注销、加强政策引导、严格检验检测、严格报废监管等方面的工作内容。2014—2017 年，全国已累计淘汰黄标车及老旧车 2000 万辆，其中黄标车 1100 万辆，圆满完成《大气污染防治行动计划》规定的淘汰任务。而 2018 年，生态环境部等 11 部门联合印发的《关于印发〈柴油货车污染治理攻坚战行动计划〉的通知》（环大气〔2018〕179 号）则要求，到 2020 年底，京津冀及周边地区和汾渭平原淘汰国三及以下排放标准营运柴油货车 100 万辆以上。2020 年 4 月，交通运输部联合生态环境部、财政部、商务部、公安部印发《关于加快推进京津冀及周边地区、汾渭平原国三及以下排放标准营运柴油货车淘汰工作的通知》，要求加快推进柴油货车污染治理，切实降低柴油货车污染，确保如期实现京津冀及周边地区、汾渭平原淘汰国三及以下排放标准营运柴油货车 100 万辆以上的目标。

四、强化达标监督检查

经过几十年的发展，我国建立了较为完善的机动车排放监督检查制度，包括定型检验、生产一致性检查和在用符合性检查等，如图 1-3 所示。

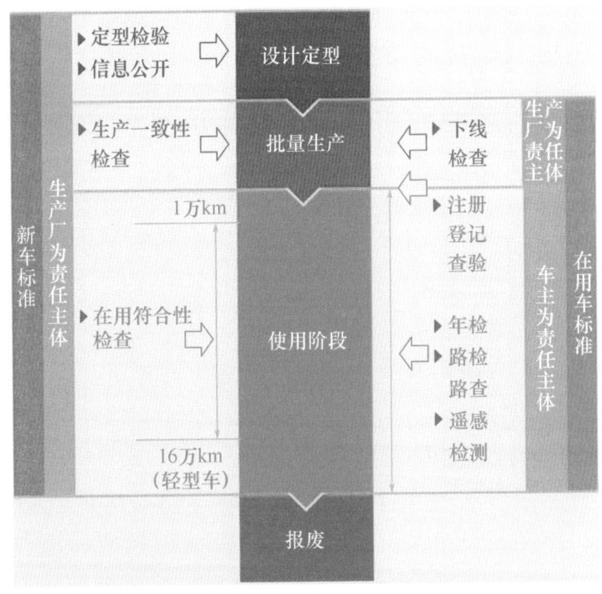

图 1-3　我国机动车排放监督检查示意图

国家依法建立了一套完整的在用机动车排放检验制度。在用车排放标准是对在用车排放达标监督检查的技术依据，其主要特点为：①监督在用车辆的工作状况，使其工作正常，排放控制装置正常发挥作用；②及时发现排放超标的车辆，淘汰高排放车辆；③测试方法相对简单易行，时间短、成本低。我国在用汽车排放及检测标准见表1-4。

在用车排放及检测标准主要内容 表1-4

序号	标准编号、名称	车辆类别	燃料类型	受控污染物种类
1	《汽油车污染物排放限值及测量方法》(GB 18285—2018)	轻型、重型	汽油、气体燃料	排气污染物：CO、HC—双怠速法； 排气污染物：CO、HC、NO—稳态工况法； 排气污染物：CO、HC + NO_x—瞬态工况法； 排气污染物：CO、HC、NO_x—简易瞬态工况法
2	《柴油车污染物排放限值及测量方法》(GB 3847—2018)	轻型、重型	柴油	PM—自由加速法； PM、NO_x—加载减速法； 烟度—林格曼黑度法

五、加强在用汽车技术维护

2014年，交通运输部、环境保护部、公安部等10部委共同发布了《关于促进汽车维修业转型升级 提升服务质量的指导意见》(交运发〔2014〕186号)，明确提出建立实施汽车检测与维护制度(I/M制度)，促进生态文明建设。2016年，为适应汽车技术的进步、汽车使用环境的变化以及使用现行标准的需要，突出安全、环保和节能的要求，交通运输部组织修订了《汽车维护、检测、诊断技术规范》(GB/T 18344—2016)，在总结多年汽车维护作业规范实施经验的基础上，针对当前新技术在汽车上的大量应用及汽车维修技术进步的新形势，着重以确保车辆安全和环保性能为目标，对车辆安全、节能、排放系统检测、诊断和维护作业提出基本要求，是一个全面贯彻汽车维护制度的通用标准，其核心理念是“预防为主、定期检测、周期维护、视情修理”。《关于印发〈柴油货车污染治理攻坚战行动计划〉的通知》(环大气〔2018〕179号)要求，建立完善机动车排放检测与强制维护制度(I/M制度)。

第四节　汽车排放污染治理I/M制度

一、I/M 制度的概念

汽车排放检验与维护制度(Inspect Maintenance Program),是指通过依法对在用汽车排放性能进行定期检验及抽测,并强制排放超标汽车维修治理,使其排放性能恢复并符合相关排放标准要求的联动闭环管理制度,简称 I/M 制度。这一制度的实施可使排放超标车辆得到有效筛查和维修治理,使在用汽车处于良好的运行状态,减少在用汽车的排放污染。可以说,I/M 制度是汽车对生态环境的免疫系统,可使汽车更加和谐地融入人类社会中。

二、I/M 制度的作用

1. I/M 制度的主要作用

(1)有利于减少在用汽车的排放污染。发动机本身都具有一定的尾气净化能力,随着行驶里程的增加,尾气排放净化能力会逐渐下降,如燃烧室积炭、汽缸气压减小、气门间隙变化、点火正时不准等均会影响发动机燃烧质量,造成汽车尾气排放净化性能恶化,而且排放中有害物质往往是成倍甚至是十几倍地增加。实施 I/M 制度,在机动车排放检验机构(I 站)对在用车进行尾气检测,及时发现排放不达标的车辆,要求尾气排放不达标车辆到机动车排放污染维修治理站(M 站)进行维修,维修合格后,再到机动车排放检验机构(I 站)复检,最终合格后方可上路行驶。通过实施 I/M 制度,可有效降低在用车排放污染量。据统计,美国有关地区执行 I/M 制度以来,汽车的排放污染物总量降低了近 50%。

(2)有利于改善在用汽车的技术状况。汽车运行一定里程或使用一段时间,技术状况必然发生变化,造成动力下降、油耗增加、排放增多等,这也是造成车辆排放超标的重要原因。通过实施 I/M 制度,分析车辆尾气排放数据,进而分析车辆发动机运行状况,制订科学合理的维修治理方案,在减少排放污染的同时,可以进一步改善车辆技术状况、减少燃油消耗,同时可有效预防车辆各种故障的发生。

(3)有利于形成汽车排放污染治理的长效机制。长期以来,经机动车排放检验机构(I 站)检测不合格的车辆,多数未进行有效治理,汽车尾气检测未能发挥应有的作用。通过实施 I/M 制度，建立完善 I/M 制度信息化管理平台，明确机动车排放检验机构（I 站）和机动车排放污染维修治理站（M 站）的职责和作业服务流程，确保尾气不合格车辆必须到机动车排放污染维修治理站（M 站）进行维修治理，并加强事中事后监管，督促机动车排放污染维修治理站（M 站）严格执行技术规范，提升尾气维修治理技术能力。同时，建立环境、交通部门沟通协调机制，形成汽车超标治理监管体系，将有利于提高汽车排放污染综合治理能力。

2. I/M 制度的优点

（1）快速削减汽车排放污染物。实施 I/M 制度，能够快速削减在用汽车污染物排放，具有良好的环境效益。实践表明，通过实施 I/M 制度，可有效治理占车辆总保有量 10%～15%的超标排放车辆，减少约 50%的在用车污染物排放量。

（2）有效降低汽车使用成本。研究表明，通过实施 I/M 制度，对车辆性能进行恢复性维修后，车辆燃油经济性可提高 3%～4%，可有效降低汽车的使用成本，经济效益好。

（3）助力汽车维修行业转型升级。实施 I/M 制度，必须进行专业技术人才培训，配备先进设施设备，完善信息化建设。这些措施的实施，对加强维修人才队伍建设、提高维修装备技术水平、提高行业信息化水平等也将起到重要的助推作用。

三、我国实施 I/M 制度的必要性

大气污染治理已经成为全社会关注的热点。随着汽车保有量的迅速增加和行驶里程的不断增长，在用汽车产生的排放污染物日益成为重要的大气污染源，能源消耗的增加也进一步加剧了我国的石油能源风险。治理大气污染、保护蓝天，已势在必行，事关人民群众健康和可持续发展，必须有力推进。

在用车尾气排故是大气污染的重要来源之一。伴随着快速城市化和快速工业化进程，我国已进入快速机动化的发展轨道。截至 2020 年底，全国机动车保有量达到 3.72 亿辆，其中汽车保有量达到 2.81 亿辆，全社会机动化出行水平大幅度提高，城市大气污染已由煤烟型转化为煤烟和机动车排气混合型，部分城市甚至机动车排放污染占主导地位，未来一段时间我国机动车保有量还将保持增长态势。参照国外大气污染防治历程，在机动车保有量快速增长阶段如果不能及时加严尾气污染物排放治理法规标准，则机动车排放对环境大气污染物浓度的贡献率将持续处于较高水平，严重威胁人民健康和城市可持续发展。

我国尚未建立完善的在用车排放治理制度。近年来，我国通过提升新车排放

标准、提升车用燃油品质、加速淘汰黄标车及老旧汽车、推广使用清洁能源等手段加强机动车排放污染治理，虽取得了一定成效，但在用机动车排放污染治理总体效果尚不尽人意。纵观国际经验，I/M 制度是欧美日发达国家和地区普遍实施的在用车排放管理制度，对机动车尾气排放治理实现了闭环管理，在用车排放达标率显著提升。我国已步入汽车社会，未来十年机动车保有量仍将持续增加，随着在用车行驶里程的增加，我国在用车尾气减排压力会越来越大。因此，我国亟须借鉴发达国家和地区的成功实践经验，结合我国国情加快推进 I/M 制度实施。

四、我国实施 I/M 制度的基础条件

1. 法规政策日渐明确

为打好污染防治攻坚战、打赢蓝天保卫战，国家生态环境主管部门针对大气污染防治已开展了多项治理工作。机动车污染防治，尤其是在用车尾气排放治理，是一项艰巨而长远的工作，已成为大气污染防治的重点工作。《大气污染防治法》授权交通运输、生态环境部门应当加强对在用汽车排放检验和维修治理的监督管理。2020 年 6 月，生态环境部、交通运输部和国家市场监督管理总局联合印发了《关于建立实施汽车排放检验与维护制度的通知》(环大气〔2020〕31 号，以下简称《通知》)，要求各地加快建立实施汽车排放检验与维护制度，标志着我国 I/M 制度实施驶入了“快车道”。《通知》规定，各省级生态环境、交通运输部门应通过信息闭环管理来实现汽车排放检验与维护制度联动，以及对超标排放汽车的闭环管理。超标排放汽车的排放检验信息和维护修理信息，应分别按照生态环境部和交通运输部有关技术要求，通过汽车排放检验信息系统和汽车维修电子健康档案系统上传至各自省级系统，并通过两省级系统实现数据交互，按规定制度作出处理。具备条件的地市可以通过地市级相关系统实现闭环管理，并将数据上传至省级系统。超标排放汽车到汽车排放检验机构复检的，汽车排放检验机构应通过系统查询其维护修理记录并作为复检凭证。暂不具备信息化条件的地区，汽车排放检验信息系统和汽车维修电子健康档案系统实现联网前，可以将维修结算清单或者《机动车维修竣工出厂合格证》作为复检凭证。

2. 技术制度初见成效

目前，欧美等发达国家和地区在在用汽车排放污染维修治理与 I/M 制度的实施方面已积累了丰富的经验，我国也有多个地区率先实施 I/M 制度，并在制度设

计、技术规程、管理措施等方面取得了一定的成效，探索了可行的经验，为下一步国家推进 I/M 制度的实施奠定了理论和技术基础。随着汽车维修行业不断加强事中事后监管，维修行业管理更为规范。2016 年，交通运输部组织修订了《汽车维护、检测、诊断技术规范》（GB/T 18344—2016），2017 年，环境保护部又组织修订了《机动车排放污染防治技术政策》等技术政策，均为 I/M 制度建立奠定了坚实的技术与制度保障。

3. 部门联动创造条件

I/M 制度是一个涉及部门多、部门联动性要求强的大气污染物治理措施，在推进过程中不仅涉及交通运输、生态环境部门，还涉及公安、市场监管等部门，需要各行各业齐抓共管，协同推进。2014 年，10 部委共同发布的《关于促进汽车维修业转型升级　提升服务质量的指导意见》（交运发〔2014〕186 号）中明确提出要实施 I/M 制度，为推进 I/M 制度的实施中部门联动创造了良好的制度环境。2016 年 7 月，环境保护部、公安部、国家认证认可监督管理委员会联合印发了《关于进一步规范排放检验加强机动车环境监督管理工作的通知》（国环规大气〔2016〕2 号），对加强在用机动车环保监督管理、强化机动车排放检验机构监督管理、加快机动车环保监管能力和队伍建设等达成了统一认识，要求对汽车排放污染检测进行严格监管。2018 年 12 月，11 部委印发的《柴油货车污染治理攻坚战行动计划》（环大气〔2018〕179 号），要求建立完善监管执法模式，推行生态环境部门检测取证、公安交管部门实施处罚、交通运输部门监督维修的联合监管执法模式；建立完善生态环境、公安、交通运输等部门联合执法常态化路检路查工作机制，严厉打击超标排放等违法行为，基本消除柴油车排气口冒黑烟现象。

4. 市场环境积极响应

目前，全社会对在用车污染防治高度关注，解决重污染天气频发问题是全国人民的共同需求。在这一急迫需求的驱动下，公众对各项机动车污染防治措施的接受度较高，对政策制定的社会反响较好。此外，实施 I/M 制度会有效规范汽车后市场中的检测与维修，也会积极带动检测与维修市场的良性发展。目前，在开展实施 I/M 制度的地区，通过不同的激励手段，维修企业设立 M 站的积极性比较高，行业协会等第三方中介的桥梁纽带作用也得到了很好的发挥。

汽车排放污染物的来源与控制

移动源(包括机动车和非道路移动机械)是我国大气污染的主要来源之一,与燃煤和工业源的分担率相当。2020 年,我国道路机动车(以汽车为主)共排放一氧化碳(CO)、碳氢化合物(HC)、氮氧化物(NO_x)和颗粒物(PM)分别为 769.7 万 t、190.2 万 t、626.3 万 t 和 6.8 万 t,非道路移动机械排放二氧化硫(SO_2)、碳氢化合物(HC)、氮氧化物(NO_x)和颗粒物(PM)分别为 16.3 万 t、42.5 万 t、478.2 万 t 和 23.7 万 t,开展机动车排放污染治理的意义持续凸显。本章将首先介绍汽车排放的主要污染物及其危害,继而对汽油机和柴油机污染物的形成机理加以解释,最后讲述当前主流的排放后处理技术及其工作原理。

第一节　汽车排放污染物的种类和危害

理论上,汽油和柴油在充分燃烧后的产物只有水和二氧化碳,但在发动机的实际工作过程中,由于混合气加浓、油气混合不均、火焰熄灭、燃烧和后处理装置中副反应发生等现象的存在,汽车会排放一定量的 CO、HC、NO_x、SO_2、PM 和氨(NH_3)等有害物质,其总量在排气中的占比可因工况不同在 0.01%~5% 间大幅度波动。总体而言,汽油车排放的污染物以 CO、HC 和 NO_x 为主,而 NO_x 和 PM 则是柴油车的主要排放污染物,特别是在冷起动和暖机阶段的污染物排放量较大。

一、一氧化碳(CO)

一氧化碳(Carbon Monoxide,CO)是因燃料未充分氧化而形成的排放物,其无色无味,具有与空气接近的密度。对于采用当量混合气的汽油机,冷起动阶段 CO 的排放浓度可达 1%~2%体积分数,高于其他几类污染物一至两个数量级。作为法律规定的污染物,CO 排放被限制的原因主要是由于其能够以比氧气更快的速度与人体的血红蛋白相结合,进而大幅削弱血红蛋白的输氧能力,降低人体的血氧浓度,诱发眩晕、昏迷甚至死亡等一系列中毒症状。研究表明,当人体暴露于含有 0.3%体积分数 CO 的环境中,0.5h 即可致命。

除健康风险外,CO 的环境危害性不大,具有一定的臭氧生成潜势(Ozone Forming Potential,OFP)但反应活性较弱,但考虑到 CO 的排放量较大,其对近地臭氧污染也应得到重视。

二、碳氢化合物(HC)和挥发性有机物(VOCs)

碳氢化合物(Hydrocarbons,HC)是分子结构上主要由碳元素和氢元素构成的化合物的统称。除了碳和氢外,一部分 HC 的分子结构中还可能含有氧或氮元素,如醛类和硝基多环芳烃。

汽车的 HC 排放主要有四个来源,分别是尾气排放、燃油蒸发、曲轴箱窜气和内外饰挥发。尾气排放的 HC 主要来源于未充分氧化的燃料和润滑油成分,主要由包括烷烃、环烷烃、烯烃、芳香烃、醛酮及有机酸在内的几千种物质构成。绝大多数烷烃无特殊气味,在大气环境中的浓度很低,难以对人体健康形成危害。烯烃略带甜味,有麻痹作用,且对人体的黏膜组织有刺激性作用,经代谢后还可能转化为具有致基因突变作用的环氧衍生物。此外,烯烃的不饱和结构使得其在大气中具有较强的反应活性,是近地臭氧污染和光化学烟雾事件的关键前体物。此外,HC 排放中还存在一定量的芳香烃成分,以苯、甲苯、二甲苯和乙苯为主。其中,苯的毒性最强,具有致癌、致畸、致基因突变作用,可引发严重的急性和慢性中毒症状。二甲苯的三种同分异构体都有很强的 OFP,它是导致近地臭氧生成的关键排放物。以甲醛和乙醛为代表的醛酮类物质是另一类具有较大健康风险的排放物,通常对人的眼、鼻、喉、呼吸道、消化道和黏膜有强刺激性,其毒性随着分子量的减小以及双键结构的出现而增加。

根据世界卫生组织(WHO)的定义,汽车排放的绝大部分芳香烃和醛酮类物质

都可纳入挥发性有机物(Volatile Organic Compounds,VOCs)范围,即在大气压力为101.325 kPa条件下,沸点在50~250℃之间的碳氢化合物。VOCs排放在近年来获得重视,主要是由于其在大气中与氮氧化物反应生成臭氧。我国“十四五”期间大气环境治理的总体目标是实现PM2.5与臭氧污染的协同治理,控制VOCs来源是核心任务,例如国六排放标准中大幅加严的蒸发污染控制要求,其目的就是为了减少因燃油蒸发而产生的VOCs。

三、氮氧化物(NO_x)

氮氧化物(Nitrogen Oxides,NO_x)是发动机进气中的氮气与氧气在燃料燃烧形成的高温氛围下发生合成反应的产物,主要以在高温反应区生成的一氧化氮(NO)和低温反应区生成的二氧化氮(NO_2)为主。汽油机排放的NO_x中通常超过90%为NO,而柴油机NO_x排放中NO_2的占比明显较高,在配备有氧化型催化转换器时可达40%左右。此外,国六排放标准中首次引入了强致暖式污染物——氧化亚氮(N_2O),其导致温室效应的能力可达CO_2的200余倍,主要形成于汽油车三元催化转换器在较低温度下发生的副反应。此外,N_2O具有神经毒性,在我国已被纳入新型毒品加以严格管理。

NO无色无味、难溶于水,对环境和人体的直接危害性弱,仅在浓度很高时可引发人体中枢神经系统障碍并阻碍肺的正常工作。但是,在有强紫外线催化条件下,NO可在大气中迅速转化为NO_2。NO_2是一种呈深褐色、有特殊刺激性气味的气体,是光化学烟雾事件中的主要危害物质。NO_2进入人体后可引发咳嗽、气喘和肺气肿等急性症状。

无论对于汽油机还是柴油机,NO_x都是当前排放法规严格管控的对象。这是由于NO_x在大气反应中既能与VOCs反应生成臭氧,又能溶于水形成硝酸,进而成为二次颗粒物的关键前体物。以轻型车排放标准为例,每一阶段标准升级,NO_x排放限值均会以25%~50%幅度加以收紧。

四、硫氧化物(SO_x)

硫氧化物(Sulfuric Oxides,SO_x)主要来源于发动机燃料中的硫,极少部分的硫还可能来源于润滑油中的添加剂成分。发动机排放的SO_x中绝大部分为SO_2,仅一小部分为SO_3。但一旦进入大气中,绝大多数的SO_2均会向SO_3转化。SO_2本身是一种无色气体,亲水性强,溶于水后形成亚硫酸。亚硫酸对人的呼吸系统黏膜有强刺激作用,但对肺部损害不大。与 NO_x 类似,SO_x 排放的最主要危害在于其与水反应形成的亚硫酸和硫酸是大气中二次颗粒物形成的关键前体物。已有研究表明,在我国北方城市爆发的重雾霾天气中,以硫酸盐和硝酸盐为主的二次颗粒物的占比高达 75%。这部分二次颗粒物的粒径小到足以穿透血管壁和肺泡,进而可在人体内永久性沉积,产生长期的健康危害。

限制燃油中的硫含量是最核心、有效削减汽车 SO_x 排放的途径。目前我国的汽油和柴油均执行全球范围内最严格的 10×10^{-6} 标准,同时取消了普通柴油和轻柴油标准,通过持续高压严控高硫油,SO_x 排放已经得到较好的控制。

五、颗粒物(PM)

颗粒物(Particulate Matter,PM)也是燃料未发生完全氧化所形成的一类排放物,其成分和来源机制十分复杂,主要可包括有定形结构的炭烟、无定形结构的挥发性和半挥发性物质、无机盐类和因发动机磨损和机油氧化形成的灰分。无论汽油机还是柴油机,颗粒物排放的主要成分均以碳为主。柴油机颗粒物的粒径范围,主要集中在几十到一百纳米附近,仅为头发丝粗细的几十分之一。汽油机的颗粒物粒径相对更小,根据燃油喷射方式和油品成分的差异,汽油机的颗粒物粒径通常只有几纳米到几十纳米。这些超细颗粒物能够深入人的呼吸系统甚至脑部组织并产生长期影响。同时,由于这些颗粒物具有大量的活性表面,可供 VOCs、多环芳烃(Polycyclic Aromatic Hydrocarbons,PAHs)等毒性物质吸附,使颗粒物排放对人体的健康危害进一步加强。有鉴于此,世界卫生组织(WHO)已经将柴油机排放物定义为一类致癌物管理。

现行排放标准对颗粒物进行管理时,采用的是颗粒物质量(Particulate Mass,PM)和颗粒物数量(Particle Number,PN)双指标的模式。国五以前的排放标准中只有 PM 要求,但是随着燃烧和尾气后处理技术的快速发展,特别是直喷汽油机的普及,颗粒物排放的质量随粒径变小而大幅下降,单纯依赖 PM 不仅面临测量下限逼近的问题,也难以遏制小颗粒物数量浓度大幅上升的趋势,因此欧盟和我国引入了 PN 技术要求,并在国六排放阶段对所有燃料的车辆实施。

六、氨气(NH_3)

氨气(Ammonia,NH_3)是近年来才被逐步认清的一种汽车排放物。氨气是一种有刺激性气味、极易溶于水的气体。其对人体健康的影响主要表现为对黏膜组

织有较强的刺激性，但其近来受到关注，则主要是因为氨气在大气反应中转化而成的铵根离子是二次颗粒物的关键阳离子。汽油机和柴油机的氨排放均与尾气后处理装置有关，汽油机的氨排放是三元催化转换器还原 NO_x 时的副产物，而柴油机的氨排放则主要来源于选择性催化还原系统的氨泄漏。

七、臭氧（O_3）

不同于以上六类污染物，臭氧（Ozone，O_3）并不存在于汽车的尾气排放或蒸发污染物中，而是尾气和蒸发污染物中的 NO_x 和 VOCs 进入大气后，在太阳光的催化作用下发生反应形成的二次污染物。

臭氧是一种具有强氧化性和强刺激性的气体，对人眼和呼吸道具有很强的刺激性。当环境中的臭氧浓度达到 0.1×10^{-6} 时，人就会产生明显的呼吸窘迫感，并引发咳嗽、头痛等不适症状。臭氧还通过氧化人体内蛋白质和过氧化脂肪酸，进而对人的正常代谢活动造成影响。此外，臭氧的危害还包括加速橡胶部件的老化开裂，以及影响植物的光合作用，从而诱发森林病害。

近年来，随着我国机动车保有量的迅速增加以及机动车活动水平的提高，机动车二次臭氧污染问题日趋严峻，特别是在京津冀、长三角和珠三角地区，臭氧已成为仅次于 PM2.5 的环境污染隐患。

第二节　气态污染物的形成机理

一、一氧化碳的形成机理

一氧化碳是燃料碳氢组分在汽缸内氧化过程中生成的重要中间产物。需要说明的是，燃料碳氢组分的氧化是一个多步骤的过程，包含了大量同步进行的化学反应。按照氧化反应的步骤，碳氢组分 RH 首先发生脱氢反应得到一个烃基 R，R 与 O_2 反应生成 RO_2，RO_2 经历 RCHO、RCO 两个关键过程最终被氧化为 R 和 CO。CO 与汽缸内的游离羟基（OH）再发生进一步的氧化反应后最终生成 CO_2，同时释放大量的热。正因如此，削减 CO 排放与提高燃料燃烧效率和发动机热效率是协调一致的，是优化发动机工作性能的必然方向。

从化学反应角度，燃料在汽缸内氧化速率受到三项主要因素的控制，即局部可用氧浓度、反应气体的温度以及反应持续时间。在发动机中,局部可用氧浓度一方面取决于混合气的过量空气系数 ϕ_a（或空燃比 λ , λ 与 ϕ_a 互为倒数),当混合气中的空气量不足(浓燃),即 $\phi_a < 1$ 时,缺氧导致大量燃烧中间产物 CO 无法向 CO_2继续转化,进而成为 CO 排放出去;另一方面取决于缸内混合气的流场组织,这一点对于柴油机和直喷汽油机尤为重要。反应气体温度可由工况、物理压缩比、气门相位和喷油时刻等多项参数共同影响。反应持续时间很大程度上取决于发动机转速。

需要说明的是,即使是混合气中空气过量($\phi_a > 1$),理论上不会产生 CO 排放,但由于局部混合不均以及水煤气反应($CO_2+H_2 = CO+H_2O$)的存在,无论是汽油机还是柴油机,始终会有微量的 CO 排出。

1. 汽油机的 CO 排放

即便是在直喷汽油机成为市场主流的今天,仍有大量的汽油机和天然气发动机采用进气道燃油喷射(Port Fuel Injection,PFI)的设计。在这种发动机中,除了冷起动和暖机阶段,基本可以认为可燃混合气中的燃料与空气已经充分混合,并且基本上是均匀分布于汽缸内的。这样一来,PFI 发动机的 CO 排放量很大程度上就可由可燃混合气的空燃比 λ 或过量空气系数 ϕ_a 决定。在燃料的可燃极限范围内,CO 的排放浓度随着过量空气系数增大而减小。根据化学反应方程可以进行一个粗略的估计:当过量空气系数 ϕ_a 每减小 0.1,CO 的摩尔分数约增加 0.03,但这仅适用于没有后处理装置的情况下。在稀混合气中,只要不发生失火,CO 的排放量通常很小。只有当过量空气系数 ϕ_a 在 1.0~1.1 之间变化时,CO 与过量空气系数 ϕ_a 才呈现出较为复杂的变化规律。

至于直喷汽油机,其 CO 生成不仅受到过量空气系数这类宏观参数的影响,同时还呈现出与柴油机类似的高度依赖于燃油雾化和混合品质的特性。

在汽油机中,CO 在燃烧室中的实际生成量总是较化学反应动力学的模型预测值偏高。这是由于在模型预测中仅把循环燃料喷射量作为输入值,而在发动机的实际工作过程中,在做功行程的初期,从燃烧室沉积物和润滑油油膜中解析出来或者从燃烧室各狭隙中流出的 HC 也会参与燃烧过程,构成额外的反应物来源。同汽缸内能检测到的 CO 峰值浓度相比,尾气排放中的 CO 浓度总是偏低的,这一现象说明,在燃料燃烧结束到排气门打开,直到排出排气管,后期氧化反应在持续进行并消耗了部分汽缸内生成的 CO。

自从北京市 1999 年开始实施国一排放标准,电控燃油喷射技术就取代了传统

的化油器。电控燃油喷射的核心任务是将可燃混合气的过量空气系数尽可能地控制在1附近(即空气刚好足以完全氧化所有燃料),以满足三元催化转换器的应用条件。从控制的角度出发,在冷起动和暖机阶段、清氧操作、急加速或大负荷工况以及催化转换器超温保护等条件下,仍会采用加浓混合气,进而导致CO排放的大幅增加。

由于汽油在较低温度下的挥发性较差,需要加大燃油喷射量以确保有足够的可燃混合气形成,维持发动机的稳定运行,因此在汽油车刚起动后的几十秒至几分钟时间内(取决于环境温度和排放标准),不可避免地需采用加浓混合气策略,过量空气系数可低至0.5附近。

从燃烧学的角度出发,将可燃混合气的过量空气系数控制在0.8~0.9区间可获得火焰传播速度的峰值,从而带来最佳的发动机动力性能,因此在一些电控标定策略中,当车辆处于急加速或者接近全负荷运转时,会采用加浓策略来保障动力输出。除此之外,提高火焰传播速度还有助于缩短燃烧持续期,减少后燃,降低排气温度,因此,加浓混合气策略也会在三元催化转换器接近烧毁温度时被触发,避免三元催化转换器被高温烧毁。

在满足较早排放标准的汽油车上还可能存在怠速时使用略加浓混合气的情况,这主要是由于汽油机怠速时进气流通量很小,缸内残余废气量大,燃料与空气间的混合受制于较弱的缸内流动也并不十分充分。适当加浓的混合气,有助于提升怠速燃烧的稳定性。但是近年来随着排放标准的不断升级,汽油机怠速电动机的弃用和进排气组织的日臻完善,怠速加浓策略早已被淘汰。

2. 柴油机的CO排放

不同于汽油机的当量混合气控制,柴油机总是工作在新鲜空气过量的条件下,即过量空气系数总是大于1。绝大多数柴油机在全工况下的平均过量空气系数都在1.5~3,因此柴油机的CO排放量较汽油机低得多。柴油机只有工作在高负荷、接近冒烟线附近的工况点时才会出现CO排放量急剧增加的现象,如图2-1所示。此外,柴油机在高海拔条件下工作时,由于空气密度下降,进气中的氧含量降低,CO的生成将显著增加。

需要注意的是,在描述柴油机的过量空气系数时,使用的是平均过量空气系数,说明这一参数只能宏观地反映汽缸内的总体状况,而难以准确反映局部的混合气浓稀。不同于PFI汽油机,柴油机的燃料是在压缩行程的中后期以高压直接喷入汽缸内的,燃料与空气混合的时间短,均匀性相对较差,汽缸内总是存在一些混合气的局部浓区。因此，虽然柴油机整体上的空气量是大幅过剩的，但在近壁面等混合气温度相对较低或者化学反应存续时间不足的区域，仍然会有一定量的 CO 排放生成。这一 CO 反应途径能够解释图 2-1 中在低负荷条件下，过量空气系数增大，CO 排放反而增加的情况，这种现象在发动机高速运转时会更为显著，这是由于转速的增加使得油气混合的绝对时间进一步缩短。

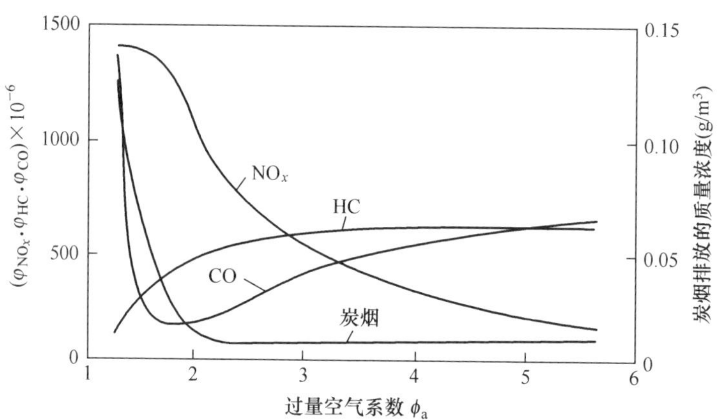

图 2-1　典型车用柴油机 CO、HC 和 NO_x 排放同过量空气系数的关系

二、碳氢化合物的形成机理

1. 碳氢化合物的排放渠道

如前所述，与其他几类污染物不同的是，HC 排放的来源不局限于尾气排放，还包括燃油蒸发、曲轴箱窜气和内外饰挥发。

(1)尾气排放的 HC 主要是燃料在汽缸内燃烧的过程中，未经充分氧化的组分随尾气排出的部分。

(2)所谓曲轴箱窜气，是指原本处于燃烧室内的已燃或未燃混合气穿过活塞环组与汽缸壁之间的间隙流入曲轴箱的窜气。这部分可能含有大量未燃燃料的曲轴箱窜气一旦通过压力差进入大气中，也将成为 HC 排放的一部分。早期发动机的曲轴箱窜气是通过一根与大气相通的软管直接排放的，随着曲轴箱通风阀的普及，这种无序排放已得到有效控制。

(3)燃油蒸发排放指的是在车辆行驶、静止或加油状态下，从汽油机的燃油供给系统中以渗透、蒸发或泄漏的方式逸出的燃油蒸气。汽油车上安装炭罐以及加

油站内加装油气回收装置的目的都是为了控制汽油机的燃油蒸发排放。

(4)内外饰挥发来源于汽车在生产制造过程中使用的大量有机溶剂，包括黏结剂、脱模剂和橡胶零部件，这些材料会释放一定量的 HC 成分，包括苯系物和醛酮物质，也是一类 HC 排放的来源。

由于柴油在常温下的挥发性较汽油差很多，因此柴油车的燃油蒸发排放几乎可以忽略，除了少量的曲轴箱窜气外，柴油机的 HC 排放几乎都是在汽缸内燃烧过程中产生，然后随尾气排放的。

2. HC 排放的不同定义方式

如前所述，HC 排放是对发动机工作过程中产生的以碳(C)和氢(H)为主要构成元素的一类污染物的泛称。在不同的排放标准中，对于 HC 排放存在不同的定义方式，这些定义并非完全出于严谨的科学定义，往往与检测手段或者危害性相关。例如，在用汽车年检标准中使用的 HC 概念是指对不分光红外检测器(Non-Dispersive Infrared，NDIR)有响应的，以正己烷当量表示的碳氢物质。而在国六等新车排放标准中，通常以总碳氢化合物(Total Hydrocarbons，THC)，即对氢离子火焰检测器(Flame Ionization Detector，FID)存在响应的全部碳氢物质对 HC 进行定义，并以碳原子当量(ppmC)表示其浓度。THC 中包含了多达上千种 HC 物质，无论对于汽油机还是柴油机，甲烷是其中占比相对较高的物质，天然气发动机 THC 排放中甲烷的占比更可高达 90%以上。不同于其他 HC 物质，甲烷的结构稳定，在大气对流层光化学反应中的反应活性有限，对人体健康的危害程度也很低。有鉴于此，我国同欧盟及美国一样，在排放标准中还设立了非甲烷碳氢化合物(Non-Methane Hydrocarbons，NMHC)指标，以更好地区分温室气体与毒性物质排放。随着 MTBE、醇类和酯类油品组分的出现，HC 排放中含氧有机化合物的占比呈现增加的趋势，其中包括了醛酮类、醇类、酯类及其他衍生物质。这些物质往往具有更强的反应活性，部分还有很强的生物毒性。为了对这些排放物进行更有效的限制，美国在制定其联邦排放法规时，在 NMHC 的基础上增加了除甲烷以外有机大气污染物的控制要求，并合并定义为非甲烷有机气体(Non-Methane Organic Gas，NMOG)。对于汽油机，以甲醛、乙醛和丙烯醛为代表的 NMOG 排放一般只占排气管 THC 排放的百分之几；而在柴油机中，由于缸内存在更多的低温反应区域，醛类污染物的排放浓度明显较汽油机高，仅醛类一项在 THC 中所占的体积比就可达到十分之一左右。而压燃式发动机的醛类污染物排放中又以甲醛为主，这是导致柴油机排放比汽油机排放更具刺激性的主要原因。

3. 汽油机的 HC 生成途径

图 2-2 中给出了 CO、HC 和 NO_x 三种主要气态污染物随汽油机过量空气系数变化的规律曲线。从图中可以看出,在汽油机的实际工作过程中,过量空气系数过大或过小都会引起 HC 排放的增加。通常情况下,在混合气略稀,即过量空气系数处于 1.1~1.2 之间时,未燃 HC 的排放浓度可获得极小值。随着过量空气系数的减小,可燃混合气中可用的氧浓度趋于不足,越来越多的燃料组分在向 CO 和 CO_2 转化的过程中受阻,呈现出 HC 排放浓度迅速增加的趋势。当混合气过稀(过量空气系数大于 1.2 时),由于可燃混合气在汽缸内的火焰传播速度下降,燃烧波动性增加、稳定性变差,燃料燃烧的品质和完善度下降,HC 排放不断增加。

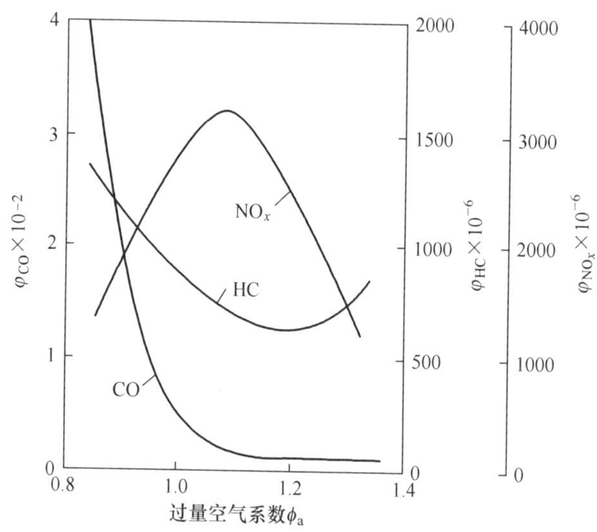

图 2-2　均质混合汽油机的 CO、HC 和 NO_x 排放与过量空气系数的关系

当过量空气系数达到某一极限值时,汽缸内可燃混合气难以被点燃或者点燃后火焰无法传播又熄灭(称为失火现象)的概率和频率均增加。当失火发生时,燃料未能经历燃烧这类剧烈的氧化反应,而是在汽缸内和排气系统较高的温度条件下发生了化学反应速率慢得多的热氧化,因此导致排气中的 HC 体积分数急剧增加。这一过量空气系数的极限,通常称为稀燃极限。对典型汽油机,烯燃极限在 1.5~1.6 之间。采用分层充量燃烧或者缸内直喷技术的发动机有着比进气道喷射汽油机更宽广的稀燃范围,部分经过优化的机型,稀燃极限可达 2.0 以上。

汽油机汽缸内 HC 排放的生成机制也十分复杂，以 PFI 汽油机这种近似均质混合、均相燃烧的发动机为例，其汽缸内 HC 排放的来源包括了以下六种：

(1)壁面火焰淬熄。发动机汽缸壁的一侧与温度在水沸点上下的冷却液接触，使得其温度比另一侧的高温火焰面低得多。当燃料燃烧的火焰面传播到汽缸壁附近时，巨大的温度梯度令火焰前锋迅速冷却(称为冷激效应)，焰中反应生成的活性自由基复合，燃烧反应在距离汽缸壁尚有很短一段距离的地方中断，火焰并不能真正充满燃烧室空间，而是在边缘留下一层极薄的未燃或不完全氧化的可燃混合气，称为淬熄层。发动机正常运转时，冷激效应造成的火焰淬熄层厚度在 0.05~0.4mm 间变化。发动机处于暖机或小负荷工况时，由于燃烧室壁面的温度较低，所以有着更厚的淬熄层。有专门的研究表明，淬熄层中存在大量的醛类物质，主要是甲醛和乙醛，这一现象说明，淬熄层内发生的化学反应以低温氧化反应为主。不过在正常的运转工况下，淬熄层中的未燃 HC 在火焰前锋掠过后，大部分会扩散并与已燃气体进行掺混，进而发生进一步氧化，只有很少的未燃 HC 被发散出成为 HC 排放。不过在冷起动、暖机和怠速等缸内燃烧较为恶劣的工况下，由于燃烧室壁面温度低、淬熄层厚，加之较低的已燃气体温度带来的后期氧化作用不强，壁面火焰淬熄是排气中 HC 排放的主要来源。除此之外，燃烧室壁面的表面粗糙度和其他微观结构特征，会影响未燃 HC 的含量。例如，抛光的汽缸壁面可使 HC 排放量比铸造壁面更低。而长时间运行的发动机，由于汽缸内壁面上会或多或少地存在一定量的沉积物使表面粗糙度增加，其 HC 排放可能较新发动机更高。

(2)狭隙效应(或称为狭缝效应)。汽油机燃烧室中有各种很狭小的缝隙，例如活塞—活塞环—汽缸壁面之间的缝隙、火花塞中心电极绝缘子根部周围狭窄空间和火花塞螺纹之间的间隙、进排气门与汽缸盖气门座面之间的密封带狭缝以及汽缸盖衬垫的汽缸孔边缘内的“死区”等。压缩行程汽缸内压力升高时，可燃混合气被挤入各狭缝中。当火焰前锋到达各处缝隙时，或许能够进入较大的缝隙中将其中的可燃混合气全部或部分氧化，但对于较小的缝隙，火焰在进入前就因为这些位置有较大的面容比而被冷却淬熄。有研究表明，当活塞与缸套之间的间隙小于 0.2mm 时，就会发生淬熄。当活塞下行使缝隙中的气体压力高于燃烧室压力时，缝隙中的气体逐渐回流汽缸。但此时缸内温度和可用氧含量均已降至很低的水平，回流汽缸内的可燃气难以被大量氧化，一半以上的气体未经任何氧化就被排出。汽油机的各处缝隙中，位于活塞—活塞环—汽缸壁面间的缝隙是最主要的狭缝。若以几何容积计，活塞—活塞环—汽缸壁面处狭缝容积可占燃烧室总容积的 1%~2%。但是由于狭缝中藏匿的气体压力高于压缩终了压力但温度更低，具有更大的密度,若以质量计,活塞—活塞环—汽缸壁面处狭缝可容纳多达5%的燃烧充量。缩小活塞—活塞环—汽缸壁面处的狭缝容积,可有效地控制发动机的HC排放。

(3)润滑油膜的吸附和解吸。在进气过程中,燃油蒸气会进入附着于汽缸壁和活塞顶岸上的润滑油膜中并达到饱和平衡。压缩和做功行程中持续增加的缸内压力还会驱使吸附量进一步增加。但是,当燃料基本燃烧殆尽,汽缸内的HC浓度降到很低的水平时,在浓度差驱动的传质作用下,润滑油膜中吸附的燃料组分逐步发生解吸,重新回到燃烧室空间中,这一过程可一直持续至排气行程。一部分解吸的燃油蒸气与高温的燃烧产物相混合,然后被氧化;其余部分则与温度较低的可燃气混合,因而难以发生氧化,成为HC排放。通过润滑油膜的吸附和解吸途径产生的HC排放与燃油在润滑油中的溶解度成正比。对于气体燃料来说,由于在润滑油中的溶解度很低,故很少有通过该途径产生的HC排放。相比于矿物润滑油,合成润滑油中汽油的溶解度更低,因此有助于减少HC排放。此外,润滑油温度提高也使燃油在其中的溶解度下降,这也是造成发动机冷起动过程中未燃HC排放量非常大的原因之一。

(4)燃烧室沉积物的影响。发动机运行一段时间后,会在燃烧室壁面、活塞顶岸和进排气门上形成沉积物。沉积物对于影响HC排放的作用机理十分复杂。它们可能像润滑油膜那样对可燃混合气中的HC起吸附和解吸作用,但沉积物的多孔结构和固液多相性质使得这个吸附过程较润滑油膜又复杂得多。狭隙中如有沉积物应能减少可燃混合气的挤入量,从而减少HC排放;但它们同时减少狭隙的尺寸进而会促进淬熄,有导致HC排放增加的可能。

(5)体积淬熄(或称大体积淬熄)。在某些工况下,火焰前锋在到达燃烧室壁面前就熄灭了,反应的中断使大量未完全氧化的燃料组分变成HC排放。火焰在传播过程中发生突然熄灭的可能性有许多种,例如燃烧室中压力和温度下降得过快,发动机冷起动和暖机过程中由于温度低、燃油蒸发慢,雾化效果差,油气混合不均导致的燃烧不稳,发动机怠速或小负荷运转时残余废气量大、废气再循环率过高等。

(6)HC的后期氧化。错过发动机燃烧过程的HC物质,并不是原封不动地排放到大气中,存在于在淬熄层、狭隙区以及润滑油膜和沉积物中的HC物质会在活塞下行时重新扩散到汽缸内高温的已燃气体中,并迅速发生氧化反应,这种氧化反应既可能是完全氧化也可能是部分氧化。如果汽缸内存在可用的氧,这种氧化反应进行起来就更容易。根据气相氧化反应动力学,在气相反应条件下实现对HC

物质的氧化,需要在600℃(可在排气门处达到)的温度下至少停留50ms。因此,排气中的HC是未燃的燃油及其部分氧化产物的混合物,前者大约占HC总量的40%。在从排气门到排气管出口的输运过程中,HC在排气管路中也持续发生氧化反应。当发动机运行在排气温度较高或者气体停留时间较长的工况下时,HC排放的下降幅度最为显著。

此前的研究表明,狭隙效应造成的HC排放可占HC总排放量的50%~70%,润滑油膜吸附和解吸机理产生的未燃HC排放占HC总排放量的25%左右,而经由沉积物机理产生的HC排放占HC总排放量的10%左右。

4. 柴油机的HC生成途径

在车用高压共轨柴油机上,柴油的最大喷射压力已经达到120~180MPa,雾化后的柴油能够在汽缸内迅速与空气形成可燃混合气继而开始燃烧。燃油在柴油机内部的滞留时间非常短,仅为几十度曲轴转角,这就使得前述的生成未燃HC的种种机理作用时间也很短,部分解释了柴油机的HC排放量相对较低的原因。

柴油的主要组分为碳原子数在10~20的碳氢化合物。柴油在其高压喷射和雾化过程中会发生一定程度的热解,这就使得出现在柴油机排气中的HC排放具有更为复杂的成分谱,其中摩尔质量较大的一部分碳氢成分在从发动机排出的过程中,遇冷凝结会附着在压燃式发动机的炭烟排放表面,成为颗粒物排放中的可溶性有机成分(Soluble Organic Fraction,SOF)。

柴油机的燃烧过程比汽油机更为复杂,这主要体现在其燃油的蒸发、与空气的混合以及可燃混合气的燃烧是同时发生的,且二者之间还对彼此产生严重的影响和依赖。对于柴油机,燃油与空气形成的可燃混合气如果整体过稀或过浓,燃油难以发生自燃点火,这样一来,仅有部分燃料在后续的做功行程中经由热氧化反应途径被消耗,剩余的未经完全氧化或未氧化的部分则成为HC排放。同燃烧这种剧烈的氧化反应相比,后期热氧化的反应速率十分缓慢,进而无法在有限的时间内将燃料充分氧化。

如果燃油被喷入燃烧室内的时机不正确,也会降低燃油雾化和混合的品质,进而导致混合过快引起的局部偏稀或混合过慢引起的局部偏浓现象。在反应时间充足的情况下,偏浓的混合气随着燃烧过程的推进会逐步被汽缸内过量的氧气消耗,而偏稀的混合气则因为氧化速率更慢,反而更容易引起HC排放的增加。

如果由于故障等原因,燃油是在滞燃期后才被喷入燃烧室,当燃油被直接喷入温度已经很高的滞燃混合气中时,燃油以及其喷射、雾化过程中形成热解产物会发生快速氧化。不过,燃油还是有可能会因为混合的不均匀而出现局部混合气过浓,或者出现因壁面或体积淬熄而导致的不完全氧化现象,进而成为 HC 排放被排出。

发动机的运行工况对压燃式发动机的 HC 排放量影响显著。在稳态工况条件下,怠速或者小负荷运转时的 HC 排放量较大负荷运转时更高;瞬态工况中,发动机负荷的迅速变化会引起喷油、燃烧过程的大幅度波动,进而使缸内燃烧过程恶化,甚至导致偶然性失火现象的发生,引起 HC 排放的增加。不过,随着当前电控燃油喷射技术突飞猛进的发展,这一问题已能得到较好的应对。

事实上,在正常运转的柴油机中,缸内失火发生的概率很低。通常,只有在发动机出现因故障导致实际压缩比过低或者喷油严重滞后时才会出现。特别是在较低的环境温度下,部分柴油机在冷起动过程中可能会出现短暂的失火现象,其现象是排气管冒白烟。白烟的主要构成是微粒状的未燃柴油。

三、氮氧化物的形成机理

在国六排放标准以前,排放标准法规要求控制的 NO_x 排放包括 NO 和 NO_2 两种物质。国六排放标准首次将 N_2O 排放纳入管理范畴,主要是考虑到其具有极强的引起温室效应的能力。

在 PFI 汽油机中,燃油和空气(以及可能存在的再循环废气)在发动机的进气系统内部混合,并在进气行程中与缸内的残余废气发生掺混,形成了可认为是均质的可燃混合气。高温的可燃混合气在压缩行程末期被点燃,继而发生火焰在缸内的传播。在火焰传播的过程中,NO 同时形成于火焰前锋和火焰锋面后的已燃气体中,而且已燃气体中 NO 生成物的浓度总是高于火焰前锋中 NO 生成物的浓度。造成这一现象,一方面是由于在燃烧形成的缸内高压作用下,火焰前锋是一个尺寸很薄的反应区域,且各反应物在该狭窄区域的停留时间十分短暂;另一方面,被火焰前锋掠过的已燃气区域被燃料燃烧形成的高压进一步压缩,使其温度也进一步上升,局部温度甚至可以高于燃烧刚结束后的温度。与此同时,这一现象也表明,燃料的缸内燃烧和 NO 的缸内形成是两个彼此独立的过程,并且后者的反应速率要稍慢于前者。

1. 生成 NO 的化学反应动力学

无论是汽油机还是柴油机排放的 NO_x,其中大部分是 NO。相比于柴油机,汽油机的 NO_x 排放中 NO 的占比更高,可达到 90%甚至更高。这是由于汽油机采用的是当量比燃烧,其缸内燃烧温度较稀燃的柴油机高,更高的燃烧温度使得 NO 与

NO_2间转化的化学平衡向 NO 一侧移动。

目前,只有吨位较大的船舶发动机所使用的重质燃料油可能还含有千分之几的氮元素,这部分因燃料含氮而引起的 NO_x 排放通常被称为燃料型 NO_x 排放。在全球交通运输行业"脱碳"的大背景下,氨气作为船舶发动机燃料重新受到关注,氨气发动机可能会面临较为严重的燃料型 NO_x 排放的问题。

除燃料型 NO_x 排放外,NO_x 排放(主要是 NO)还可通过快速型和热力型机制产生。快速型 NO_x 排放是在可燃混合气总体偏浓时产生的。在浓燃条件下,因缺氧而使高浓度的 HC 物质产生,这些 HC 物质在燃烧的高温作用下分解生成 CH 自由基,CH 自由基与 N_2反应形成 HCN 和 N,进而与氧气以极快的反应速率生成 NO。

相比于热力型 NO 排放,快速型 NO 排放的 NO 生成量很小,汽车排放的绝大部分 NO 排放都是通过热力型 NO 排放机理产生的,热力型 NO 排放机理也称为扩展的泽德罗维奇机理。热力型 NO 排放是在燃烧产生的高温氛围下(通常需要 1600K❶ 以上),由氮原子 N 与氧原子 O、氧分子 O_2或羟基 OH 间发生反应形成的。不同于快速型 NO 排放,在相对较低的温度,热力型 NO 排放反应的化学反应速率并不快,但是反应温度的提升可带来反应速率的级数增长。在 1600K 以上的温度下,反应温度每升高 100K,热力型 NO 排放的反应速率可提高 6~7 倍。总体而言,高温、富氧和更长的反应时间是促使热力型 NO 排放增加的主要因素。当可燃混合气偏稀时,由于氧气是过量的,NO 的生成量主要受到温度的控制;而当可燃混合气偏浓时,NO 的生成量和反应区局部的可用氧浓度关联更为紧密。

2. NO_2的生成

通过对典型火焰温度条件下的化学平衡进行计算可知,汽缸内已燃气中的 NO_2浓度远远低于 NO,甚至可以忽略不计。不过,在柴油机尾气管处可检测到的 NO_x 排放中,NO_2可占到 10%~30%的份额。这一比例还会随着柴油机氧化催化器(DOC)的使用而进一步增加。对于汽油机,长时间怠速运行也会导致排气中 NO_2 排放的比例出现增加的趋势。

图 2-3 给出了从一台汽油机和一台柴油机测得的 NO 和 NO_2排放数据。对于汽油机而言,NO_2与 NO 排放之比的最大值仅为 2%,这一极值出现在过量空气系数在 1.15~1.2 之间。对于柴油机而言,NO_2与 NO 排放间的比值要高于汽油机一个数量级,但也是在较低负荷时达到极大值。除了与发动机负荷相关外,柴油机的

❶ K 为热力学温度。

NO_2排放还表现出与发动机转速的相关性。相同的发动机负荷条件下，发动机转速较低时，NO_2在 NO_x 排放中所占比例更高。

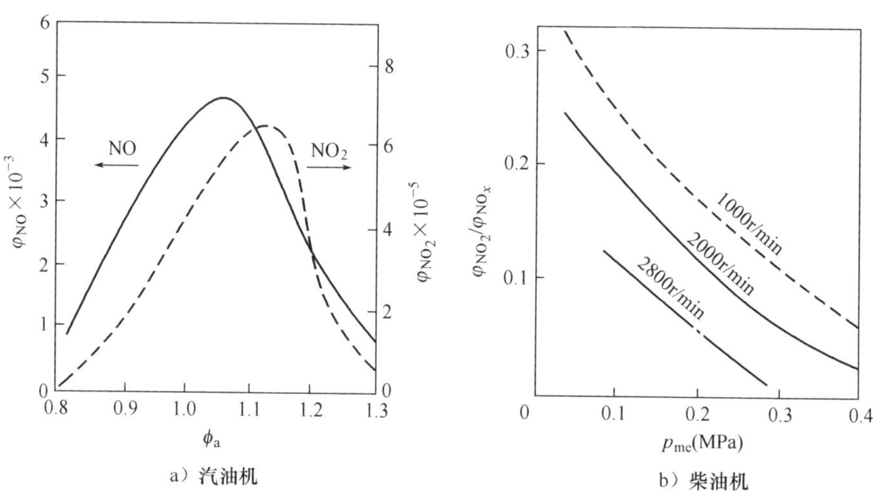

图 2-3　典型汽油机和柴油机的 NO_2 排放特性

3. 汽油机 NO_x 的影响因素

对于汽油机来说，其汽缸内的主要工作介质是燃油与空气形成的可燃混合气。除此之外，还不可避免地包括因上一个工作循环排气不充分而留有的少量残余废气。在带有废气再循环（Exhaust Gas Recirculation，EGR）系统的机型上，汽缸内还可能混有再循环的废气，以达到控制 NO_x 排放的目的。

对于采用进气道喷射（PFI）的汽油机而言，混合气是在进气系统中实现均匀混合的，而对于直喷（Gasoline Direct Injection，GDI）汽油机，燃料与空气的混合是在燃烧开始前很短时间内在缸内的高温氛围下完成的，这与柴油机十分类似。在缸内燃烧初期压力不断升高期间，根据化学反应动力学生成的 NO 总是达不到平衡值。不过，当已燃气体温度由于活塞下行做功而开始下降时，NO 的浓度会上升，直到远远高于对应的平衡值，即 NO 的"冻结"。在稀混合气情况下，NO 的"冻结"发生在做功行程的早期，这时 NO 的分解反应速率很低。而在浓混合气的情况下，NO 的"冻结"发生在做功行程较晚的时刻，此时汽缸内的混合气已经完全燃烧，且很大一部分 NO 发生了分解。一般说来，氮氧化物排放量对于发动机运行条件的变化，燃用浓混合气时敏感性小于燃用稀混合气时。

对生成 NO 贡献最大的是首先在汽缸内进行燃烧的燃油。在汽缸内没有强湍

流的情况下，最高的NO浓度通常出现在火花塞附近的区域。控制汽油机NO排放量的最主要因素是空燃比、汽缸内未燃混合气中已燃气体占比以及点火提前角。与这些参数相比，燃油性质本身（除非使用了代用燃料）的变动，只会对NO_x排放造成可忽略不计的影响。

1）空燃比的影响

图2-2和图2-3a）具体展示了可燃混合气的过量空气系数与NO_x排放之间的关系。在汽油机的燃烧过程中，已燃气体的温度在对应过量空气系数约为0.9的混合气（略浓于当量混合气）下达到峰值。不过，由于此时浓混合气中的可用氧浓度很低，尚不能满足完全氧化燃料所需，从而抑制了NO的生成。当过量空气系数逐步提高时，可用氧浓度增大的影响程度高于燃气温度下降带来的影响，使得NO_x排放浓度随过量空气系数的增大而呈升高的趋势，其浓度最大值出现在对应过量空气系数为1.2左右的略稀混合气中。如果过量空气系数进一步增大，缸内温度因混合气太稀而出现大幅下降并对NO生成反应的反应速率带来抑制作用，其影响高出了氧量增加的效果，导致NO生成量在燃用很稀的混合气时反而减少。

2）残余废气的影响

汽油机汽缸内的燃烧过程开始前，燃烧室中的背景气是由空气、已蒸发的燃油蒸气以及已燃气构成的混合物。这里的已燃气主要有两个来源，既可能是上一个工作循环未完全排出的残余废气，也可能是出于控制NO_x排放的目的人为从废气再循环系统导入的已燃气体（可能还经过冷却）。为了表征缸内已燃气的分量，通常定义残余废气系数为缸内残余气体质量与进气门关闭时滞留在缸内充量质量之比。

残余废气系数主要受到发动机负荷和转速的影响，降低发动机负荷、减小节气门开度以及提高发动机转速，均会使进气系统中的节流阻力增加，进而导致残余废气系数增加。提高发动机的物理压缩比，有助于降低残余废气系数。通过废气再循环进入进气系统中的废气，可以大幅度增加可燃混合气中的已燃气体分数。废气再循环率用于描述废气导入新鲜充量的程度，可将其定义为再循环废气质量与总进气质量之比。

提高可燃混合气中已燃气体的质量分数主要有两方面作用：其一是为了降低可燃混合气的发热量，起到控制缸内温度或压力峰值的作用；其二是可以增大混合气的比热容，有助于提高发动机的循环效率。这是因为已燃气中大量存在二氧化碳和水等三原子气体，三原子气体的比热容比氧气、氮气等双原子气体的比热容大很多。

图 2-4 表示在三种空燃比条件下，废气再循环率对排气中 NO 体积分数的影响，当废气再循环率在 15%~20%时，NO 体积分数显著下降。这是因为在部分负荷下，节气门开度减小，导致进气系统压力下降，可燃气密度很小，而废气再循环不仅使混合气的废气残余系数增大，而且使进气系统压力提高，增大汽缸充量密度和总质量，使热容量增大，燃烧温度下降。

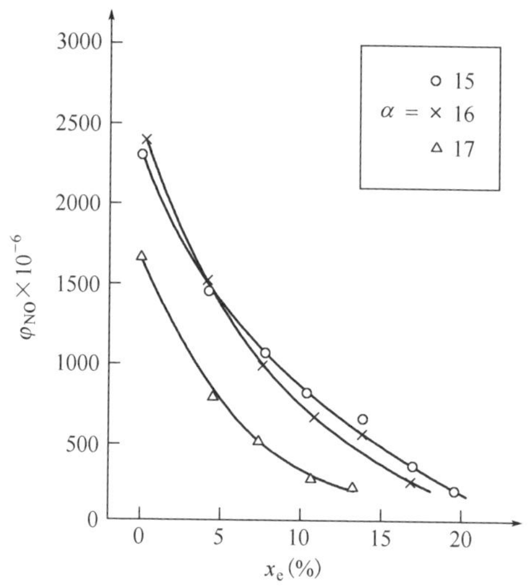

图 2-4　排气中 NO 体积分数随废气再循环率的变化规律

3）点火提前角的影响

对于汽油机而言，其 NO 排放量对点火提前角的变化十分敏感。增大点火提前角使得绝大部分燃料在上止点前燃烧，燃烧相位提前，缸内燃烧压力的峰值和平均值均增加，最大爆发压力所对应的曲轴转角出现在更加靠近上止点、缸内容积比较小的位置。缸内燃烧压力的增加同时引起燃烧温度的升高，并且已燃气在高温环境下的驻留时间亦延长。这两项条件都提高了 NO_x 的生成率。相反地，减小点火提前角可以通过适当控制汽缸内的燃烧压力和燃烧温度来抑制缸内热 NO 的形成。

图 2-5 对比了在三种空燃比（过量空气系数的倒数）条件下，发动机排气中的 NO 体积分数随点火提前角调整的变化趋势。随着点火提前角从位于曲线左侧的最佳点火提前角（MBT）开始向上止点方向推迟，尾气中 NO 的浓度持续下降。当

NO 的体积分数降低至 700×10^{-6} 以下时，曲线的下降斜率亦放缓。在某量产发动机上，当其工作在典型转速及负荷条件下时，推迟 1℃A❶ 点火提前角可以减少 2%～3%的 NO_x 排放量。但需要指出的是，虽然推迟点火提前角能够起到减少 NO_x 排放的作用，也能够通过提高发动机排气温度，强化 HC 在排气阶段的后燃，从而减少 HC 排放，但过度推迟点火提前角会导致发动机的燃油消耗率升高和比功率降低，对发动机的动力性和经济性会产生不利的影响，并且随着电控发动机标定技术的日臻完善，点火提前角在出厂时已经针对多方面性能进行了充分优化。

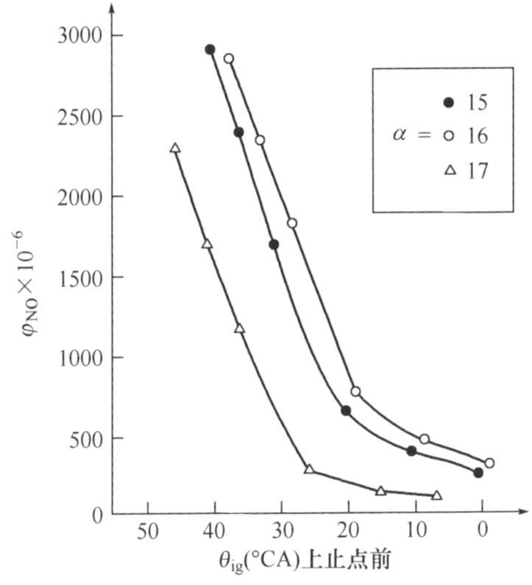

图 2-5　NO 排放随点火提前角的变化规律

4. 柴油机 NO_x 的影响因素

柴油机与汽油机的主要差别在于其进气行程中进入汽缸内的只是空气、残余废气和可能存在的废气再循环的混合物，燃油是在燃烧刚要开始前才以高压被喷入燃烧室的。由于燃油在缸内的分布具有不均匀性，各处燃油雾化和混合的速度也不尽相同，导致燃烧期间已燃气体中的温度和成分在汽缸内的空间分布上存在很大的差异。

与汽油机一样，降低柴油机燃烧过程中的最高燃烧温度，也是减少 NO 排放的

❶ ℃A 表示曲轴转角。

主要途径之一。此前的研究表明,柴油机在预混燃烧期内所消耗的燃料比例对最高燃烧温度和生成 NO 的浓度有着决定性的影响。这是由于预混燃烧期内完成燃烧的混合气在压缩行程末端还会被继续压缩,进而使温度升到更高,对缸内热力型 NO 的生成起到了促进作用。然后,这部分已燃气会在做功行程中发生进一步膨胀,与周围尚未被消耗的空气或者温度相对较低的已燃气混合后“冻结”已生成的 NO。在平均温度很高的燃烧室中仍存在局部温度较低的空气,这种工质在空间分布上的不均匀性也是柴油机燃烧的独特之处,同时使得柴油机中 NO 的“冻结”发生得比汽油机更早,而且柴油机内生成的 NO 发生分解的倾向要弱于汽油机。

1)喷油提前角的影响

通过缸内快速取样技术和全汽缸取样技术的测量表明,压燃式发动机的 NO 排放几乎全部集中于着火时刻后的 20℃A 内。当喷油提前角延迟时,缸内燃烧开始较晚,NO 几乎同步开始生成。柴油机在这种情况下的 NO 排放较少,因为此时的最高燃烧温度较低。这种通过推迟喷油提前角来降低柴油机 NO_x 排放的方法虽然简单易行并且效果显著,但却是以牺牲发动机经济性作为代价的。图2-6 中给出了一项发动机台架测试结果,图中,喷油提前角推迟 2℃A,就可使 NO_x 排放下降约 20%,但同时油耗上升约 5%。

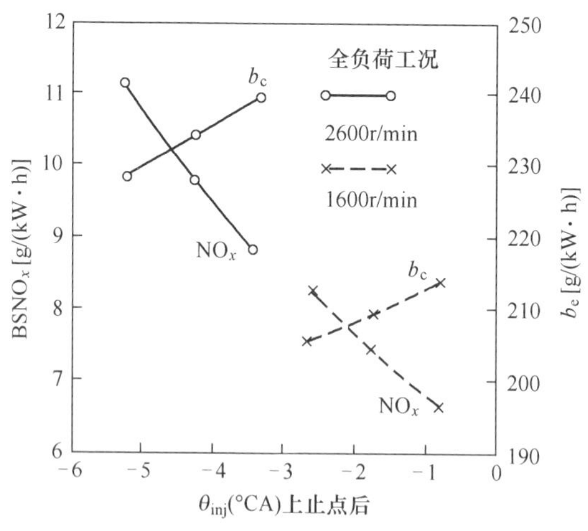

图 2-6 柴油机喷油定时对 NO_x 排放的影响

图 2-7 表示现代车用柴油机的喷油提前角在上止点前 8℃A 至上止点后 4℃A 范围进行调整时,柴油机各项污染物排放的相对变化幅度。

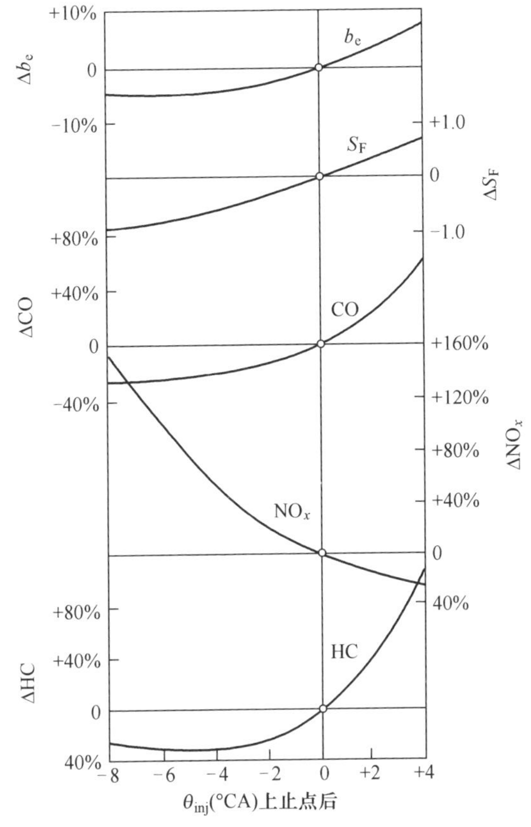

图 2-7　柴油机喷油定时对燃油消耗率、烟度和气态污染物排放的影响

2）放热规律的影响

图 2-8 比较了两种柴油机燃烧放热规律，即传统的放热规律（虚线）和低排放放热规律（实线），图中已燃气质量分数对曲轴转角的偏导数实质上反映的是缸内燃烧放热率。采用传统放热规律的柴油机在上止点前，即由于滞燃期准备的较多可燃混合气在柴油达到自燃温度后发生快速氧化，从而出现了一个很高的放热率尖峰，紧随其后的是由扩散燃烧形成的一个相对平缓的放热率峰。传统放热规律的预混燃烧期快速、炽热，进而导致了大量 NO_x 的产生，而扩散燃烧期的反应速率又过于缓慢，使发动机热效率恶化，颗粒物排放增加。而采用低排放放热规律时，一般直到上止点后才开始放热且由于预混燃烧引起的第一峰放热率并不高，能够有效地控制缸内温度和 NO_x 的生成。位于中部的扩散燃烧期尽可能加速，从而缩

短整个燃烧持续期，不仅有助于提高发动机热效率，降低排气温度，还有助于控制颗粒物排放。需要说明的是，柴油的放热规律和燃油喷射策略紧密相关。在传统的机械式燃油供给系统上，低排放放热规律难以实现，或只能在极少数的重点优化工况下实现，但随着电控高压共轨系统的出现和技术升级，借助高压喷射、供油量精确控制和多次喷射等技术，低排放放热规律已经被商品化机型广泛采用。

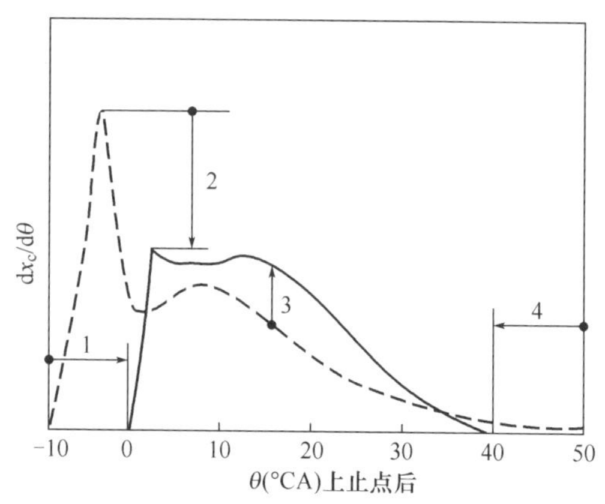

图 2-8　柴油机传统和低排放放热率曲线对比

3）负荷和转速的影响

图 2-9 中给出了柴油机的 NO_x 排放与发动机负荷、转速间的代表性关系。NO_x 的排放浓度随着柴油机负荷的增大而显著增加，造成这一现象的最主要原因在于柴油机的负荷调节采用的是量调节，即进气量不变，通过增加柴油的喷射量来提高动力输出，负荷增加使可燃混合气的平均空燃比减小，缸内燃烧压力和温度均提高。但是当柴油机的负荷超过某一限度时，NO_x 的排放浓度反而会出现下降，这是由于燃烧室中的油气混合品质下降，许多局部的可用氧浓度相对不足出现燃烧恶化，缸内燃烧温度降低而带来的结果。

从图 2-9 还可以看出，柴油机转速对 NO_x 排放的影响程度总体上不及负荷。发动机转速主要影响的是反应物在高温条件下的停留时间，发动机转速越低，NO 生成反应的存续时间越长，越有利于 NO 的形成，这一影响在大负荷条件下更为显著。

NO_x 排放随柴油机转速的具体变化规律还与整个燃烧系统，如缸内涡流强度的变化规律、供气量和供油量的速度特性等有着密切的联系，难以割裂而谈。在现代车用柴油机上，涡轮增压器及中冷系统的特性对 NO_x 排放有着极其重要的影响。

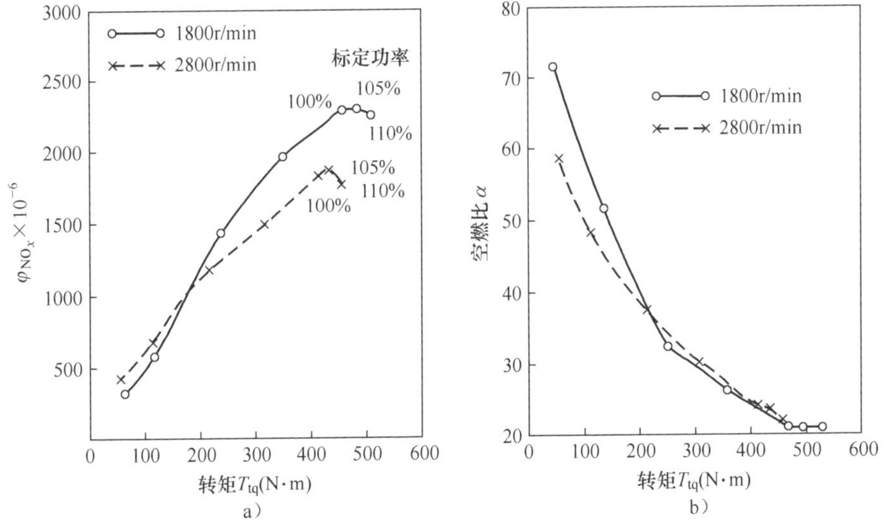

图 2-9　不同负荷条件下,压燃式发动机的 NO_x 排放和空燃比

4)废气再循环的影响

与汽油机类似,残余废气是燃烧的稀释剂,也会降低柴油机内已燃气体的温度,从而抑制 NO_x 的生成。不过由于柴油机的进气系统阻力小、物理压缩比高且基本都配备了进气增压系统,其缸内残余气体分数通常大幅低于汽油机。要增加柴油机内可燃混合气中已燃气体分数只有采用人为废气再循环的方法。由于柴油机总是燃用明显稀于化学剂量比的可燃混合气,使得其对废气再循环的耐受力比汽油机更强,技术上可以采用更大的废气再循环率,这对于部分负荷条件下缸内 NO_x 的排放控制尤为重要。这是由于在大负荷下,柴油机的排气中含有较多的二氧化碳和水这类比热容大的物质,而在小负荷下,排气中的主要成分则以氮气和氧气这类比热容较小的物质为主。

图 2-10 中给出了在一台车用自然吸气式直喷柴油机上,NO_x 和 HC 排放随废气再循环率(EGR 率)的调整特性曲线。首先,NO_x 排放随着发动机负荷的下降显著下降。其次,在发动机的标定转速 3400r/min 下的 NO_x 体积分数要小于最大转矩对应转速 2100r/min 下的值。当 EGR 率从 0 增加至 15%时,NO_x 的体积分数最多可以下降一半左右。但是,提高 EGR 率使柴油机的 HC 排放量有所增加,这主要是由于较大的 EGR 率使缸内燃烧恶化,少部分燃料未能充分被氧化。此外该试

验表明,15%的 EGR 率对这台发动机的燃油消耗量影响不大,但考虑到不同发动机的燃烧系统设计差异很大,这一结论不具有普适性。

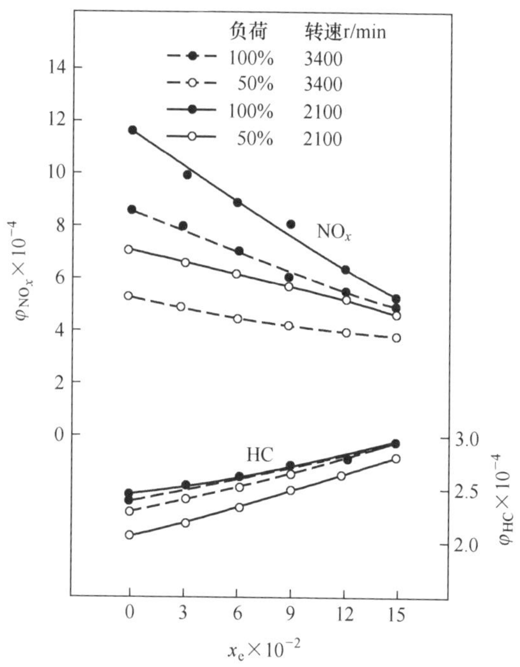

图 2-10 EGR 对压燃式发动机排放的影响

5)进气增压的影响

在市场对商用车动力性、经济性和排放性的要求持续提升的情况下,涡轮增压中冷技术已在柴油机上普及。进气增压可将进气系统中氧的分压大幅度提高,进而使燃烧过程中的火焰温度升高并最终导致 NO_x 排放的增加。由于增压器的压缩比通常为 2 左右,压缩后的空气温度可达 100℃~150℃,也是导致最高燃烧温度升高的原因之一。为了满足日益严格的排放法规要求,增压中冷已是不可或缺的 NO_x 排放控制手段,对于国四排放标准以前的柴油机,尚可采用水—空中冷方式,但对于部分国四排放标准及以后的柴油机,空—空中冷是最普遍的技术路线。此外,通常还可以耦合推迟喷油的办法来协同控制增压柴油机的 NO_x 排放。

第三节　颗粒物的形成机理

一、汽油机颗粒物的形成机理

在汽油机中，排气中的颗粒物排放有三个主要来源，包括以四乙基铅为辛烷值提升剂的汽油中的铅、由汽油中的硫转化而来的硫酸盐以及炭烟。

虽然四乙基铅是非常好的汽油辛烷值提升剂，但是由于其对环境和人体健康有巨大的危害，早已被禁止使用。随着我国燃油标准的不断提升，目前国四排放标准对汽油中铁基和锰基添加剂的使用也基本禁止。汽油机排气颗粒物中的金属成分大多来自润滑油添加剂成分，例如 Ca、Mg、Zn、P、V 等，此外还有发动机磨损的金属碎屑，如 Ni、Sn 等元素。

硫酸盐的排放主要来源于汽油中的硫，绝大部分的硫在燃烧后都以 SO_2 的形式排出，继而在后处理器中催化剂的作用下被氧化为 SO_3。SO_3继续与水结合生成硫酸雾。因此，汽油机尾气中硫酸盐的排放量与汽油中的硫含量呈正比关系。

在直喷式汽油机大范围应用以前，炭烟排放对于正常运行的汽油机来说是不正常的，因为它只出现在可燃混合气非常浓的情况下。但是对于目前非常主流的直喷式汽油机而言，炭烟排放是由于缸内混合时间过短，局部出现浓区以及部分燃油在缸内压力开始下降时漏入燃烧室形成扩散火焰而产生的，这是一种正常的现象，也是目前汽油机排放控制面临的最大挑战之一。直喷式汽油机颗粒物排放的生成机理很大程度上与传统柴油机类似。

此外，当发动机出现严重故障时，颗粒物的排放量也会剧烈增加。比较典型的案例是当汽缸—活塞组出现过度磨损，导致活塞环密封失效，润滑油窜入燃烧室参与燃烧，排气管冒蓝烟。这里的蓝烟实际上是未燃烧或部分燃烧的润滑油成分所形成的颗粒物。

二、柴油机颗粒物的形成机理

柴油机以柴油作为燃料，柴油较长的分子结构以及柴油机先预混、再扩散的独特燃烧方式，使得柴油机所排放的颗粒物质量通常要比汽油机高 1~2 个数量级。我国小汽车普遍采用的汽油机，其颗粒物排放量基本在 0.1~5mg/km 之间，总体上直喷式汽油车的颗粒物排放量不可避免地高于进气道喷射式汽油车。而相比之

下，重型车使用的柴油机，其颗粒物排放量在每公里几到几十毫克的数量级。随着近年来柴油机排放控制技术的不断升级，特别是近五年来柴油车颗粒捕集器（DPF）的大规模商用，柴油机的颗粒物排放已经得到有效的控制。

1. 排气颗粒物的氧化特性

柴油机排气颗粒物的物质构成很大程度上依赖于其运转工况，特别是受到排气温度的影响。当发动机的排气温度超过 500℃时，排气中颗粒物表面吸附的挥发性和半挥发性有机成分都受热挥发，剩余的成分主要是很多碳质微球的聚集体，其中也含有少量的氢和其他元素，称为炭烟（Soot）。当排气温度低于 500℃时（柴油机绝大多数的工况都在这样的温度以下，特别是对于装备有钒基催化剂的选择性催化还原系统的柴油机），炭烟微粒的多孔结构提供了极大的活性表面积和可供吸附的活性位点，凝聚了大量有机化合物，统称为可溶性有机物（Soluble Organic Fraction，SOF）。

在电子显微镜下的颗粒物形貌研究结果表明，柴油机排气中的颗粒物实际是由许多尺度更小的球状微粒聚集而成的集合体，其直径在 10～100nm 的数量级，但大多数集中在 15～40nm 的范围内。其形貌结构可以呈葡萄串状或者链状，每个这种集合体内可以包含 1000～10000 个微球体，这些微球体都是燃烧产生的炭粒。

微粒中的可溶性有机物，含有对人体健康和环境十分有害的物质，例如前面已经介绍过的含氧有机物，如醛类、酮类、醚类和有机酸类等，以及大多具有致癌和致基因突变性的多环芳香烃（PAHs）和含氮杂环化合物等。

吸附在颗粒物表面的物质中还包括少量的无机化合物，如由二氧化硫和二氧化氮转化而来的硫酸盐和硝酸盐等。颗粒物中还有少量 Ca、Fe、Si、Cr、Zn、P 等元素的化合物，其主要来源是燃料和润滑油组分。不过，随着燃油和润滑油产品标准升级，铁基和锰基添加剂已被禁止人为添加入燃油，而 Cr、Mo、P 等元素在润滑油中的应用也受到了很大的限制。

2. 颗粒物的生成机理

从炭烟的元素构成上就可以看出，柴油机的颗粒物排放主要来源于燃料中的碳元素，因此油品的基础油组分（决定了碳氢原子比）对颗粒物排放有着较大的影响。尽管在过去的数十年间，全球的学者已在不同层面上对内燃机燃烧过程中颗粒物的形成和消耗机制开展了大规模的研究，但由于这是一个在高温、高压、强湍流环境下发生的短暂三维过程，因此迄今为止，颗粒物生成和消耗的详细过程仍不十分清楚，不过已经可以定性地将柴油机颗粒物的生成和长大过程划分为如下两个阶段：

(1)颗粒物的生成阶段,这是一个诱导期,燃料分子在氧化过程中生成的部分中间产物或热解产物萌生凝聚相。这些产物中富含各种不饱和烃,尤其是以乙炔为代表的炔烃和多环芳烃。这两类物质目前被公认为是在火焰中形成炭烟粒子的关键前体物。这些前体物发生进一步的凝聚反应,形成具有可辨认结构的初级炭烟粒子,常称为晶核。这种最早期的粒子在尺寸上很小,其粒径通常仅不足 2nm,因此即便在晶核的生成区,即火焰内部反应最活跃的区域,晶核在总体燃烧反应中所占的比例也很低。

(2)颗粒物的长大阶段,这一阶段包括了表面生长和聚集两个方面。表面生长是指颗粒物巨大活性表面积吸附气相物质并发生合并的过程。通过计算碳氢原子比可知,这种简单的合并并不能得到与颗粒物相对应的较低碳氢原子比,所以合并的过程一定还伴随着脱氢反应的进行。表面生长原则上不改变颗粒物的数量,而只增加颗粒物的质量和粒径,这一原理目前也用在对颗粒物数量浓度的精确计量上。与之相反的,聚集过程是通过碰撞使颗粒物长大,这势必造成颗粒物数量的减少,但会生成链状或团絮状的聚集物。在柴油机中,这种颗粒物聚集的基元过程常与颗粒物在空气中的氧化过程同时发生,后者妨碍颗粒物的进一步长大。

图 2-11 描绘了部分碳氢化合物,如乙烯、丙烷、甲苯等在实验室燃烧器内进行预混燃烧时颗粒物生成温度与过量空气系数的关系,该图所示的温度和浓度范围也基本覆盖了柴油机中颗粒物的生成条件。由图 2-11 可以看出,最高的颗粒物浓度基本在过量空气系数小于 0.5 的极浓混合气条件下出现,且在温度在 1600~1700K 的范围内达到最大值。

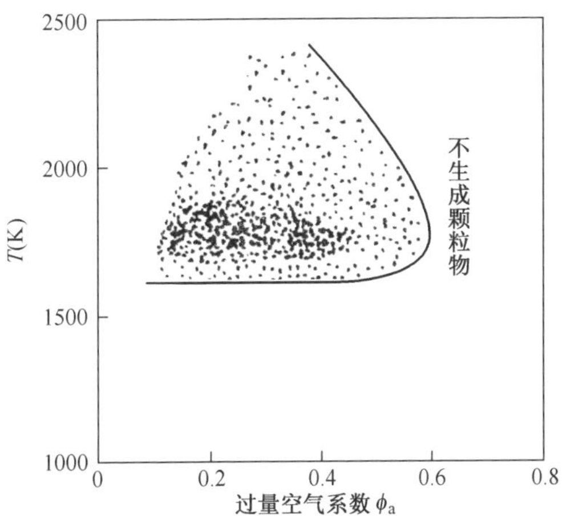

图 2-11　HC 燃料燃烧过程中颗粒物生成温度与过量空气系数的关系

图 2-12 绘制了柴油机燃烧中颗粒物和 NO_x 生成时的对应温度与过量空气系数之间的关系，以及柴油机上止点附近不同浓度的混合气在燃烧前后的温度。由图 2-12 可见，当混合气的过量空气系数小于 0.5 时，必然会有颗粒物产生，这与图 2-11 中的燃烧器试验结果相吻合。在图 2-12a）的右上角也标出了各种温度条件下，不同浓度混合气在燃烧开始 0.5ms 后 NO_x 的体积分数。从图中可以看出，当过量空气系数处于 0.6~0.9 之间时，存在一条同时使颗粒物和 NO_x 生成下降的通道。当过量空气系数大于 0.9 时，NO_x 的生成量增加；而当过量空气系数小于 0.6 时，颗粒物的生成量增加。

柴油机中，可燃混合气在预混燃烧期中出现的各种典型状态变化如图 2-12a）上各箭头所示。在预混燃烧期中，由于燃油在缸内背景气中的不均匀分布，局部混合气的浓度有高有低，因此既会在局部浓区生成颗粒物，也会在局部稀区生成 NO_x，所以为了提升柴油机的污染物排放水平，从缸内优化的角度考虑，应当适当缩短滞燃期，精确控制在滞燃期内的喷油量，使尽可能多的混合气处于合理的过量空气系数区间。

图 2-12b）中给出了柴油机在扩散燃烧期中混合气的状态变化，图中变化路线上的数字表示的是燃油被喷入燃烧室时所直接接触的混合气过量空气系数。从图 2-12b）中不难看出，如果燃油液滴首次触碰的背景气过量空气系数小于 4，则会在该区域内生成颗粒物。此外，在背景温度未达到颗粒物生成温度的区域，过浓混合气最终会以未完全氧化的液态 HC 形式出现。在扩散燃烧期，避免燃油与高温缺氧的已燃气混合、强化燃烧室内的湍流运动以及提升柴油的雾化水平均有助于改善油气混合的质量，增大燃烧反应区内的实际过量空气系数，减少颗粒物排放。

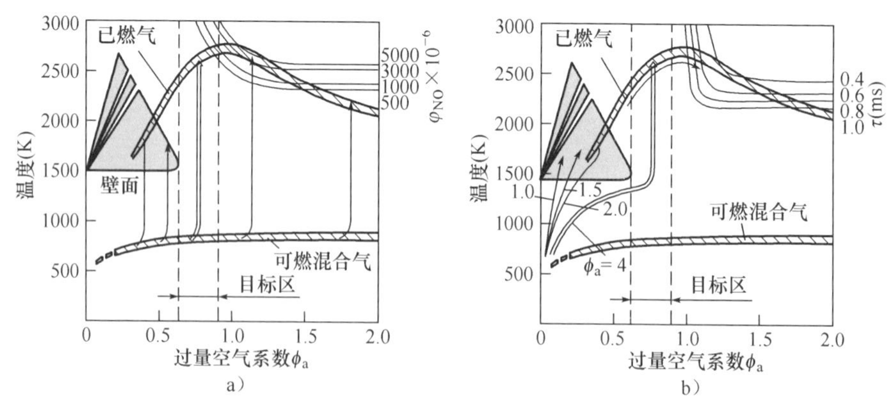

图 2-12　柴油机燃烧中生成颗粒物和 NO_x 的温度与过量空气系数的关系

3. 颗粒物的氧化

在颗粒物生成的每个阶段，无论是前体物、晶核还是聚集物，物质生成与氧化消耗过程总是同步进行的。采用专门手段对柴油机缸内生成颗粒物峰值浓度的测量结果表明，生成浓度远远高于实际排放的浓度，这足以表明燃烧生成的颗粒物中，有很大部分在排气开始前和排气过程中就已经被氧化。从现象学角度出发，试验观测到的柴油机火焰发白光，即是这些炽热的颗粒物在高温下发生燃烧的最佳证明。在火焰中出现的多种物质和官能团，例如 O_2、O、OH、CO_2 和 H_2O 等，都存在参与颗粒物多相燃烧反应的可能。特别需要指出的是，水是一种有效的反应促进剂。此前的研究表明，燃用一种含水量为25%的乳化柴油可以降低约一半的颗粒物排放。在稀混合气火焰中，O 是关键氧化剂，大量的积聚态颗粒物会发生破碎，进而导致颗粒物数量浓度的增加。不同的是，在以 OH 为主要氧化剂的浓混合气火焰中，由于 OH 具有很高的反应活性，从而阻碍了聚集物的破碎过程。颗粒物氧化过程是一种多相表面反应，由于颗粒物具有多孔和活性表面积巨大的特点，聚集后的颗粒物反而变得难以被氧化。颗粒物的氧化也存在一个最低门槛温度，通常为700~800℃。这一温度要求基本决定了颗粒物的氧化过程几乎只能在压缩行程末期和做功行程中发生，因为一旦排气门打开，已燃气体的温度会因为缸内工质的快速膨胀而迅速下降，使这些氧化反应难以持续进行。在柴油机缸内的高温高压条件下，颗粒物氧化反应的化学反应速率很高，仅需 3ms 左右的时间就可以实现约90%的炭烟氧化。余下部分的氧化速率依赖于炭烟与空气的混合速率，但由于做功行程后期缸内温度和压力的逐步降低而放缓。需要注意的是，颗粒物的氧化产物主要是不完全氧化产物 CO，而不是 CO_2。

在发动机排气管处能够检测到的颗粒物排放量远小于缸内的生成量，对于未装备 DPF 的柴油机而言，这一比例不足10%，而对于装备了 DPF 的最新柴油机而言，这一比例可能低至0.1%。特别需要说明的一点是，尽管 EGR 对控制 NO_x 是有益的，但是 EGR 率较高时，缸内温度相对较低，颗粒物的后期氧化过程受到了抑制，因此不利于对颗粒物排放的控制。

4. SOF 的吸附与凝结

在柴油机颗粒物形成的末期，还会发生部分气态或液态的重质有机化合物在积聚态颗粒物表面发生凝结和吸附的现象。这一过程主要发生在已燃气体从缸内排出的阶段，气体温度的迅速降低使得一些沸点较高的 HC 物质发生了凝结，从高温下的气相变化到液相，甚至是固相。

未燃 HC 或未经完全氧化的有机物分子主要通过化学键力或者范德华力吸附到积聚态颗粒物表面。吸附的过程主要取决于颗粒物表面可供气相物质附着的可用表面积以及驱动吸附过程发生的吸附物质的分压。当发动机排气受到大比例的稀释,温度下降时,颗粒物表面活性吸附点的数量增加对吸附有促进作用,使颗粒物中可溶性有机物成分比例增加。但是如果温度过分下降,致使吸附物质的分压减小,则不利于吸附过程的进行。最容易发生凝结的是挥发性较差的重质有机物,其主要来源包括未燃燃料中的重质组分、未被燃烧或后期氧化过程消耗的反应中间物以及来自曲轴箱的润滑油窜气。

5. 多环芳烃的生成

多环芳烃在颗粒物生成的第一阶段,对颗粒物生成有着必不可少的作用,也是吸附在颗粒物上可溶性有机成分的组成部分。燃烧过程中,在颗粒物浓度峰值出现前,存在一个多环芳烃浓度峰值,而当颗粒物开始生成时,多环芳烃浓度则大幅下降,多环芳烃的烷基衍生物可能是颗粒物生成的首批前体物,颗粒物由这些物质的离子或者自由基聚合生成。

在火焰中的高温下,燃油中的各种烃会发生脱氢反应,或者 C—C 键断裂生成自由基,例如甲烷生成亚甲基,同时产生氢基,而二乙烯生成乙烯基,它很容易继续脱氢进而转化成乙炔。乙炔利用加成作用,通过乙炔基生成聚乙烯炔,乙炔基能够经过分子内的成环作用转化成苯基。苯基与甲基和乙基进行反应生成苯的烷基衍生物,即甲苯、二甲苯和乙苯等。向这个苯基添加两个乙炔分子,并除去一个氢基,就得出萘分子。继续这样的机理,可以创造出更加稠密的芳香烃:如三环的蒽、菲等和四环的丁省、芘、䓛等,以及五环的苯并芘、苯并䓛、苯并荧蒽等,再如六环的茚并芘、苯并苝等,一直演变到生成首批颗粒物粒子。

原始 HC 的分子结构,将影响多环芳烃和颗粒物的生成。在 900~1200℃ 温度下无氧热解时生成多环芳烃和颗粒物的数量,按下列顺序依次增加:烷烃—环烷烃—芳香烃。当温度上升时,颗粒物生成量增加,但多环芳烃相应减少。

6. 颗粒物排放的影响因素

此前已经介绍,在车用柴油的硫含量被严格限制在 10×10^{-6} 以下的前提下,车用柴油机所排放的颗粒物主要是由炭烟和可溶性有机物组成,可溶性有机物又可分为来自润滑油和燃油两部分。

为了减少由润滑油途径形成的颗粒物排放,应在确保发动机可靠性的前提下,尽可能降低润滑油的使用量和消耗量。这将涉及结构材料、零件构造、加工工艺、润滑剂性能等一系列复杂的因素，其中最重要的是汽缸活塞组的控油性能。通过优化缸体结构设计、提高零件刚度、减少热形变等措施，使汽缸在工作时的形状畸变尽可能小，同时提高汽缸盖与缸体之间的密封，另外可以从油环的设计入手改善活塞的控油能力。

来自燃油的可溶性有机物与柴油机的未燃 HC 排放之间有着密切关系，减少未燃 HC 排放，也有助于减少可溶性有机物排放。

降低柴油机颗粒物排放的核心是抑制炭烟的生成。由于高温、缺氧是炭烟生成的关键，所以提升燃油雾化程度、改善油气混合品质、尽可能避免在燃料燃烧的过程中出现局部浓区，是降低颗粒物排放的主要技术途径。

图 2-13 中给出了柴油机的颗粒物质量排放浓度随发动机负荷的变化规律。当发动机运行在中小负荷时，颗粒物排放随着负荷的增加而呈缓慢上升的趋势。由于柴油机在中小负荷时的混合气比较稀，故而生成炭烟的可能性不大。但当柴油机接近全负荷工作时，对应的过量空气系数在 1.35～1.7 之间，因接近俗称的“冒烟界限”而会出现颗粒物排放急剧增加。这时虽然在宏观上缸内的过量空气系数大于 1，空气是过量的，但由于柴油机燃烧室内可燃混合气浓度分布的不均匀性，在许多局部仍会出现过量空气系数小于 0.6 的情况，进而导致了大量炭烟的生成。随着柴油机转速的提高，燃烧趋于恶化，导致颗粒物排放的增加。

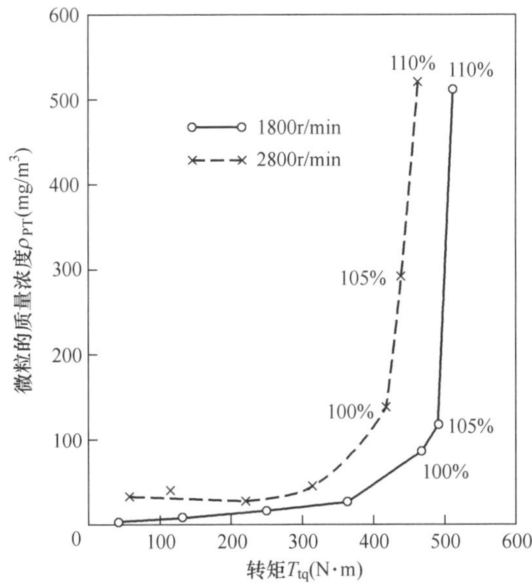

图 2-13　典型车用柴油机不同负荷条件下颗粒物排放的质量浓度

改善油气混合的均匀性可借助提高燃油喷射压力、优化喷射正时、改善缸内背景条件等手段来实现。不论柴油机在何种转速和负荷条件下运转,滤纸烟度均随最高喷射压力的提高而下降。这是国三排放标准以后的柴油机改为采用电控高压共轨系统的一个非常重要的原因,和喷油压力只有几十或一百个标准大气压的机械泵相比,共轨系统的喷射压力可以达到200MPa,甚至更高。采用较高喷油压力的另一项优势是能提高柴油机对废气再循环的耐受力。

柴油机燃烧室设计对颗粒物排放的影响比较复杂,需要针对具体情况做细致的优化工作。对于直喷式燃烧室,首先要保证活塞顶上的余隙容积尽可能小,从而提高缸内空气的利用率。这意味着在同样的强化程度下,有较大的实际燃烧过量空气系数,促使炭烟和颗粒物排放下降。其次,采用W形燃烧室结构在燃烧过程中能较好地保持燃烧室内的涡流强度,从而加速扩散燃烧期的油气混合速率,加速炭烟的氧化。

每缸四气门结构与传统的每缸两气门结构相比,排气烟度几乎下降一半。这不仅是因为具有每缸四气门结构的柴油机能获得更高的充量系数,进而提升缸内的平均过量空气系数;也是因为采用四气门结构时,喷油器得以在中央布置,燃油的喷雾场在燃烧室内对称,从而改善了油气混合的均匀性。

进气增压是提高柴油机功率密度的有效措施。由于进气增压能大幅提升柴油机的进气密度,提高缸内的平均过量空气系数,因而能显著降低柴油机的颗粒物排放。随着近二十年来排放标准的不断提高,现代低排放柴油机基本都采用了进气增压设计,一些追求高动力性输出的机型还采用了两级增压系统。

第四节 汽车排放净化技术

尽管通过合理的燃烧室设计和性能匹配优化可以在一定程度上实现内燃机的低排放设计,但是在排放标准日益严苛的今天,如何为发动机匹配合理的、高效的排气后处理装置已经成为车用动力系统研发的重中之重。本节将分别就汽油机和柴油机的机内和机外净化技术进行介绍。

一、汽油机的机内净化技术

1. 推迟点火提前角

前面已经介绍过点火提前角对 NO_x 排放的影响。推迟点火提前角简单易行且没有硬件成本，因此也是应用最为广泛的一种机内排放控制技术。一方面，推迟汽油机的点火提前角能够降低缸内的最高燃烧温度，从而达到控制 NO_x 排放浓度的目的；另一方面，推迟点火提前角还会强化后燃，使排气温度升高，加速不完全氧化产物的后期氧化，从而降低 HC 排放。但是需要说明的是，推迟点火提前角必须是在综合平衡考虑发动机的动力性和燃油经济性前提下进行的，过度推迟点火提前角会导致发动机的动力性和经济性双双恶化，甚至有烧毁后处理器的风险。此前的经验表明，在不过分牺牲动力性和经济性的前提下，通过优化点火提前角可以减少 10%～30%的 NO_x 排放。

2. 废气再循环

除了调整点火提前角外，增加废气再循环（EGR）也是一项被广泛应用的排放控制和提高发动机热效率的技术措施。EGR 的工作原理是设法将一部分已燃气留在或重新导入下一个工作循环，从而利用已燃气体对发动机新鲜充量进行稀释，起到降低缸内氧浓度、抑制燃烧反应速率、控制缸内燃烧温度的目的，进而实现降低氮氧化物的排放。如果是采用调整进排气门相位的方法将一部分已燃气体“封存”在燃烧室内，一般称为内部 EGR；而将一部分已经排出的气体（通常还经历冷却）重新导入进气系统的则称为外部 EGR。根据已燃气体是否经过额外冷却，EGR 还可以分为冷 EGR 和热 EGR。

虽然点燃式发动机的 NO_x 排放会随着 EGR 率的增加而显著降低，但当 EGR 率过高时亦会对缸内的燃烧过程产生负面影响，包括使发动机的额定功率下降，中等负荷下燃油经济性变差且 HC 排放量增加，小负荷及怠速条件下发动机的平顺性恶化，甚至出现失火等。为了避免这一系列问题，通常点燃式发动机仅会在完全暖机后的中等负荷条件下使用 EGR，即便如此，所使用的 EGR 率也不超过 20%，但此前的研究结果表明，这已足以削减 50%～70%的 NO_x 排放。

为了精确地控制 EGR 率，现代发动机均已采用电子控制的 EGR 阀作为执行器。为了实现对 NO_x 排放的进一步降低，需要更低的缸内燃烧温度，因而在 EGR 率不变的前提下，可借助冷 EGR 实现。为了缓解使用 EGR 时发动机动力性和经济性的恶化程度，可配合高涡流进气道和燃烧室设计以及双火花塞点火等燃烧稳定措施。

事实上，废气再循环的效果不一定需要 EGR 阀来实现，也可以通过改变配气相位、增大缸内的残余废气量来实现。与采用 EGR 阀的外部废气再循环相对应，这种把废气留在缸内的方法，称为内部废气再循环。

3. 提高点火能量

传统的提高点火能量方法,主要是通过适当增大点火操作时火花塞电极间的电压差、调大火花塞间隙和延长放电时间来实现。采用高能点火系统有助于强化电火花形成初期火核的稳定性,避免失火现象的发生,减小发动机的循环变动,扩大缸内混合气的着火界限,从而减少未燃 HC 的产生。

为了应对未来排放法规中更为严格的排放限值,许多企业都着手在点火性能优化上开展深度技术研究。近几年,新型高能点火方式得到了空前的关注和发展,包括预燃室结构、射流引燃、激光点火、微波点火等技术都重新获得关注并有一些在面向下一阶段排放标准的工程样机上得到了应用。

4. 电控燃油喷射技术

电控燃油喷射系统,能够更加精确且柔性地满足发动机不同工况下燃油喷射的优化要求,实现排放性、经济性和动力性的协调统一,因此在过去的 30 年时间里得到了全面的普及。在我国,电控燃油喷射技术的普及始于 1999 年北京市实施国一排放标准。目前电控燃油喷射系统已经全面地应用于汽油车。除此之外,使用电控燃油喷射系统的另一个原因是其可与三元催化转换器(Three-way Catalyst, TWC)配合,因为三元催化转换器的工作原理决定了发动机只有在过量空气系数为 0.95~1.05 的很窄的高效排放转化区间内才能实现清洁排放。因此,必须使用控制精确而且可靠的电控燃油喷射系统来进行燃油供给调节,这种精度对于化油器来说是很难达到的。

此外,可变配气相位、可变歧管长度、可变压缩比、可变排量、稀薄燃烧以及缸内直喷式燃烧方法等新技术,在改善汽油机动力性和经济性的同时,也能够不同程度地降低汽油机的 CO、HC 和 NO_x 排放。

5. 汽油缸内直喷

需要说明的是,汽油缸内直喷技术并不是近年才出现的技术,早在第二次世界大战期间纳粹德国的梅塞施密特 109 战斗机和 20 世纪 50 年代奔驰经典“鸥翼”造型的 300SL 跑车上,就已经应用了机械控制的直喷汽油机。在全球 CO_2 减排政策的助推下,汽油缸内直喷技术在最近十几年内获得了非常广泛的应用。目前,我国新车市场上,采用直喷式汽油机的车型已经超过一半,进气道喷射(PFI)更多地出现在中低端机型或是对极端可靠性和燃料适应性要求更高的大排量 SUV 发动机上。

不同于进气道喷射结构，直喷式汽油机是将燃料在压缩行程的中后期直接喷入缸内，因此大幅度削弱了 PFI 发动机存在的进气充排效应，得以在更多工况下减少加浓策略的使用。这一优势在冷起动和暖机阶段体现得最为突出，有助于大幅减少 CO 和 HC 排放，同时提供了更好的经济性。但是，直喷式汽油机的颗粒物排放，无论是 PM 还是 PN 都较 PFI 发动机严重得多。为了缓解这一问题，在国六排放标准阶段，几乎全部直喷式汽油机都采用了喷射压力为 35MPa 的系统以改善燃油雾化和混合的品质，尽可能避免局部浓区、燃油触顶或湿壁现象的发生，从而满足更加严格的 PM 和 PN 限值要求。

总体而言，汽油机的机内净化技术并不非常复杂，这主要是由于 20 世纪 90 年代三元催化转换器的普及应用，目前几乎所有汽油机采用的都是闭环电喷加三元催化转换器的技术路线，三元催化转换器在达到起燃温度后对三种主要污染物的转化能力可达 95%以上，从而大大减轻了对机内净化技术的需求，燃烧过程的组织仍可以动力性和经济性指标作为主要的优化目标。不过随着近年来排放标准的快速加严，汽油机的机内净化技术也变得越来越重要，特别是对于直喷式汽油机颗粒物排放的控制。但就目前中国和欧盟排放标准的发展动态来看，下一阶段排放标准或将引入更多的污染控制项并进一步收紧限值，机内和机外净化技术必须进行更深度的协同优化，单纯依赖机外净化技术的路线恐将面临很大的技术挑战。

二、汽油机的机外净化技术

早期的汽油机排气后处理装置主要分为热反应器和催化转换器两种，其中催化转换器又被细分为氧化型催化转换器、还原型催化转换器和三元催化转换器（Three-way Catalyst，TWC）。实际上，热反应器和独立的氧化型、还原型催化转换器早已无法满足排放法规的要求，当前市场上的所有车型采用的都是三元催化转换器技术路线。此外，在欧美市场上，亦有少部分汽油车使用的是氮氧化物吸附还原催化器（Lean NO_x Trap，LNT）。相比于 TWC 技术，LNT 可以适应稀薄燃烧而不要求发动机工作在当量混合气条件下，因而可以获得更好的燃油经济性。随着直喷式汽油机的普及，为了控制直喷式汽油机的 PN 排放，汽油机颗粒捕集器（Gasoline Particulate Filter，GPF）作为一种新的汽油机后处理装置正在被快速应用。据统计，约 70%以上的国六排放标准新车型都配备了 GPF。

1. 三元催化转换器（TWC）

在物理结构上，三元催化转换器的核心结构由壳体、减振衬垫、载体及催化剂涂层四部分组成。壳体一般采用耐热、耐冲击、耐腐蚀的金属材料制成，主要起到定位安装和保护催化转换器载体的功能。排放法规的加严使得 TWC 的安装位置距离发动机排气出口的距离越来越近，以缩短催化剂的起燃时间，获得更好的冷起动排放指标，因此壳体的外形设计有从传统的圆柱形、扁圆形朝异形化发展的趋势，与此同时对壳体的抗形变性能也提出了更高的要求。

减振衬垫是包裹于催化转换器载体外围的一层非金属材料，作用是充实壳体与载体间空隙，主要起到固定和保护载体的作用。衬垫材料随温度的性能变化对催化转换器的可靠性非常重要，变化幅度过大或过小都可能造成载体的破裂或松动。此外，衬垫的安装也是催化转换器封装技术中非常关键的工艺。衬垫过于紧实，不仅可能挤碎载体，还削弱了衬垫吸收外部振动的能力；过松则可能导致催化转换器载体固定不牢发生移位或碰撞失效。

载体是在水平方向上具有蜂窝截面流道的陶瓷部件，其作用是提供一个物理结构，使含有大量燃烧污染物的排气有空间和时间与金属催化剂发生接触，进而通过化学反应消除其中绝大部分污染物。一方面，载体材料需要有较好的耐温性能，因为汽油机在大负荷条件下（例如高速巡航工况）的排气温度可达 700~900℃（天然气发动机的排气温度更高），高温下的形变量和机械性能需稳定、可控；另一方面，载体材料还需具备表面附着条件和较好的结构强度，以确保相邻的孔道和孔道间尽量薄，扩大排气流经载体时的流通面积，减小排气背压。经验表明，增加 TWC 结构后，因额外的排气背压造成的动力性、经济性损失不足 2%。

目前应用最为广泛的 TWC 载体材料是堇青石，市场上几乎 100%的车型都安装了这种材质的载体。近几年，一些企业也推出了采用碳化硅（SiC）材质的 TWC 载体。相比于堇青石，SiC 载体的耐温性能更为优越，因而更多的是作为 GPF 材料使用。

化学上对催化剂的定义是指可以提高化学反应速率或降低反应起始温度，而本身在反应中并不发生消耗的一类物质。催化剂决定了 TWC 的起燃特性和转化性能，对车辆的排放特性有着决定性的影响，是 TWC 的核心。催化剂附着于载体内表面的涂层部分，一般采用的是以铂（Pt）、铑（Rh）和钯（Pd）三种贵金属为主要活性材料，辅以铈（Ce）、锆（Zr）、镧（La）、镨（Pr）和钕（Nd）等元素作为助剂。为了将催化剂与尾气的接触面积最大化，这些贵金属材料被加工成极细的颗粒均匀涂敷在以 Al_2O_3 为主要成分的疏松的催化剂涂层表面，而涂层则涂在作为催化剂骨架的蜂窝陶瓷或金属材质的载体上。通常，单位体积催化剂中的贵金属含量为 0.25~3.0g/L。近年来，Pt、Rh、Pd 三种贵金属的价格一路攀升，特别是 Rh，价格已

经逼近 6000 元/g，而排放标准对车辆排放耐久里程的要求从国四阶段的 8 万 km 已经提升到国六阶段的 20 万 km，如何在不牺牲耐久性能的前提下减少贵金属的使用量是 TWC 催化剂技术研究的热点问题。

在三元催化转换器中，当可燃混合气浓度正好处于理论空燃比附近很窄的区间时（通常是过量空气系数 0.95～1.05 之间，但根据催化剂配方的变化也可能稍宽或稍窄或向浓侧略偏移），CO 和 HC 与 NO_x 可以互为氧化剂和还原剂，同时发生氧化和还原反应，生成无害的 CO_2、H_2O 及 N_2。在化学计量比条件下，TWC 内部发生的氧化和还原总包反应式为：

$$CO + O_2 \longrightarrow CO_2$$

$$HC + O_2 \longrightarrow H_2O + CO_2$$

$$NO + CO, HC, H_2 \longrightarrow N_2 + H_2O, CO_2$$

尽管电控燃油喷射系统借助安装在 TWC 入口和出口处的氧传感器反馈信息可以实现可燃混合气的当量比闭环控制，但是这种宏观控制是滞后的，即反馈混合气稀后调浓，反馈浓后调稀，且调整频率并不足够快，反映到实际排气成分上的结果就是在化学剂量比附近来回波动。这样一来，TWC 在理论上的高效转化并不能真正发挥作用，解决的方案是在 TWC 催化剂中添加以 CeO_2 和 ZrO_2 为代表的储氧材料。以 CeO_2 为例，在混合气稍浓的情况下，两个 CeO_2 分子结合后形成 Ce_2O_3 并释放一个 O 原子；当混合气偏稀时，Ce_2O_3 又吸收 O 原子进而重新变回 CeO_2 的状态。储氧材料的加入有效地平抑了混合气空燃比的波动性，大幅提升了 TWC 的实际工作效率，对于 TWC 转化效率的影响也是至关重要的。TWC 的失效模式中，TWC 储氧能力（Oxygen Storage Capacity，OSC）衰降与催化剂中毒、载体损坏都是主要的形式。

不同贵金属成分在排气污染物的转化过程中发挥着不同的作用。其中，Pt 和 Pd 主要促进 CO 和 HC 氧化反应的进行，而 Rh 则负责 NO 还原反应。产品中以 Pt、Rh 催化剂的应用最为广泛。Rh 对于 NO 还原反应具有很高的活性，而且受 S 和 CO 的影响相对较小。在较化学剂量比稍偏稀的一侧，Rh 仍有一定的 NO 催化能力。在较化学剂量比稍偏浓的一侧，CO 和 HC 排放是主要的污染物，Pt 通过水煤气反应（$CO+H_2O \longrightarrow H_2+CO_2$）和催化重整反应（$HC+H_2O \longrightarrow CO+CO_2+H_2$）对这两种污染物有很高的转化效率。事实上，对于催化重整反应，Rh 的催化活性甚至比 Pt 更高。Pd 在 TWC 催化剂中往往被用于降低 TWC 的起燃温度，这对于满足当前排放标准尤为重要，因为在循环测试中，绝大部分的污染物都来自冷起动和暖机阶段。TWC 的工作是有温度条件的，在达到工作温度（多以起燃温度表征，即催化转换器具有50%转换能力的温度)前,TWC的转换效率很低。典型TWC催化剂的起燃温度在300~400℃。

2. 氮氧化物吸附还原催化器(LNT)

除了配合当量混合气使用的TWC外,与稀燃汽油机搭配的LNT技术也是当前仍在小范围应用的汽油机后处理技术。LNT内的主要活性成分是贵金属和碱土金属。当发动机燃用稀燃混合气时,进气中的O_2在完全氧化燃料后仍有剩余,出现在排气中的多余O_2在Pt的催化作用下发生两类反应:其一是与将排气中的CO和HC成分氧化至CO_2和H_2O后排出;其二是将NO氧化至NO_2后,NO_2以硝酸盐的形式被碱土金属吸附固定。之所以将NO氧化至NO_2是由于后者的反应活性和反应速率要比前者高得多。

值得注意的是,LNT内部添加的碱土金属吸收能力是有上限的,因此LNT必须定期将已吸附的NO_x无害化消纳,腾出容量吸附新的NO_x排放,才能实现有效的连续工作。这一过程称为LNT再生。即便是稀燃汽油机,在有些工况条件下也需要工作在理论空燃比附近甚至浓燃条件下(包括为了触发LNT再生的加浓策略),此时,吸附在碱土金属表面的硝酸盐会重新分解出NO_2和NO,与尾气中的CO、HC和H_2发生类似TWC内部的反应,生成CO_2、H_2O及N_2。硝酸盐脱附后的碱土金属催化剂得到再生,可以继续吸附NO_x。为了保证催化剂能够在车辆的实际行驶工况下稳定工作,实际的工程应用中,如果稀燃发动机实际运转中出现的加浓频率不足以满足LNT的再生需求,电控系统会在一定的时间间隔内,由行车电脑发出控制指令,在短时间加浓混合气,迫使碱土金属催化剂再生。但是频繁的催化剂再生过程势必会导致发动机燃油经济性的下降。2015年爆发的大众“排放门”事件,就是通过对LNT再生策略的篡改,关闭了这一加浓过程以达到节油的目的,从而导致了相关车辆在实际道路行驶状态下NO_x排放大幅升高。

3. 汽油机颗粒捕集器(GPF)

GPF是直喷式汽油机为了应对日益严格的PN排放限值和实际驾驶排放(Real Driving Emission,RDE)要求而在国六b和欧六d排放标准阶段广泛采用的一种针对颗粒物的后处理装置。在结构上,GPF与TWC类似,也是由壳体、衬垫、载体构成。有的GPF载体上会涂敷催化剂,以达到改善壁面渗透性、降低再生温度或集成TWC功能等目的,催化剂因功能上的差异在成分和涂敷量上区别显著。最常见的GPF结构是壁流式GPF,此外还曾出现过卷绕式和金属泡沫结构的GPF。在载体结构上,壁流式GPF与TWC的截面和流道设计接近,但单位面积的

孔密度有差异。最显著的区别是，GPF 水平流道的两端只有一端开放，能够允许排气流入或流出，因此，GPF 载体的两个端面上相邻流道间呈现出开放、封堵交替排布的规律。这样一来，从入口开放端流入 GPF 的发动机排气无法从流入的流道通过，只能穿透流道与流道间的多孔介质壁面，从相邻的开放出口流道排出。在这一过程中，气体成分穿过壁面，而颗粒物则被拦截在 GPF 载体内。GPF 拦截颗粒物的机理主要有筛分、惯性冲击、拦截和热扩散四种。

筛分作用主要拦截的是粗糙态的颗粒物，GPF 壁面的平均孔道直径在 10μm，大于这一尺度的颗粒物无法通过。惯性冲击主要指颗粒物在流道内流动时，与流道壁面发生碰撞导致动量大幅损失而滞留在 GPF 内部。拦截与惯性冲击相似，颗粒物在流动的过程中可能与流道内部粗糙凸起发生正碰，进而停止运动。热扩散是 GPF 过滤小尺度颗粒物的主要途径，粒径越小的颗粒物，其布朗运动越强，在这一过程中将不可避免地与壁面或其他颗粒物发生碰撞、摩擦，进而造成动量损失并最终被拦截。

新鲜的 GPF 造成的排气背压低，但是过滤效率不及使用一段时间后的 GPF。这是由于被拦截的颗粒物在流道内形成了一个碳层，进一步提升了过滤效率。但是当 GPF 内部的碳载量达到一定量时，碳层过厚会导致排气背压大幅上升，发动机动力性和经济性快速恶化，必须将碳层清除再进行 GPF 再生。由于汽油机的排气温度高，GPF 再生温度条件相对容易达到（特别是在有催化剂辅助的情况下），主要是需要氧气来氧化碳层。因此，当驾驶员在高速行驶抬开加速踏板时，是 GPF 再生的最佳时机。需要注意的是，长期低速行驶的车辆不仅面临严重的再生困难，一旦碳载量过高又突然再生，GPF 载体很可能会因为再生放热量过大而引起烧穿失效。

早期 GPF 产品在研发时为了尽可能降低对发动机动力性和经济性的影响，过滤效率相对不是很高，在 40%～50%。随着排放法规的不断严格，最近推出的许多 GPF 商用方案已经将过滤效率提升到 90%，甚至是接近柴油机颗粒捕集器的水平。

三、柴油机的机内净化技术

1. 推迟喷油提前角

与汽油机推迟点火提前角类似，在柴油机上，推迟喷油提前角也可以有效地抑制 NO_x 的生成。不过前文已经介绍过，随着柴油机喷油提前角的推迟，NO_x 排放下降的同时,发动机的燃油经济性和颗粒物排放性能也会恶化,因此推迟喷油提前角并不是无限制的,需要多目标统筹优化。

尽管手法类似,但是推迟柴油机喷油提前角使 NO_x 排放下降的机理与汽油机推迟点火提前角并不完全相同。推迟喷油提前角的主要作用机制有两个:一是使燃烧过程避开上止点进行,使燃烧的等容度下降以达到降低燃烧室内温度的目的;二是在越接近上止点的时刻喷油,燃料被喷入缸内时的背景温度越高,从而有利于加速燃油雾化混合过程,缩短喷油与着火间的滞燃期,减少滞燃期间可燃混合气的准备量,降低燃烧初期的放热率,以控制缸内的最高燃烧温度。在这两种机制的共同作用下,缸内的 NO_x 生成速率可得到有效抑制。

2. 废气再循环(EGR)

由于采用稀薄燃烧方式运行的柴油机排气中的氧含量比使用当量混合气的汽油机要高得多,而 CO_2 浓度则相应低得多,因而需要使用很高比例的 EGR 才能够有效地降低柴油机的 NO_x 排放。前面已经介绍过,通常汽油机的 EGR 率不会超过 20%,而直喷式和非直喷式柴油机的 EGR 率可分别达到 40% 和 25% 以上。

EGR 降低柴油机 NO_x 排放的原因,除了大量惰性已燃成分减缓了缸内燃烧速度以及混合气的比热容增大使燃烧温度降低外,EGR 对进气的加热和稀释作用造成了实际过量空气系数的下降也是一项十分关键的因素。不过作为代价,随着 EGR 率的增加,柴油机的颗粒物排放和燃油消耗率也会随之恶化。针对该问题,可采用与汽油机类似的思路,使用冷 EGR 配合相对较低的 EGR 率来代替高比例热 EGR 达到相同的 NO_x 减排效果。

EGR 对发动机性能的负面影响,在中大负荷条件下最为显著,小负荷时相对较好。因此,在实际引入 EGR 时,有必要随着发动机工况的变化而制定合理的 EGR 率调整策略。

由于柴油中含有一定的硫,会在柴油机尾气中出现一定浓度的 SO_2,而 SO_2 会进一步生成硫酸。硫酸对 EGR 系统的管路、阀体以及燃烧室壁面均有腐蚀性,还会加速润滑油性能的恶化。此外,排气中的一部分颗粒物成分也会随着 EGR 流回汽缸,附着在摩擦副表面或混入润滑油中,上述因素都会导致缸套、活塞环以及配气机构的异常磨损,其磨损量甚至是没有 EGR 时的 4~5 倍。因此,必须降低柴油中的硫含量。随着近年来对环保要求的不断强化,目前我国车用柴油中的硫含量已经降低至 10×10^{-6},与欧洲要求持平且严格于美国 15×10^{-6} 的要求。

3. 增压及增压中冷

前面已经介绍过，进气增压可以大幅度地提高柴油机的进气密度，并在足够大的过量空气系数条件下保证燃料尽可能地充分燃烧，因而能够起到抑制炭烟和颗粒物产生的作用，同时使CO和HC排放也会得到一定的改善。根据增压器性能的差异，增压可将柴油机的功率密度提高30%～100%。由于燃料的燃烧完善度更高，加之有增压器后，泵气功由负功变为正功，因而增压柴油机的燃油经济性也更加优越。

然而，增压也使压缩行程结束时缸内温度升高和可用氧含量进一步提高，这都有利于NO_x的生成。针对于此，可以采用增加中冷器的方法降低进气温度，以防止NO_x排放出现严重恶化。对于满足国三排放标准以前的发动机，通常使用水—空中冷的方式对增压器进行冷却，因为这种结构更为廉价、紧凑。但是随着重型发动机排放法规的不断加严，水—空中冷的降温能力已经不能满足当前的排放控制需求，目前普遍采用的是空—空中冷装置。

4. 改善喷油特性

可以用"初期缓慢，中期急速，后期快断"来概括满足现代柴油机动力性和排放性设计需求的理想喷油规律。如果以喷油器的瞬时喷油量作为纵轴，以时间或者曲轴转角作为横轴，这种理想喷油规律的形状近似于一只靴子，因此也被称作"靴形规律"。这种喷油规律在机械控制的喷油系统上难以实现，但是可在具有高压、多次、精确喷射控制能力的电控高压共轨系统上得以实现，并已在车用柴油机上普及。设计原理上，控制燃油喷射初期的喷油速率主要是为了限制在滞燃期内准备的可燃混合气量，从而确保在预混燃烧期的末端，缸内的峰值压力和温度不至于过高，起到抑制NO_x生成和减小柴油机工作噪声和振动的目的。在燃油喷射的中期，借助提高喷射压力、改进喷孔等方法尽可能地提高燃油的喷射速率并保证良好的雾化水平，可以提高扩散燃烧期内的油气混合速率和扩散燃烧速率，一方面这有助于提高发动机的经济性和动力性，另一方面也能够帮助控制颗粒物排放。在喷射末期，应以尽可能快速的方式令喷油器落座，同时需避免因复位力过大而出现的二次喷射现象。此时，活塞已经开始或行将下行，缸内的主燃期已经完成，缸内的压力和温度均开始下降，如果在这一阶段还有燃油进入燃烧室，不仅对燃油经济性不利，还很有可能因为燃油的雾化和混合质量太差而导致局部浓区的出现，使颗粒物排放大幅增加。这里需要区分的是，二次喷射是一种异常喷射现象，与柴油机的后喷存在本质区别。后喷是指在发动机电控系统的喷射指令下，在柴油机燃料燃烧结束后再进行一次喷油，主要目的是快速提高后处理系统的温度或辅助柴油机颗粒捕集器再生。

除“靴形规律”外，燃油预喷射也是一种被广泛采用的可限制滞燃期内可燃混合气准备量的方法。预喷射是指在主喷射期开始前，首先将少量的燃油预先喷入燃烧室内，有限的可燃混合气使得柴油机燃烧初期的放热率比较低，但其对缸内背景气的预热作用有助于加速主喷射期前段燃油的雾化和混合，从而压缩主喷射期的滞燃期，也能起到避免预混燃烧期内缸压和温度过快上升，抑制缸内 NO_x 合成速率的作用。在预喷射的基础上，如果喷油器能够实现短时间内针阀的多次抬起和落座，还可以发展出多次喷射的方法，其作用是加速主燃期后半段缸内可燃混合气的形成速率，提高扩散燃烧的燃烧品质，从而实现较低的颗粒物排放。

电控燃油喷射系统的另一大优势是可以大幅提高喷油压力，市场上主流的共轨系统喷射压力在 120~180MPa，并正在朝 200MPa 发展，电控单体泵系统的喷射压力可以更高，远远高于传统机械泵最高只有 30~50MPa 的喷射压力。良好的燃油雾化和油气混合质量无论对于预混燃烧期还是扩散燃烧期都格外重要。若要提高油气混合的均匀性，应设法增大燃料液滴与周围空气间的接触面积，这就要求尽可能地将燃油喷雾的液滴细化，提高燃油的喷射压力是最有效的解决手段。此外，喷油器设计和制造工艺的进步，不断缩小的喷孔直径使燃油喷雾的索特平均直径(SMD)由过去的 0.03~0.04mm 减小到目前的 0.01mm 左右。除了油气接触面积的显著增大外，高压喷射带来的燃油高速运动还能对周围的空气产生一种卷吸作用。在湍流的帮助下，混合气的形成速度进一步加快，混合气的浓度分布更趋均匀，滞燃期亦缩短。燃料到达自燃温度时，自燃点出现的位置也由过去的集中在喷油器附近向燃烧室壁面方向扩散，这有利于改善颗粒物排放。

但是，在辅以其他排放控制措施的前提下，单纯地升级高压喷射可能会导致 NO_x 排放的增加，因此有必要充分利用电控燃油喷射系统的精细调控能力，对滞燃期和预混燃烧期内的燃料燃烧进行有效的干预，才能实现 NO_x 和颗粒物排放的协同减少。

5. 改进燃烧方法和燃烧室

设计合理的喷油规律就是为了实现合理的混合气形成和燃烧过程。因此，同“靴形规律”想达到的目的一致，理想的缸内燃烧过程可以概括为：滞燃期内不宜形成过多的混合气，合理组织涡流和湍流运动，加强燃烧后期的扰流，寻求油、气、燃烧室三者间的协调适配，以获得动力性、经济性、平顺性和排放性的平衡。

6. 改善燃料特性以及使用清洁代用燃料

柴油的十六烷值过低将导致着火性能变差、滞燃期过长,滞燃期内准备的可燃混合气量过多,预混燃烧期内燃烧剧烈、放热量增大,最终导致燃烧噪声增大和氮氧化物排放的增加。目前,我国《车用柴油》(GB 19147—2016)标准中规定的0号柴油十六烷值不得低于51,低排放柴油的十六烷值应在此基础上适当提高。

燃料的碳氢原子比越小,分子结构越紧密,生成炭烟排放的趋势越强。在柴油的各类组分中,烷烃是饱和烃,生成炭烟的倾向最小,而芳香烃、炔烃内部由于存在大量的碳碳双键,生成炭烟的趋势最强。因此降低柴油中不饱和烃含量也是控制柴油机颗粒物排放的一种有效手段。

柴油中硫含量的增加,会导致颗粒物排放中硫酸盐成分的增加,还会降低催化剂的使用寿命,腐蚀高压共轨系统中的喷油器等关键零部件。因此,供应低硫柴油是实现柴油机清洁化的必要保障。

若燃油分子中含有氧,将有助于促进燃料的完全燃烧并降低炭烟、CO和HC的生成趋势。含氧燃料通常被认为是低排放燃料。已被人们熟知的含氧燃料有醇类、醚类以及生物柴油(脂肪酸甲酯FAME)等。除了满足较清洁的排放要求,含氧燃料的另一个优势在于,大多数含氧燃料可以可再生资源作为生产原料,所以它们全生命周期内的CO_2排放比传统的化石燃料低很多。

四、柴油机的机外净化技术

与汽油机一样,仅依靠对缸内燃烧过程的优化很难使柴油机满足日益严格的排放法规。事实上,由于其独特的燃烧特点,现代柴油机对排气后处理技术的依赖程度远超汽油机。排气后处理系统的成本甚至已经占据现代柴油机生产成本中的绝大部分。鉴于排气后处理系统巨大的市场潜力,在过去的20年时间里,市场上出现了各种各样的柴油机后处理技术路线,但应用最为广泛的,仍然以柴油机氧化催化器(Diesel Oxidation Catalyst,DOC)、柴油车颗粒捕集器(Diesel Particulate Filter,DPF)和选择性催化还原装置(Selective Catalytic Converter,SCR)为主。在国六排放标准阶段,由于法规增加了对氨泄漏的要求,因此,许多柴油机后处理系统中还增加了氨逃逸催化器(Ammonia Slip Catalyst,ASC)。

1. 柴油机氧化催化器(DOC)

DOC是一种氧化型催化转换器,通常布置在排气总管下游不远处,也是由壳体、衬垫、载体和催化剂组成的。不同于其他催化转换器,DOC 更多选用金属材质的载体,流道截面往往呈三角形。DOC 载体表面上涂敷有大量的以 Pt 为代表的贵金属催化剂,具有很强的促进氧化反应进行的能力。DOC 主要用来去除柴油机排气中的 CO 和 HC 污染物。与此同时,DOC 的强氧化能力足以将排气中的 NO 转化成 NO_2,使之更容易在 SCR 中被还原或更易在 DPF 中与炭烟发生反应。除此之外,DOC 内部发生氧化反应的同时还伴随着大量热的放出,可以将排气的温度提高数十摄氏度,在绝大多数工况下,这都有利于提高下游 SCR 和 DPF 的工作性能,特别是对于长期低速、低负荷运行的车辆。与此同时,DOC 内的高温和强氧化性环境对目前法规尚未限制的一些有害成分,如多环芳烃和乙醛等,也有一定的转化效果。

柴油机尾气中所含有的 SO_2,在流经 DOC 后基本都变为 SO_3。而 SO_3 又与排气中的水分或金属离子化合形成硫酸或硫酸盐。在燃油硫含量不变的前提下,DOC 的催化效果越好,硫酸盐的生成量则越多,甚至可达平时的 8~9 倍。如果对 DOC 进口和出口处有机颗粒物成分和无机颗粒物成分进行检测,有可能会出现有机颗粒物成分下降但无机颗粒物成分反而上升的情况。此外,硫是使 DOC 催化剂“中毒”的主要原因,因此减少柴油中的硫含量是 DOC 实用化的重要前提条件。

2. 柴油车颗粒捕集器(DPF)

由于欧洲和中国法规中都提出了 PN 控制要求,柴油车颗粒捕集器是目前国际上发展最快的柴油机后处理技术。在国五排放标准阶段,只有少部分市政、环卫、公交、班校车等在政策激励下选择使用 DPF,但是到了国六排放标准时代,几乎所有的柴油车都配备了 DPF。总体而言,DPF 在结构和载体材料上与前文介绍的 GPF 十分接近。所不同的是,由于柴油机排气温度低,所以采用 SiC 材质的 DPF 非常少,基本以堇青石材质为主。由于柴油机原本排放的颗粒物浓度比汽油机要高很多,DPF 的过滤效率较汽油机明显高,可达 90%甚至 99%以上。

DPF 上也可以选择涂敷或不涂敷催化剂,不涂敷催化剂的 DPF 成本低,但再生时所需的温度较高。涂敷在 DPF 载体内部的催化剂也主要以氧化型催化剂为主,目的是降低颗粒物与 O_2或 NO_2的反应温度。由于柴油机的排气温度通常与碳的氧化温度(600~700℃)间存在数百摄氏度的差距,所以选择合适的催化剂对于 DPF 的稳定工作以及发动机系统的可靠性是非常重要的。

过滤是 DPF 降低排气中颗粒物浓度的主要机理,其过滤模式与 GPF 类似,但其中包含着更为复杂的化学反应过程,特别是在 DPF 的再生过程中。随着过滤下

来的颗粒物在 DPF 中不断累积，流道逐渐变得狭窄、有效长度变短，这都使尾气流过 DPF 时的阻力增加，发动机的排气背压升高、动力性和经济性恶化。因此必须及时除去 DPF 中累积的颗粒物。

同 GPF 类似，除去 DPF 中累积颗粒物的过程称为再生。目前，再生的方法主要可分为两类：一种是主动再生，一种是被动再生。所谓主动再生，主要是通过向 DPF 中喷入一定量的柴油（借助 DPF 喷油器或者缸内后喷实现）来提高 DPF 内的温度以达到氧化炭烟的目的。这种方法会增加燃油消耗量是显而易见的。此外，主动再生所需的时间可能会很长，例如停车状态下，采用高怠速主动再生可能需要几十分钟。主动再生过程如若控制不当，可能出现燃油未燃的情况，反而会使 DPF 的工作状态更为恶劣。相比之下，被动再生主要是借助涂覆在 DPF 载体表面的催化剂来实现 NO_2和炭烟之间的反应，以达到去除累积颗粒物的目的。这是被动再生的 DPF 通常与 DOC 紧耦合使用的原因。相比炭烟和氧气之间的反应，NO_2与炭烟的反应速率要快得多。与此同时，在催化剂的作用下，发生被动再生的温度可以下探至 300℃左右，比主动再生低得多。因此在柴油机的运行阶段，排气中的 NO_2与炭烟间的反应基本上在连续进行，DPF 中碳载量的增加速度理论上要慢很多，所以被动再生 DPF 在有的文献中也被称为连续再生 DPF。但是，被动再生 DPF 对硫的耐受性很差，通常不允许使用含硫量 50×10^{-6}以上的柴油。由于我国的路况条件非常复杂，即使是采用被动再生 DPF 的柴油机也会设置主动再生策略，以确保在再生条件难以达成又必须再生的情况下应急使用。

无论主动再生还是被动再生的 DPF 都会有无法氧化的灰分残留。灰分主要是由润滑油中的金属和非金属成分，以及发动机磨损的金属成分构成的。因此，带有 DPF 的柴油机不仅要使用高品质的燃油，还要使用高品质的润滑油，一般应使用 CI-4 以上级别。即便使用目前最高级别 CJ-4 的润滑油，DPF 在行驶一定里程后仍需从车上拆卸下来采用人工办法清理。

3. 选择性催化还原（SCR）

选择性催化还原是现阶段绝大多数重型柴油机控制 NO_x 排放的首选技术路线。一套完整的 SCR 系统主要由尿素供应系统、尿素喷射及控制系统和催化器系统三部分组成。典型的 SCR 系统使用 32.5%的尿素水溶液（也称添蓝或 AdBlue）作为 NO_x 还原剂。当 SCR 系统达到其工作温度后，尿素喷射系统的尿素泵将尿素水溶液喷入后处理器中。在排气温度的作用下，尿素水溶液发生水解反应，产生氨气。氨气作为还原剂在 SCR 催化剂的作用下与排气中的 NO_x 发生反应，将 NO_x

还原成氮气。尿素水溶液的水解过程主要分为蒸发、热解和水解三个步骤进行。

$$CO(NH_2)_2 \cdot 7H_2O(L) \longrightarrow CO(NH_2)_2(s) + 7H_2O(g)$$

$$CO(NH_2)_2(s) \longrightarrow NH_3(g) + HNCO(g)$$

$$HNCO(g) + H_2O(g) \longrightarrow NH_3(g) + CO_2(g)$$

尿素水溶液的水解反应一般在 190～200℃ 可以稳定进行，因此当车辆长期处于低速、低负荷运转时，SCR 系统很可能因达不到尿素水解温度起不到减少 NO_x 排放的效果，这是制约减少城市车辆实际驾驶排放的瓶颈，也是造成柴油车实验室排放与实际驾驶排放间存在巨大差异的根本原因之一。如果在水解温度以下强制向催化器内喷射尿素水溶液，不仅无法获得 NO_x 减排效果，未水解的尿素还会在催化器腔体内发生副反应形成结晶，堵塞催化器。

尿素水溶液水解形成 NH_3 后，即可在催化剂的作用下（常用的催化剂包括钒基、铜基和铜铁复合基等），与排气中的 NO_x 发生反应。根据催化器中各反应物间摩尔比的不同，NO_x 还原反应主要有三种途径，即标准反应、快速反应和慢速反应。

由于 NO 在柴油机 NO_x 排放中的占比较高，且柴油机排气中存在过剩的氧气，SCR 中发生的主反应是 NH_3 与 NO 和 O_2 间的氧化还原反应。该反应中，NH_3 与 NO 按照摩尔比为 1 进行反应，同时消耗 O_2，该反应被称为 SCR 的标准反应。

$$4NH_3 + 4NO + O_2 \longrightarrow 4N_2 + 6H_2O$$

在柴油机混合气较浓或者位于 SCR 上游的 DOC 消耗了绝大部分氧气，导致 SCR 入口尾气中的氧含量偏低时，NH_3 与 NO 也可以在没有氧气参与的条件下，按照摩尔比 2∶3 的条件进行反应。尽管这一反应比标准反应更节约 NH_3 或尿素，但其化学反应速率很低，因此通常被称为 SCR 的慢速反应。

$$4NH_3 + 6NO \longrightarrow 5N_2 + 6H_2O$$

前文已经介绍过，NO_2 的反应活性比 NO 高很多，这一特性在 SCR 反应中同样适用，在 NO 和 NO_2 共存的尾气氛围下，NH_3 与 NO 和 NO_2 间可以进行 SCR 的快速反应。

$$2NH_3 + NO + NO_2 \longrightarrow 2N_2 + 3H_2O$$

快速反应的反应速率比标准和慢速 SCR 反应都要快，因此是 SCR 中理想的反应途径。在进行 SCR 快速反应时，污染物的转化效率随着 NO_x 中 NO_2 比例的增加而增加。但需要注意的是，若排气中 NO_2 与 NO 的摩尔比超过 1，SCR 的反应速率反而会减缓，这是由于多出的 NO_2 与 NH_3 直接发生了反应。综上不难看出，合理控制氨氮比是确保 SCR 系统高效转化的关键。

$$8NH_3 + 6NO_2 \longrightarrow 7N_2 + 12H_2O$$

除去上述反应，SCR系统中还会发生许多副反应并生成部分副产物，已经纳入国六排放标准的温室气体 N_2O 就是其中之一。

目前尿素 SCR 技术对 NO_x 排放的转化效率可达到90%以上。但是由于SCR技术路线需加装尿素箱、催化剂及控制系统，同时因系统初始成本较高，同时因还原剂有消耗，后期使用成本也有所增加。但采用SCR技术路线可以降低对缸内颗粒物排放控制的依赖，从而有助于提升发动机热效率并降低油耗。研究表明，在扣除还原剂消耗成本后，采用SCR技术路线的柴油机综合燃油经济性可提升3%～5%。

4. 氨逃逸催化器（ASC）

氨气是大气二次颗粒物形成的关键阳离子，所以在国六和欧六排放标准中增加了对柴油机氨逃逸的排放限值。氨逃逸主要是由于SCR中水解的氨气量多于反应的需求量，或者氨气未与 NO_x 发生完全反应，进而排放到大气中。为了解决这一问题，在SCR的下游增加了氨逃逸催化器（ASC）。ASC中主要发生两类反应，一类是将从SCR逃逸出来的氧化成 N_2、NO_x 和 H_2O，另一类是在催化剂的作用，令 NO_x 和 NH_3 发生氧化还原反应生成 N_2 和 H_2O，从而大幅减少尾气管处的氨排放量。

第三章 汽车排放污染检验技术

随着机动车数量不断增加,机动车排放污染对环境造成的危害也日益严重,世界各国和地区都通过制订机动车排放标准达到控制污染的目的。在《清洁空气法》框架下,美国早在1966年就开始实施了第一个机动车排放法规——由加利福尼亚州大气资源局(CARB)出台的CO和HC排放标准。此后,欧洲和日本也相继出台了各自的排放法规。我国的第一批机动车排放标准于1983年颁布,并在随后的近四十年时间里得到了蓬勃发展和逐渐完善,从此前的追赶跟随,发展到目前我国轻型车国六排放标准已经成为全球范围内最严格的排放标准之一。

机动车排放标准体系包含新车标准和在用车标准两大板块,是一个系统而繁复的体系,不仅可以以最大总质量来划分适用于轻型车和重型车的标准,还可以根据燃料种类划分汽油车和柴油车标准,也可以按照技术方法类和设备制造类标准来进行划分。除此之外,我国的机动车排放标准还形成了国家标准、地方标准和行业标准三个主要层次。

我国的汽车排放检验工作正是建立在上述汽车排放标准体系的基础之上。根据检验测试对象不同,标准体系包括了新车污染物排放控制标准和在用车污染物排放控制标准。二者的目的不同,实施和监管手段亦不尽相同。新车污染物排放控制标准的目的是通过渐进式地收紧排放限值,推动机动车朝着近零排放方向发展,同时促进更清洁、更高效的发动机和整车技术在车辆上的应用。而在用车污染物排放控制标准的主要目的则在于确保车辆在使用周期内能够处于正常的技术状态,并在车辆出现故障后能得到及时有效的维修,尽最大可能消除高排放车造成的环境危害。

第一节　新车排放控制方法

我国的新车和在用车排放标准体系都经历了起步摸索、借鉴学习到自主制定的发展历程。

1979 年，我国颁布了《中华人民共和国环境保护法（试行）》，拉开了机动车排放控制的序幕。1983 年，当时的国家环境主管部门城乡建设环境保护部发布了包括《汽油车怠速污染物排放标准》（GB 3842—1983）、《汽车柴油机全负荷烟度排放标准》（GB 3844—1983）、《汽油车怠速污染物测量方法》（GB 3845—1983）、《柴油车自由加速烟度测量方法》（GB 3846—1983）、《柴油车污染物排放限值及测量方法》（GB 3847—1983）在内的我国首批机动车排放标准，并于 1984 年 4 月 1 日起实施，明确了四冲程汽油车怠速排放、柴油车自由加速烟度、柴油车全负荷烟度的排放限值和测量方法。彼时，新车和在用车排放标准尚未加以区分。1989 年，国家环境保护局发布了《汽车曲轴箱污染物排放测量方法和限值》（GB 11340—1989）、《轻型汽车排气污染物控制标准》（GB 11641—1989）和《轻型汽车排气污染物测量方法》（GB 11642—1989）三项主要面向汽油车的排放控制标准，借鉴欧洲 ECE R15-03 标准的测试规程引入 15 工况法，从而可以更加全面地对整车的排放性能开展评价。

1993 年，我国的机动车排放污染控制工作进入一个快速发展的阶段。当年，我国相继颁布了《轻型汽车排气污染物排放标准》（GB 14761. 1—1993）、《汽车柴油机全负荷烟度排放标准》（GB 14761. 7—1993）等共七项机动车排放限值标准，对整车和车用发动机提出了更加细致、具体的排放控制要求，并与之对应地颁布了《车用汽油机排气污染物试验方法》（GB 14762—1993）和《汽油车燃油蒸发污染物的测量　收集法》（GB 14763—1993）两项测试方法标准。此外，还对《汽油车排气污染物的测量　怠速法》（GB/T 3845—1993）、《柴油车自由加速烟度的测量　滤纸烟度法》（GB/T 3846—1993）两项测试标准进行修订。经过这一次大幅度的补充和修订，我国的机动车排放标准体系达到了历史上最为细化的阶段，整体排放控制要求达到了欧洲 20 世纪 70 年代水平，虽然存在明显的差距，但是结合当时我国的经济发展水平和机动车保有量，已经十分可贵。

图 3-1 按照时间顺序，系统梳理了我国机动车排放标准的发展历程。

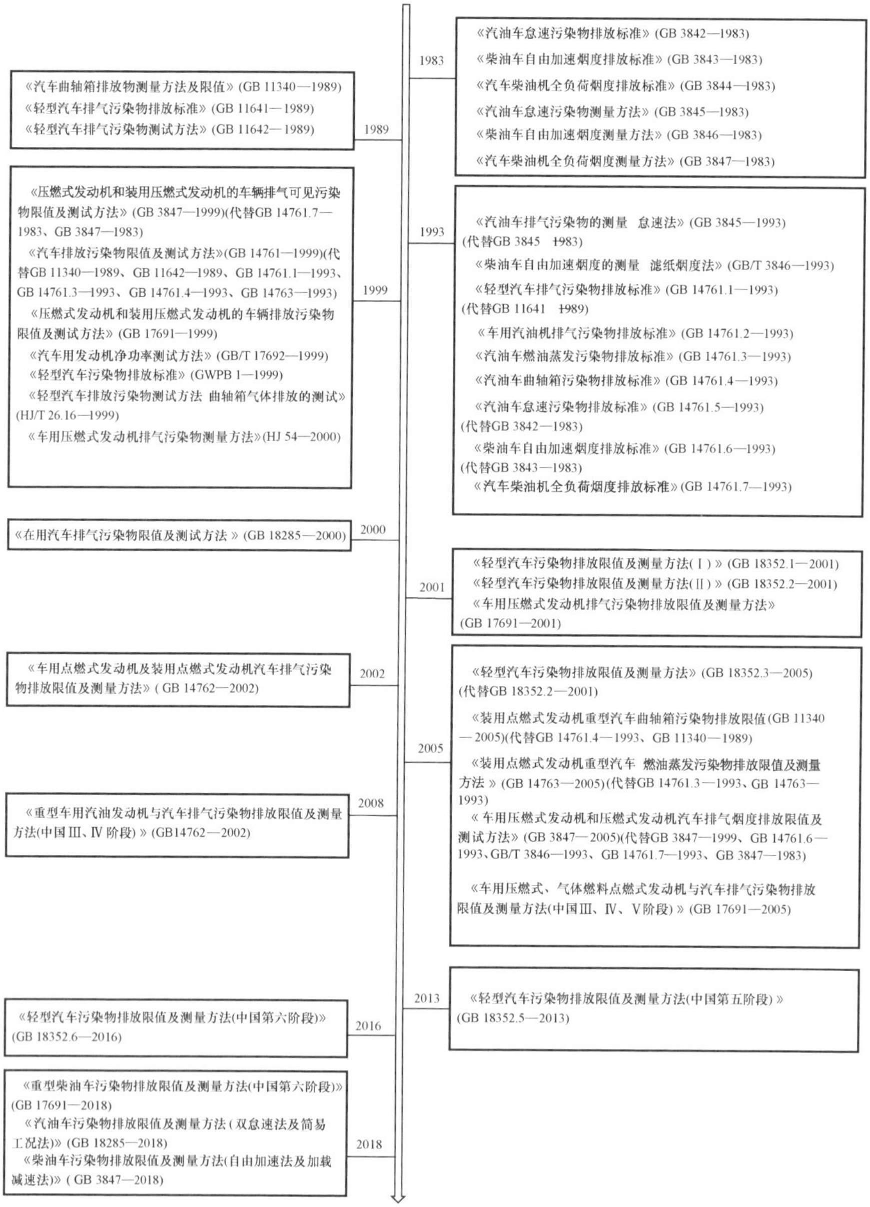

图 3-1 排放控制标准的发展历程

1999 年，国家质量技术监督局、国家机械工业局、国家环境保护总局等单位牵头开展了汽车污染物排放控制标准的新一阶段制修订工作。国家质量技术监督局批准颁布《汽车排放污染物限值及测试方法》(GB 14761—1999)，并于 2000 年 1 月 1 日起实施。这一标准的内容和体量较此前的标准大幅增加，全部替代了《轻型汽车排气污染物排放标准》(GB 14761.1—1993)等六项旧有标准，同时实现了对《汽油车排气污染物的测量　怠速法》(GB/T 3845—1993)和《汽油车怠速污染物排放标准》(GB 14761.5—1993)两项标准的部分替代。同年颁布的《压燃式发动机和装用压燃式发动机的车辆排气污染物限值及测试方法》(GB 17691—1999)在 1993 年颁布的 GB 14761 系列标准的基础上进行了补充。《压燃式发动机和装用压燃式发动机的车辆排气可见污染物限值及测试方法》(GB 3847—1999)将此前的针对柴油机和装用柴油机汽车的烟度排放标准进行了整合，并取代了这些标准，标志着我国的机动车排放标准体系进入系统整合阶段。与此同时，国家环境保护总局还颁布了《轻型汽车污染物排放标准(第一阶段、第二阶段)》(GWPB 1—1999)等六项标准，对轻型车的排放标准进行了优化整合。我国的排放标准制定也参考了欧洲按照阶段划定限值的做法。到 20 世纪末，我国的机动车排放污染控制水平达到了欧洲 20 世纪 80 年代的水平。这一时期的特点是排放标准发展开始从数量扩张走向系统优化，但仍存在着多头管理、交叉管理的不足。

2000 年 12 月，国家质量技术监督局颁布了《在用汽车排气污染物限值及测试方法》(GB 18285—2000)，将我国在用汽车排放标准推进到欧洲 20 世纪 90 年代初期水平。汽油车和柴油车的污染物控制要求分别沿用了 1993 年颁布的《轻型汽车排气污染物排放标准》(GB 14761.5—1993)等四项排放标准。在用汽车的排放标准体系与新车的排放标准体系开始进入相对独立的发展阶段。这是我国机动车排放污染控制进入新的关键时期的标志，新车和在用车开始分别采用专门的标准体系，排放控制管理手段进一步科学合理并逐步走向成熟。

2001 年 4 月，国家质量技术监督局和国家环境保护总局联合颁布了《轻型汽车污染物排放限值及测量方法(Ⅰ)》(GB 18352.1—2001)、《轻型汽车污染物排放限值及测量方法(Ⅱ)》(GB 18352.2—2001)和《车用压燃式发动机排气污染物排放限值及测量方法》(GB 17691—2001)三项至今仍在更新的标准，保留了 1999 年颁布的《压燃式发动机和装用压燃式发动机的车辆排气可见污染物限值及测试方法》(GB 3847—1999)和《汽车用发动机净功率测试方法》(GB/T 17692—1999)两项标准。《轻型汽车污染物排放限值及测量方法(Ⅰ)》(GB 18352.1—2001)和《轻型汽车污染物排放限值及测量方法(Ⅱ)》(18352.2—2001)分别相当于欧一和欧二排放标准。这一借鉴欧盟标准并按序命名的方式一直延续到 2013 年颁布的轻型车国五排放标准。这一时期我国机动车排放标准开始大量借鉴欧盟排放法规体系的成熟经验，与国际接轨并不断走向成熟。

2002 年，我国出台了《车用点燃式发动机及装用点燃式发动机汽车排气污染物排放限值及测量方法》(GB 14762—2002)。2005 年，国家环境保护总局与国家质量监督检验检疫总局联合发布了《轻型汽车污染物排放限值及测量方法(中国Ⅲ、Ⅳ阶段)》(GB 18352.3—2005)和《车用压燃式、气体燃料点燃式发动机与汽车排气污染物排放限值及测量法(中国Ⅲ、Ⅳ、Ⅴ阶段)》(GB 17691—2005)两项重要标准，分别对应了欧盟轻型车欧三、欧四和重型车欧三、欧四、欧五阶段排放标准要求。由于《车用压燃式、气体燃料点燃式发动机与汽车排气污染物排放限值及测量方法(中国Ⅲ、Ⅳ、Ⅴ阶段)》(GB 17691—2005)的适用范围仅为装用气体燃料点燃式和压燃式发动机的车辆，2008 年，环境保护部和国家质量监督检验检疫总局联合发布了针对重型汽油车的《重型车用汽油发动机与汽车排气污染物排放限值及测量方法(中国Ⅲ、Ⅳ阶段)》(GB 14762—2008)，从而基本覆盖了市场上的全部类型车辆。这一阶段，我国的机动车排放标准在技术要求上已经达到和欧盟同步的水平，但在执行时间上仍存在一定的滞后性，这一点可以从图 3-2 中看出。不过随着我国经济发展进入快车道，这种差距逐步缩小。

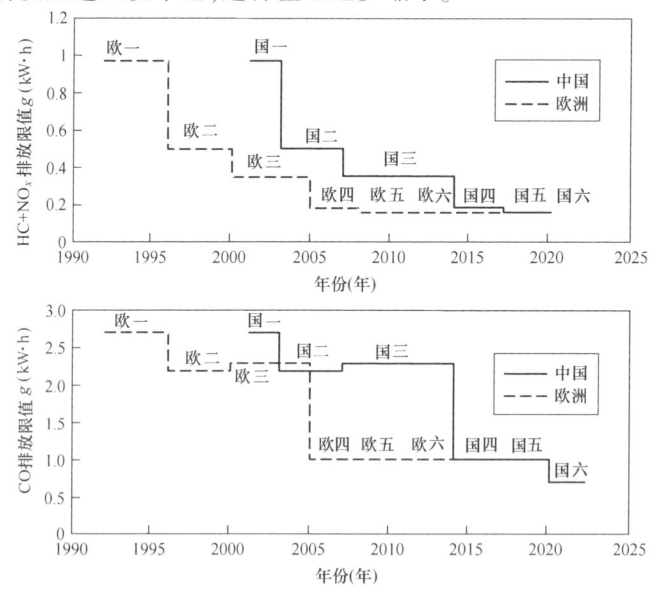

图 3-2 中国与欧洲排放标准实施年份对比(轻型汽油车)

2013 年，环境保护部和国家质量监督检验检疫总局联合发布了《轻型汽车排气污染物排放限值及测量方法（中国第五阶段）》（GB 18352.5—2013）排放标准。在之后的三年，又快速更新发布至《轻型汽车排气污染物排放限值及测量方法（中国第六阶段）》（GB 18352.6—2018，简称国六排放标准）。国六排放标准是我国首次根据自身的环境治理需求制定的机动车排放标准，标志着我国从借鉴学习过渡到自我发展阶段。直到今天，轻型车国六排放标准仍然是全球范围内最为严格的排放标准之一。2018 年，更名后的生态环境部和国家市场监督管理局发布了《重型柴油车污染物排放限值及测量方法（中国第六阶段）》（GB 17691—2018），将重型车的排放控制要求提升到了新的高度。至此，我国的机动车排放控制标准体系与管理水平已经与世界领先水平同步。

除了国家标准外，以环境 HJ 标准为代表的行业标准正作为一种有效的补充，在机动车排放标准体系中发挥着重要的作用。通常来讲，行业标准要比国家标准的要求更加严格。此外，行业标准的平均制修订周期较国家标准稍短。当技术更新迭代速度快于国家标准的修订周期时，推出相应的行业标准作为补充，可以高效地填补规则缺口，起到非常积极的作用。例如 2008 年发布的《车用压燃式、气体燃料点燃式发动机与汽车车载诊断（OBD）系统技术要求》（HJ 437—2008）、2014 年发布的《城市车辆用柴油发动机排气污染物排放限值及测量方法（WHTC 工况法）》（HJ 689—2014）、2017 年发布的《重型柴油车、气体燃料车排气污染物车载测量方法及技术要求》（HJ 857—2017）就分别补充了国家标准中没有提及或细化的重型车 OBD、全球一致性测试循环和车载排放测试系统（PEMS）测试要求。

第二节　在用汽车污染物排放控制方法

我国的在用汽车排放标准发展经历了三个主要阶段。

第一阶段是在 2000 年以前，新车和在用车共用同一套标准体系，只在限值和实施时间上加以区别。2000 年 12 月发布的《在用汽车排气污染物限值及测试方法》（GB 18285—2000）首次针对在用车排放单独规定了污染物限值和测试方法，内容上部分沿用了《汽油车排气污染物的测量　怠速法》（GB/T 3845—1993）、《柴油车自由加速烟度的测量　滤纸烟度法》（GB/T 3846—1993）、《压燃式发动机和装用压燃式发动机的车辆排气可见污染物限值及测试方法》（GB 3847—

1999)和《汽车排放污染物限值及测试方法》(GB 14761—1999)。自此,在用车排放标准与新车排放标准开始有了明确的划分,进入专门化管理的阶段。我国的在用车排放标准体系开启了此后20年的快速发展。

2005年5月,国家环境保护总局发布了《点燃式发动机汽车排气污染物排放限值及测量方法》(GB 18285—2005),完全和部分代替了1993年颁布的《汽油车怠速污染物排放标准》(GB 14761.5—1993)、《汽油车排气污染物的测量 怠速法》(GB/T 3845—1993)和《在用汽车排气污染物限值及测试方法》(GB 18285—2000),同时考虑了与《车用点燃式发动机及装用点燃式发动机汽车排气污染物排放限值及测量方法》(GB 14762—2002)、《轻型汽车污染物排放限值及测量方法(Ⅰ)》(GB 18352.1—2001)和《轻型汽车污染物排放限值及测量方法(Ⅱ)》(GB 18352.2—2001)等新车标准的衔接和一致性。这是我国在用汽车排放标准体系发展的第二阶段,可称为优化阶段。

与新车排放标准体系建设过程相比,在用汽车排放标准体系的建设进度相对滞后。于2005年发布的GB 18285和GB 3847两项在用车排放标准直到2018年才迎来了正式修订,而这13年间,新车排放标准已经经历了从国三到国六的四次迭代。但同新车标准一样,2018年发布的《柴油车污染物排放限值及测量方法(自由加速法及加载减速法)》(GB 3847—2018)和《汽油车污染物排放限值及测量方法(双怠速法及简易工况法)》(GB 18285—2018)两项重量级标准充分体现了数十年来机动车排放标准体系发展取得的硕果和我国迫切且坚定的大气污染治理决心。有代表性的是,GB 3847—2018标准中首次加入了对柴油车的NO_x测试要求,这一要求在全球范围内处于先进行列。新标准适应我国汽车技术发展和标准体系强化的需要,将我国机动车排放控制标准体系带入一个新的发展阶段。

对于汽油车,目前我国在全国范围内执行的在用车排放标准是2018年由生态环境部和国家市场监督管理总局联合发布的《汽油车污染物排放限值及测量方法(双怠速法及简易工况法)》(GB 18285—2018)。该标准替代了2005年发布的《点燃式发动机汽车排气污染物排放限值及测量方法(双怠速法及简易工况法)》(GB 18285—2005)和《确定点燃式发动机在用汽车简易工况法排气污染物排放限值的原则和方法》(HJ/T 240—2005)两项标准。新标准规定了在怠速和高怠速工况下进行排气污染物测量的方法和限值,同时规定了采用稳态工况法、瞬态工况法和简易瞬态工况法三种工况测量排放的方法和限值。相比于2005年发布的标准,新版标准中增加了OBD的检测和燃油蒸发排放系统的检测,增强了与新车排放控制法

规的一致性。同时,新标准还引入了a和b两挡排放限值,要求“在用汽车排气污染物检测应符合本标准规定的限值a。对于汽车保有量达到500万辆以上,或机动车排放污染物为当地首要空气污染源,或按照法律法规设置低排放控制区的城市,应在充分征求社会各方面意见的基础上,经省级人民政府批准和国务院生态环境主管部门备案后,可提前选用限值b,但应设置足够的实施过渡期”,给予了地方政府一定的自主权。

不同于新车排放测试方法,在用车排放测试在全国范围内多种方法并行。测试设备与新车设备也有区别。因此,需要设备制造标准来对在用车排放测试设备进行体系化技术管控。目前主要依靠行业标准对在用车排放测试设备制造进行标准约束,主要的标准有《汽油车双怠速法排气污染物测量设备技术要求》(HJ/T 289—2006)、《汽油车简易瞬态工况法排气污染物测量设备技术要求》(HJ/T 290—2006)、《汽油车稳态工况法排气污染物测量设备技术要求》(HJ/T 291—2006)和《点燃式发动机汽车瞬态工况法排气污染物测量设备技术要求》(HJ/T 396—2007)等。

当前执行的柴油在用车排放标准是2018年发布的《柴油车污染物排放限值及测量方法(自由加速法及加载减速法)》(GB 3847—2018),替代了2005年发布的《车用压燃式发动机和压燃式发动机汽车排气烟度排放限值及测量方法》(GB 3847—2005)和《确定压燃式发动机在用汽车加载减速法排气烟度排放限值的原则和方法》(HJ/T 241—2005)。新标准中增加了对柴油车NO_x和林格曼黑度的测量方法和限值要求。同汽油车标准一样,新的在用柴油车标准中也设定了a和b两挡限值,供地方酌情采用,同时细化了OBD检验规程,提高了分析仪器设备的要求,在加载减速法测量过程中增加了CO_2浓度监控要求,删去了90%最大功率(90%VelMaxHP)点的测量要求等。

涉及柴油在用车排放检测的行业标准也以规定检测方法和对检测设备的质量保障为主。目前仍在执行的有《柴油车加载减速工况法排气烟度测量设备技术要求》(HJ/T 292—2006)和《压燃式发动机汽车自由加速法排气烟度测量设备技术要求》(HJ/T 395—2007)两项环境行业标准。此前的《确定压燃式发动机在用汽车加载减速法排气烟度排放限值的原则和方法》(HJ/T 241—2005)已随着GB 3847—2018标准的发布而废止。除此之外,为了保障排放测试系统的精度,针对检测设备的计量检定规程也是在用车排放检测标准体系中不可或缺的一环,代表性的有《汽车排放气体测试仪检定规程》(JJG 688—2017)和《透射式烟度计检定规程》(JJG 976—2010)等计量标准。

第三节 在用汽车污染物排放检验技术及方法

一、汽油车和燃气车污染物排放检验技术方法

(一)双怠速法

双怠速法是一种无负载测量方法,最早于 1993 年发布的《汽油车排气污染物的测量 怠速法》(GB/T 3845—1993)中提出,当时的初衷是监控因化油器量孔磨损或者因催化转换器转换效率降低而造成的汽油车污染物排放恶化程度。《汽油车怠速污染物排放标准》(GB 14761. 5—1993)中给出了怠速工况排气污染物限值要求,但仅是高怠速工况测量值低于怠速工况测量值的指导性判定方法,并未给出高怠速工况的明确限值。2000 年发布的《在用汽车排气污染物限值及测试方法》(GB 18285—2000)明确了高怠速工况排气污染物限值要求,使双怠速法发展成为完善的机动车排气污染物检测方法。随着机动车排放控制技术的进步,2005 年和 2018 年修订的 GB 18285 标准中又加严了对排气污染物的限值要求。同其他检测方法相比,双怠速法对高排放车的筛查能力是最弱的,但由于双怠速法简便易行、适应性好,特别是可对一些特殊车辆进行排放检测,因此双怠速法一直延续至今仍在使用。

1. 双怠速法测试循环

GB 18285—2018 中规定了“怠速工况”和“高怠速工况”。怠速工况指发动机处于无负荷运转状态,即离合器处于接合位置、变速器处于空挡位置(对于自动变速器的汽车应处于“停车”或“P”挡位),加速踏板处于完全松开位置;高怠速工况指满足上述(除最后一项)条件,用加速踏板将发动机转速稳定控制在轻型车(2500±200)r/min、重型车(1800±200)r/min 的转速范围内。

双怠速法测试循环图如图 3-3 所示。对于轻型车,发动机从怠速状态加速至 70%额定转速或制造厂规定的额定转速,运行 30s 后降至高怠速状态。将双怠速法排放测试仪取样探头插入排气管中,深度不少于 400mm,并固定在排气管上。维持 15s 后,由具有平均值计算功能的双怠速法排放测试仪读取 30s 内的平均值,

该值即为高怠速工况污染物测量结果。对使用闭环控制电子燃油喷射系统和三元催化转换器技术的车辆,还应计算过量空气系数值。

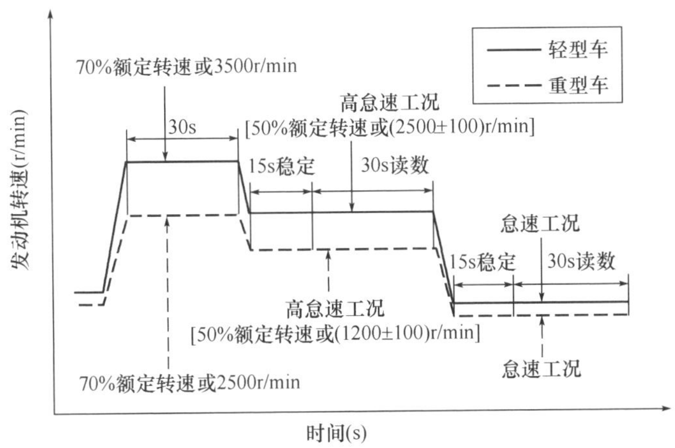

图 3-3　双怠速法测试循环图

2. 检测流程及操作

双怠速法检测的主要流程包括车辆准备、设备准备、排气测试三个过程。

1)车辆准备

首先应保证被检测车辆处于制造厂规定的正常状态,发动机各工作系统正常、设备齐全。保证进排气系统无泄漏,油温、水温仪表正常。检查车辆的排气管布置形式,确定是否需要Y形连接管或加长密封管。

2)设备准备

设备准备主要包括气体分析仪准备、排气管的连接和转速传感器安装。

(1)气体分析仪准备,主要完成仪器预热、管路清洁检查和清洗、泄漏检查、仪器校准和调零等工作;检查取样管路中的过滤件是否有效,如果失效,及时更换;如果管路堵塞,应使用高压气体进行清洗。

(2)排气管的连接,如果需要,安装双排气管的Y形采样管或加长密封管。

(3)转速传感器的准备,主要是在机动车无法提供必要的转速信号时,将转速传感器安装到发动机上。

3)排气测试

排气测试时,发动机应正常运行进行热车,发动机冷却液和润滑油温度应不低于 80℃,或者达到汽车使用说明书规定的热车状态。

发动机从怠速状态加速至 70%额定转速,运转 30s 后降至高怠速状态。发动机在 70%额定转速工况运行时,应尽量使发动机实际转速接近目标转速,转速波动要控制在±250r/min 以内。转速波动太大,会影响后续高怠速工况的测量结果。

将取样探头插入排气管中,深度不少于 400mm,并固定在排气管上。维持 15s 后,由具有平均值计算功能的仪器读取 30s 内的平均值,或者人工读取 30s 内的最高值和最低值,其平均值即为高怠速工况污染物测量结果。

对于使用闭环控制电子燃油喷射系统和三元催化转换器技术的汽车,还应同时读取过量空气系数(λ)的数值。影响 λ 测量精度的主要因素是 CO_2浓度的测量精度,在气体分析仪校正之后,排气中 CO、HC 和 CO_2的测量结果在精度允许范围之内,此时影响 λ 测量精度的主要因素是氧传感器,需要检查氧传感器的基准和动态响应性。在测量时,管路中残余 HC 的处理也是影响测量精度的重要因素,可采用反吹或者在干净空气中运行一段时间的方法,清除管路中残余的 HC。

3. 结果判定方法

(1)如果检测污染物有一项超过规定的限值,则认为排放不合格。

(2)对于使用闭环控制电子燃油喷射系统和三元催化转换器技术的车辆,如果检测的过量空气系数 λ 超出 1.00±0.05 的要求或制造厂规定的范围,则认为排放不合格。

(3)如在上述两条之外,认为排放合格。

(二)稳态工况法

稳态工况法是一种有负载测量方法。2000 年,在《在用汽车排气污染物排放限值及测试方法》(GB 18285—2000)中首次提出适用于在用车的稳态工况法,当时称为加速模拟工况试验(ASM)。在 2005 年的修订版 GB 18285 中,正式定义了稳态工况法,同时给出了排气污染物的限值。

1. 稳态工况法测试循环

稳态工况法测试循环主要包含稳态工况法 ASM5025(北京地区使用的是 ASM5024)和稳态工况法 ASM2540 两个基本测试工况。

ASM5025 工况设定车速为 25km/h,测功机以加速度为 1.475m/s^2时输出功率的 50%对被测车辆进行加载。ASM2540 工况设定车速为 40km/h,测功机以加速度为 1.475m/s^2时输出功率的 25%对被测车辆进行加载。ASM 工况中的前两个数

字表示加载百分数，后两个数字表示测试车速。

ASM5025 和 ASM2540 工况的最长运行时间均为 90s，每个工况的开始均包含一个 5s 稳定时间、一个 10s 左右的分析仪预制时间（根据分析仪响应时间设置）和一个 10s 的快速检查工况，具体测试循环如图 3-4 所示。

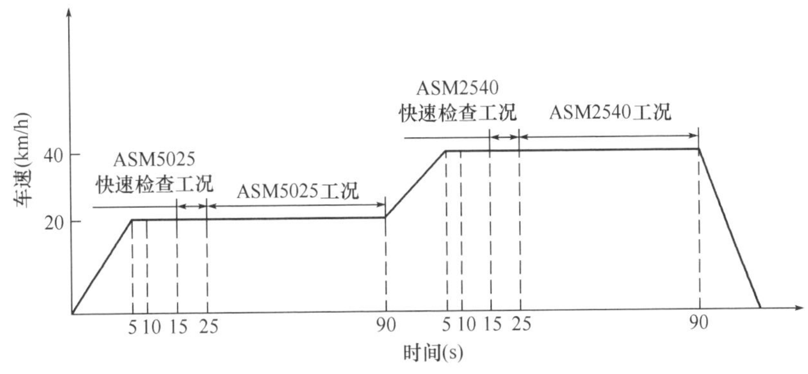

图 3-4　稳态工况法测试循环示意图

2. 检测流程及操作

稳态工况法的主要检测流程包括预检、安装与准备、自检和排放检测四个环节。

1）预检

预检主要包括气体分析仪的检查、车辆状况检查和设备适应性检查。

气体分析仪的检查主要包括仪器预热、管路清洁检查和清洗、泄漏检查、仪器校准和调零。

车辆状况检查，首先应保证被检测车辆处于制造厂规定的正常状态，发动机各工作系统正常，设备齐全。进排气系统不得有泄漏。同时检查车辆的排气管布置形式，以及油温、水温仪表是否正常。

设备适应性检查，是根据车辆驱动轴的单轴质量、轮胎直径和底盘测功机参数，检查车辆是否适应底盘测功机的检测范围。

2）安装与准备

安装主要是指进行取样探头的安装和车辆的放置。

探头安装时，根据情况将探头插入排气管，如果需要，进行双排气管的 Y 形采样管连接和加长密封管连接，保证探头插入排气管的深度不小于 400mm。

车辆放置时,将车辆正确地放置于底盘测功机上,使车辆的驱动轮与底盘测功机接合良好。关闭需要关闭的驱动装置(四驱)、防抱死制动装置、防侧滑装置或电子稳定程序,以及牵引力控制系统。

准备工作主要是对车辆加注燃油和润滑油(如有必要),然后对车辆进行预热。发动机冷却液和润滑油温度应不低于80℃,或者达到汽车使用说明书规定的热车状态。

3)系统自检

系统自检是指启动设备之后,设备进行检测前的自检和调零,以确保测试过程顺利进行。系统自检通过后方可进行后续的排放检测。

4)排放检测

排放检测时检测员按显示器的提示工况法曲线操控车辆,先进行ASM5025工况测试,后进行ASM2540工况测试。

测试过程由设备软件根据实时采集的测试参数和排气测试结果进行实时修正,并在显示器上及时提示,车辆驾驶员按显示器上的提示操控被测车辆,直至检测工作结束。

实际检测过程是根据实测结果判断检测结束或者继续。从车速超过1km/h(起始时刻)加速进行排放检测起,直至排放检测结束,车速下降到1km/h,记录检测过程每1s的数据。对检测过程进行监控,出现异常时,重新开始检测,并删除前面所存储的数据。

监控通信。如果出现通信故障,数据采集无效,检测应重新开始或退出检测。

监控车速。如果车速超差时间超过5s,数据采集无效,检测重新开始。稳态工况法规定的测试循环车速允差为±1.5km/h,即ASM5025工况的测试速度应处于(25±1.5)km/h范围内,ASM2540工况的测试速度应处于(40±1.5)km/h范围内。检测过程需存在连续10s,车速与10s开始时第1s的车速差别在±0.5km/h范围内;若不存在此连续时间,则检测重新开始。

监控加载功率,如果在检测过程中,底盘测功机瞬时力矩与设定值之差超过±5%,且超差的时间超过5s,则数据采集无效,检测重新开始或退出检测。

稳态工况法规定自工况运行时间计时开始,如果底盘测功机自计时开始后的模拟惯量(当量惯量或惯性质量)连续3s超出规定的误差范围,工况计时器应重新开始计时,如果再次出现模拟惯量连续3s超出规定的误差范围,则应终止简易工况法测试。稳态工况法规定的模拟惯量允许误差为被测车辆惯性质量的±3%。

监控$CO+CO_2$浓度,在检测过程中,如果$CO+CO_2$浓度检测值小于6.0,则数据

采集无效，检测重新开始或退出检测。

分析仪样气低流量监控。如果检测过程中，出现分析仪样气低流量，数据采集无效，检测重新开始或退出检测。

3. 判断方法

对于 ASM5025 快速检查工况（图 3-4），如连续 10s 内的速度变化满足车速控制要求，并且快速检查工况 10s 内所测得的各项污染物排放平均值经修正后等于或低于排放限值的 50%，则认为被测车辆稳态工况法排气测试合格，整个排放检测结束。否则继续进行 ASM5025 工况，如连续 10s 内车速变化满足车速控制要求，并且该连续 10s 内所测得的各项污染物排放平均值经修正后不高于标准限值，则判断该测试工况的排放测试结果合格。如果连续 10s 内车速变化满足车速控制要求，只要该连续 10s 内所测得的污染物中存在一项污染物排放的平均值经修正后高于标准限值，则判断排放测试结果不合格，整个测试过程结束。

对稳态工况法来说，除快速检查工况有特殊规定外，排气测试合格的条件是 ASM5025 工况测试和 ASM2540 工况测试中的 CO、HC 和 NO 三项测试指标都合格。排气测试不合格的条件是只要 ASM5025 工况测试或 ASM2540 工况测试出现某一项污染物不合格即不合格。

稳态工况法主要测量点燃式发动机轻型汽车尾气中的 CO、HC、NO 及 CO_2 四项排气污染物指标，在满足连续 10s 内测试车速变化的条件下，测量各排气污染物的体积浓度。

（三）简易瞬态工况法

简易瞬态工况法是基于 VMAS 系统（汽车尾气质量流量测试系统）和 IM195 循环的检测方法。该方法具有检测精度高、测试全面、与新车型式认证试验一致性高等优点。在机动车年检中得到了广泛应用。

1. 简易瞬态工况法测试循环

简易瞬态工况法的测试循环是借鉴美国 IM240 测试循环建立的，测试循环总时间 195s，因此也称为 IM195 测试循环。简易工况法测试循环的工况直接取《轻型汽车污染物排放限值及测量方法（中国第五阶段）》（GB 18352.5—2013）中Ⅰ型排放测试所使用的新欧洲驾驶循环（New European Driving Cycle，NEDC）的第一个市区工况运转单元作为测试循环（图 3-5），测试循环共包含 15 个运行工况（因此在许多文献资料中也被称为 15 工况法），包含了怠速、加速、减速、等速四个基本运行工况。

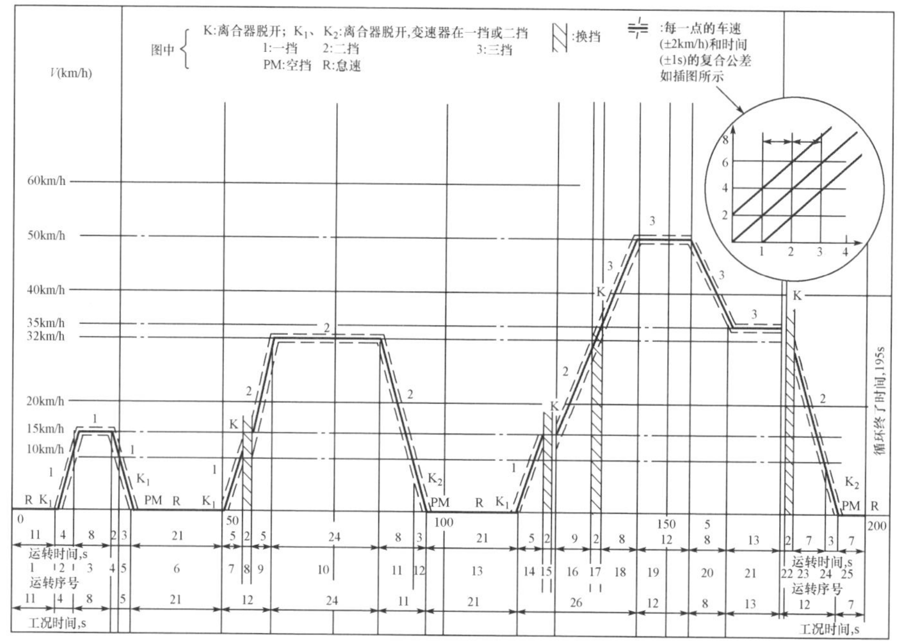

图 3-5　简易瞬态工况法测试循环示意图

2. 检测流程及操作

瞬态工况法的主要流程与稳态工况法类似。

排放检测时检测员按显示器的提示工况法曲线操控车辆,先进行 40s 的怠速预运行,然后再按显示器上显示的预设工况曲线的速度允差要求操控车辆,直至检查结束。

检查期间,气体分析仪自动抽取汽车排放尾气,并检测其中排气污染物的浓度和氧浓度;同时流量传感器测试采集的稀释尾气流量和稀释排气中的氧浓度以及环境的氧浓度,由测量的流量值计算得到尾气排气流量。

采用简易工况法进行检测有两个关键的同步问题:一是各污染物响应时间不同,测试信号之间需要进行同步;二是污染物浓度测量结果与流量测试结果之间需要同步。CO、CO_2、HC 测量的响应时间为 8s,NO_x 的响应时间为 12s,O_2 的响应时间为 15s。软件处理系统在处理时需要根据响应频率,对测量的排气污染物浓度做同步处理。另外,排气污染物取样位置和流量传感器测试位置不一致,排气污染

物取样在前，流量传感器测试位置在后，因此流量测试值和排气污染物测试值之间需要进行同步处理。

同理，从发动机汽缸到气体分析仪也有一段距离，排气污染物从汽缸到气体分析仪需要一定的时间。动力从发动机主轴传递到底盘测功机也有一定的延时。因此气体分析仪和底盘测功机信号之间也需要同步校正。

为了使信号之间同步，对车速与挡位要进行控制。简易瞬态工况法测试时被测车辆的测试挡位主要使用一、二、三挡，一挡用于测试循环速度不大于 15km/h 情况，二挡用于测试循环速度在 15～35km/h 的范围，三挡则用于测试循环速度不小于 35km/h 情况。

GB 18285—2018 规定的简易瞬态工况法车速允差为±2km/h。车速允差是指实际车速与标准规定的测试循环设定车速之间所允许的最大速度差。由于简易瞬态工况法的测试循环速度是动态变化的，实际测试时又因被测车辆的操控性能存在差异难以良好控稳车速，可能会造成实际车速超出车速允差范围的情况。若连续超差时间超过 3s 或者累计超差时间超过 15s，则终止测试。

3. 判断方法

简易瞬态工况法主要测量点燃式发动机轻型汽车排气中的 CO、HC、NO_x、CO_2 四项排气污染物。测试结果为测试循环过程被测车辆所排放的排气污染物总量，单位是 g/km。将测量结果与 GB 18285—2018 规定的限值比较，判断车辆排放是否合格。

二、柴油车排放污染物检验技术方法

（一）自由加速法

自由加速法主要检测柴油车在加速过程中的烟度排放，有不透光烟度计和林格曼烟气黑度两种烟度测量方法，在此前的标准中还曾使用过滤纸式烟度计。上述两种测量方法的测试循环控制不同，在 GB 3847—2018 中对两种方法的测试方法进行了规定。

1. 自由加速法测试循环

采用滤纸式烟度计的测试循环由 7 个自由加速工况组成（图 3-6）。每个自由加速工况进行前，发动机要有一段充分的稳定怠速时间，发动机转速以最大加速度值由怠速加速到最高转速,维持一定时间,然后转速再以最大减速度值降低到怠速,并以怠速维持一定时间。单个自由加速工况的持续时间不得超过 20s。前 3 个自由加速工况对汽缸和排气系统进行清洗,后 4 个自由加速工况进行测量。

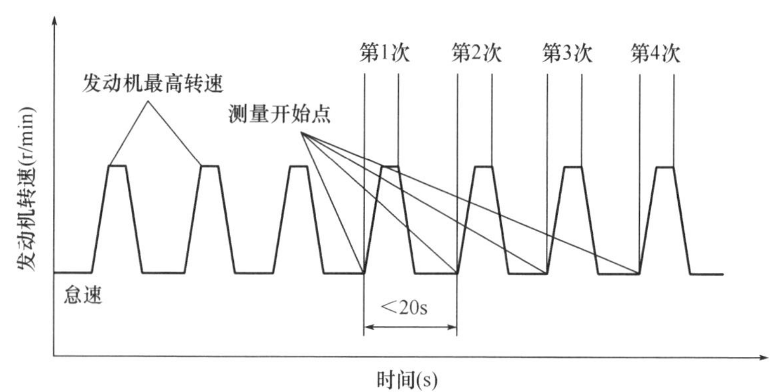

图 3-6　滤纸烟度计法自由加速测试循环示意图

采用不透光烟度计进行测量的测试循环(图 3-7)与滤纸式烟度计的测试循环类似。该循环由等于或多于 6 个自由加速工况组成,前 3 个(不得少于 3 个)或 3 个以上的自由加速工况对汽缸和排气系统进行清洗,后 3 个自由加速工况进行测量。

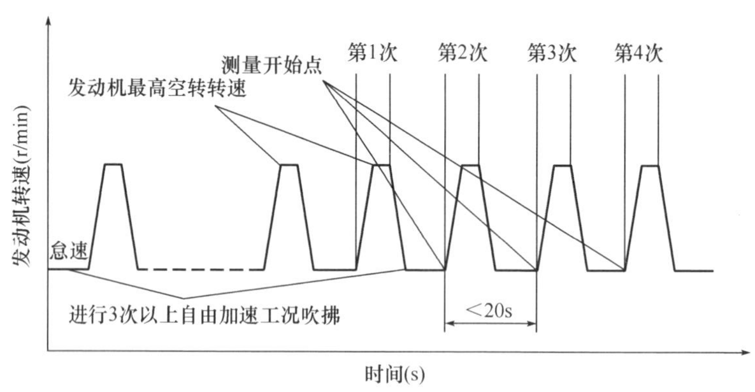

图 3-7　不透光烟度计法自由加速测试循环示意图

2. 检测流程

自由加速法测试的主要流程包括预检、安装与准备和排放检测三个环节,如

图 3-8 所示。

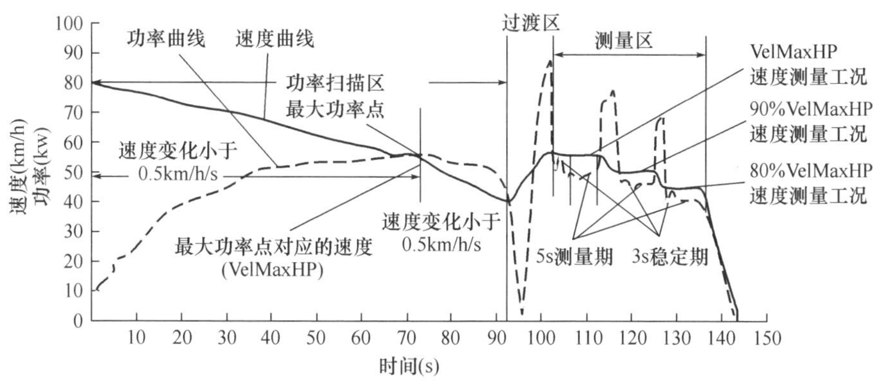

图 3-8　加载减速典型测试工况示意图

1) 预检

预检主要指进行烟度计的检查、车辆状况检查。烟度计检查分为不透光烟度计和滤纸烟度计的检查。

不透光烟度计使用前应做好以下工作：

仪器预热；使用清洁柔软的细布轻擦测量单元光通道两端的玻璃，清理干净玻璃上的灰尘；使用标准滤光片检查烟度计的测量精度。

滤纸式烟度计使用前应做好以下工作：

仪器预热；使用压缩清洁空气清洗采样管路和采样探头；将采样探头置于清洁空气中，用手动测量方式操作滤纸式烟度计进行多次采样测量，以清理采样泵与仪器内的气体管道，直至滤纸式烟度计的读数小于 02Rb；使用接近标准限值的烟度卡或接近车辆实际排放状况的烟度卡对滤纸式烟度计进行校准。

车辆状况检查时，首先应保证被检测车辆处于制造厂规定的正常状态，发动机各工作系统正常，设备齐全，进排气系统不得有泄漏，同时检查车辆的排气管布置形式，以及油温、水温仪表是否正常。

2) 安装与准备

根据情况将探头插入排气管，如果需要，进行双排气管的 Y 形采样管连接和加长密封管连接。对于不透光烟度计，应保证探头插入排气管的深度不小于 400mm。对于滤纸式烟度计，应当保证探头插入排气管的深度不小于 300mm。

3) 排放检测

采样探头安装好后，就可以正式对车辆进行自由加速法烟度测量。

首先采用自由加速工况进行吹拂清洗，滤纸式烟度计进行三次清洗，不透光烟度计进行三次以上清洗。

对于不透光烟度计自由加速法，连续进行三次自由加速工况测量，取三次测量结果的平均值作为最终测量结果，计算时可以忽略与均值相差很大的测量值。

对于滤纸式烟度计自由加速法，先将滤纸式烟度计的加速踏板开关放在车辆的加速踏板上，然后连续进行四次自由加速工况测量，取后三次测量结果的平均值作为最终测量结果，当采样时间与车辆冒黑烟时间不同步时，取三次测量结果的最大值作为最终测量结果。

在测量过程中，加速和减速过程的控制尤为关键。要避免出现踩加速踏板过慢或者抖动的情况。

3. 判断方法

将测量结果与 GB 3847—2018 规定的压燃式发动机汽车自由加速法的排气烟度限值进行比较，判断车辆排放是否达标。

（二）加载减速法

加载减速法操作中只需要把加速踏板踩到底，测量过程的转速、负载和烟度，由测试系统自动完成。

1. 加载减速法测试循环

加载减速法测试循环没有统一的测试循环。整个测试过程由功率扫描段、过渡段和测量段组成。功率扫描段测功机采用转矩控制模式，寻找到发动机在该挡位下的最大功率点转速。然后测功机转为速度控制模式，将发动机转速依次分别控制在最大功率点转速、90%最大功率点转速和 80%最大功率点转速，各转速维持不低于 5s 的时间，三个转速稳定运行期间，作为测量工况（图 3-8）。

2. 检测流程及操作

加载减速法测试的主要流程包括预检、安装与准备、自检和排放检测四个环节。

1）预检

系统预检主要包括不透光烟度计的检查、车辆状况检查和设备适应性检查。

不透光烟度计检查包括：仪器预热；使用清洁柔软的细布轻擦测量单元光通道两端的玻璃，清理干净玻璃上的灰尘；使用标准滤光片检查烟度计的测量精度。

车辆状况检查,首先应保证被检测车辆处于制造厂规定的正常状态,发动机各工作系统正常,设备齐全。同时检查汽车的轮胎是否安全,轮胎磨损未超过厂定警戒线,无裂纹,不打滑,胎压正常,行驶时不会发生不正常膨胀,轮胎直径与设备滚筒的间距相适应等。关闭汽车的以发动机为动力的辅助装置,关闭防抱死制动装置、防侧滑装置和电子稳定程序及牵引力控制系统。进排气系统不得有泄漏。检查车辆的排气管布置形式,以及油温、水温仪表是否正常。

设备适应性检查是根据车辆驱动轴的单轴质量、轮胎直径和底盘测功机参数,检查车辆是否适应底盘测功机的检测范围。

2)安装与准备

安装主要是指进行取样探头的安装和车辆的放置。

探头的安装。根据情况将探头插入排气管中,如果需要,进行双排气管的Y形采样管连接和加长密封管连接。保证探头插入排气管的深度不小于400mm。

车辆的放置。将车辆正确放置于底盘测功机上,使车辆的驱动轮与底盘测功机接合良好。关闭需要关闭的驱动装置(四驱)、防抱死制动装置、防侧滑装置或电子稳定程序和牵引力控制系统。

准备工作主要是对车辆加注燃油和润滑油(如有必要),然后对车辆进行预热。发动机冷却液和润滑油温度应不低于80℃,或者应达到汽车使用说明书规定的热车状态。

3)自检

启动设备之后,设备进行检测前的自检和调零,确保测试过程顺利进行。系统自检通过后方可进行后续的排放检测。

4)排放检测

排放检测时,选择测试挡位,按正常驾驶方式将车辆加速至测试挡位,然后将加速踏板踩到底使车速达到测试挡位的最高车速,维持加速踏板踩到底一直持续到检测结束。

测试过程中,设备工控软件通过底盘测功机自动给滚筒连续加载,车速不断降低,检测过程进入功率扫描过程,寻找出被测车辆车轮所发出的最大功率点,记录最大功率点所对应的滚筒线速度。设备工控软件自动将100% VelMaxHP、90% VelMaxHP和80% VelMaxHP作为测量工况速度,测功机以速度控制模式工作,再次加载将车速分别控制在三个车速,分别测量这三个车速工况下的功率、发动机转速、烟度值和氮氧化物排放值。

测试过程结束后,松开加速踏板,控制程序自动将车辆减速到静止状态。加载

减速测试的安全性尤为重要。为保证安全性,应注意以下几点:

(1)将采样探头插入排气管时,要保证采样探头的插入深度,也应将采样探头固定牢靠,并使不透光烟度计的采样管避开滚筒和车轮。保证测试时采样探头和采样软管不会脱落,也不会被滚筒或车轮卷入,避免造成事故。

(2)由于某种原因导致加载减速法测试失败时,不应马上进行第二次检测,对车辆进行几分钟的冷却后再重新检测,防止重新检测时出现车辆发动机的冷却液温度过高。

(3)对于非全时四轮驱动车辆,应选择后轮驱动方式。

3. 判断方法

检测系统应对检测中记录的光吸收系数 K、发动机转速和吸收功率数据进行自动处理。如果污染物检测结果中任何一项不满足限值要求,则判定排放不合格。功率扫描过程中,经修正的轮边功率测量结果不得低于制造厂规定发动机额定功率的40%,否则判定车辆排气污染物检测不合格。

三、遥感检测技术

(一)遥感检测原理

机动车的遥感检测是自20世纪80年代起由美国开发、完善的一种非接触式测试方法。其优势在于能够在不干扰交通的情况下,每天获取成千上万台在用车的排放测试数据。尽管遥感检测的精度尚不能与前面几种方法相比,但其大数据的性质使得对单一车辆的多次测量结果具有统计学意义,因此在高排放车筛查和排放因子获取方面具有突出的优势。我国于21世纪初引进了遥感检测技术。近年来,我国大力发展遥感检测网络,在许多城市都新建了固定式遥感检测站点,服务柴油货车污染治理攻坚战。

遥测检测技术的检测原理基于不同污染物成分对光的选择性吸收特性。

1. 气体对辐射的吸收特性

光波在气体中传播时,气体会对光波能量有明显的选择性吸收作用。如图3-9所示,不同气体成分对特定波长的光波有很强的选择性吸收作用。当入射光经过气体时,由于气体吸收作用,对应波长的光强会下降。光强的降低幅度与气体的浓度、波长和光程相关,据此可以演算污染物的排放量。

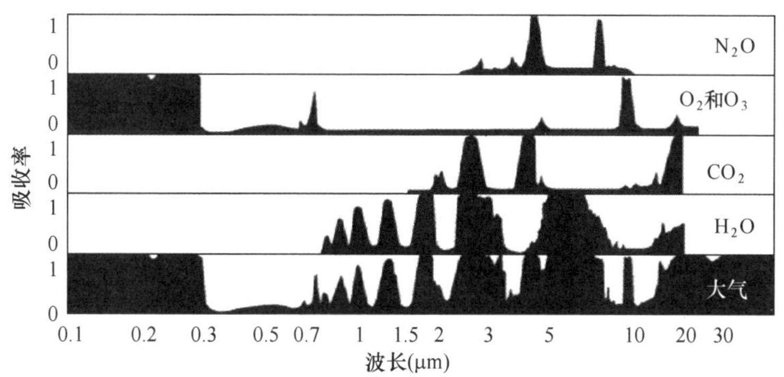

图 3-9　不同气体对电磁波的吸收特性

2. 机动车排气检测的原理

1)浓度的反演运算

行驶中的机动车发动机产生的高压废气经过排气管尾部排出后,会迅速扩散形成所谓的烟羽,如图 3-10 所示。为真实评价汽车排气管中的排放水平,遥感检测法需要根据烟羽中的排放物浓度,反演运算得到排气管出口的浓度。

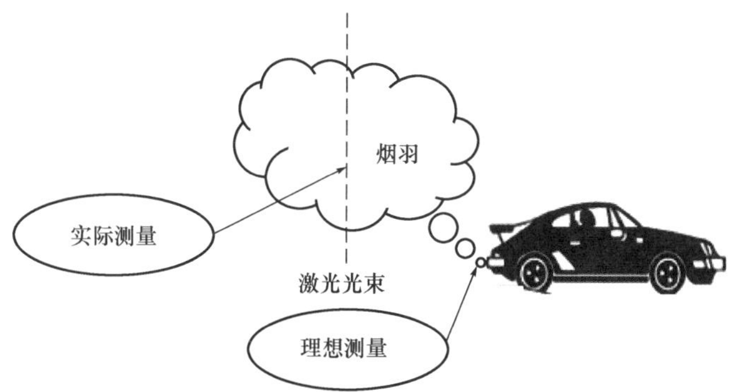

图 3-10　机动车排气烟羽示意图

对于同一排气烟羽来说,尽管污染物的绝对浓度会随排气烟羽在大气中扩散稀释而降低,但在不同位置处测得的各污染物与 CO_2之比(相对体积浓度比)却是基本恒定的。通过建立发动机燃烧方程模型,根据测量得到的烟羽中各组分的相对体积比可反演得到排放物的相对体积浓度值。由于汽油机在暖机后几乎总是在当量空燃比附近工作,因此其尾气中的 CO_2浓度也可看作是一个恒定值,将这一假

设与燃烧方程模型联立,即可求得排气管出口位置各污染物的绝对浓度。由于柴油发动机总是工作在稀燃状态下,且其空燃比随发动机负荷变化,因此无法像汽油机那样反演得到排气管出口处的绝对浓度,这是当前制约遥感检测法在柴油车上应用的核心问题。

2)机动车比功率

由于遥感检测法测量的是相对浓度,若想得到汽车的总排放量,需要知道测量时发动机的功率是多少。1998 年,美国麻省理工学院的研究人员提出了机动车比功率(Vehicle Specific Power,VSP)的概念,用于量化描述车辆的实际运行工况。

VSP 定义为车辆运行过程中,单位车辆质量的发动机实际输出功率,单位为 kW/t,根据汽车理论对其中的部分参数进行近似和简化之后,得出 VSP 与车辆速度 v、车辆加速度 a 和路面坡度有关。典型工况下的 VSP 值见表 3-1。

典型工况下的 VSP 值　　表 3-1

典型工况	VSP(kW/t)	典型工况	VSP(kW/t)
ECE15 最大值	12	BASM5024	6
EUDC 最大值	29	BASM2540	5
FTP 最大值	23		

注:ECE15 是指 15 工况;EUDC 是指欧洲城郊工况;FTP 是指美国联邦工况;BASM 是指北京加速模拟工况。

美国国家环境保护局(EPA)推荐的 VSP 范围为 0~20kW/t,VSP 超出这个范围的遥感检测数据则不用于后续的评价,EPA 在 EPA420-B-04-010 中列出的 VSP 与车辆排放测量结果的关系曲线如图 3-11 和图 3-12 所示。可以看出,在 VSP 位于 0~20kW/t 的范围内,CO 和 HC 排放测量结果的变化范围不大,可以作为遥感检测结果有效性的判断依据。

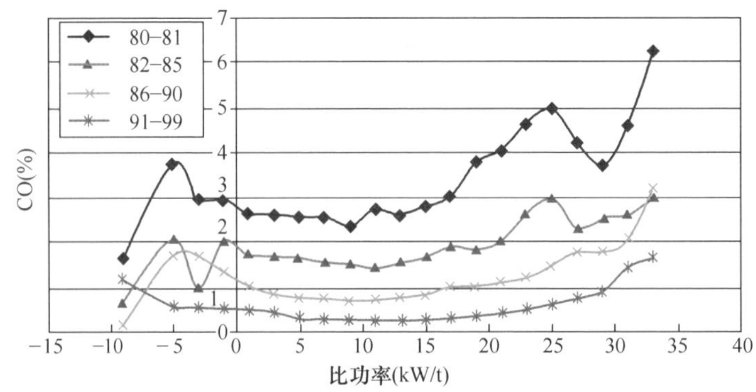

图 3-11　CO 排放和 VSP 之间的关系

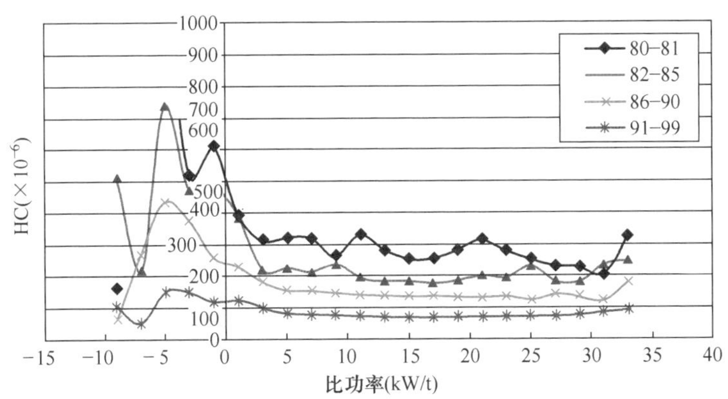

图 3-12　HC 排放和 VSP 之间的关系

根据美国对车辆的测试，当 0≤VSP≤20kW/t 时，CO 的排放浓度相对稳定，但当 VSP>20kW/t 时，CO 和 HC 的浓度都极易出现异常的高值。这样就解决了遥感检测排放测试的有效性问题。

3. 遥感检测系统组成

1）红外光测试系统

红外光测试系统由红外激光器、红外反射镜、吸收池、校准池、光纤、红外探测器等部件组成，其相互关系如图 3-13 所示。

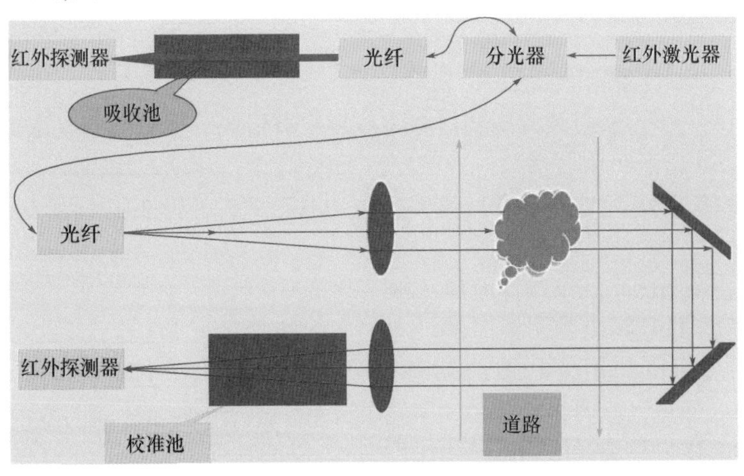

图 3-13　红外光路示意图

红外激光器发射出红外激光，通过分光器将激光分成两束。一束通过光纤打到充有高浓度的 CO 和 CO_2的吸收池中，在吸收池的另一端通过探测器探测被高浓度 CO 和 CO_2吸收过后的波形，此束激光的作用是用来锁定 CO 和 CO_2的吸收波长。另一束激光作为红外光源，通过准直镜后产生平行光，由另一侧的反射镜反射到红外探测窗口上。

在检测开始前，先向标准池中通入一定浓度的样气作为参考标准，对测试系统进行标定，测试时标准池中气体排空。

由于激光有着很高的单色性，某个红外激光器只能发射出一个波长的光。因此，采用可调谐二极管激光器，通过不同的电流来驱动红外激光器发出不同波长的激光。调制电流随着时间做周期性的变化，从而激光波长会在某个波段内不停地变化。图 3-14 为可调谐二极管激光器调制原理的框图。

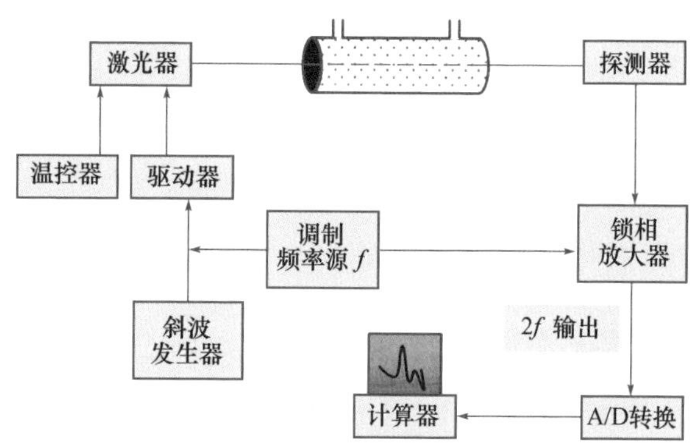

图 3-14　可调谐二极管调制原理示意图

图 3-14 中驱动器由频率调制器和斜波发生器组成。根据调制光谱理论，气体浓度与其二次谐波吸收光谱信号成正比。如图 3-15 所示的二次谐波光谱信号，其中吸收池的长度均为 10cm，调制频率为 4.4kHz，调制度为 2.2，即所谓的最佳调制度。

2）紫外光测试系统组成和原理

在机动车排气污染物测量中，除了测量 CO 和 CO_2外，NO 和 HC 也是非常重要的检测内容，一般利用紫外波段的差分吸收光谱（Differential Optical Absorption Spectroscopy，DOAS）技术进行测量。差分吸收光谱的原理是以环境气体作为参照背景，将被测气体与背景气体测试结果进行对比，以消除环境对被测气体测试结果的影响。

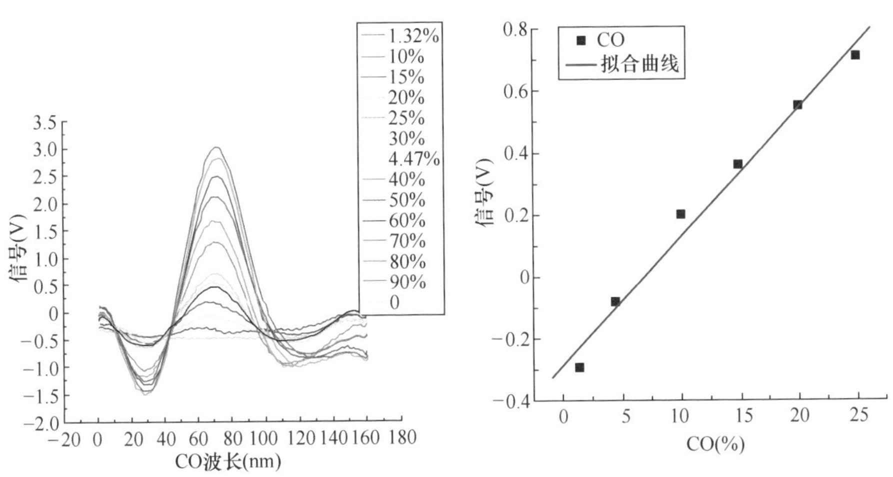

图 3-15　CO 信号与波长关系及与浓度线性相关性

紫外光测试的系统与红外光测试系统类似，但由于紫外光的波长短，通常采用连续波光源，利用滤镜进行光波选择。图 3-16 为紫外光测试系统结构示意图。其中，氘灯为紫外光源，发射的紫外光通过准直以后射到公路对面的角反射器上，再由反射器将光沿与入射方向平行的光路返回到紫外接收窗口。在接收窗口后置一紫外 CCD 单色仪，调整单色仪位置，便可探测到紫外光强变化。图中校准池的作用同样是用来标定 NO_x 和 HC 浓度。

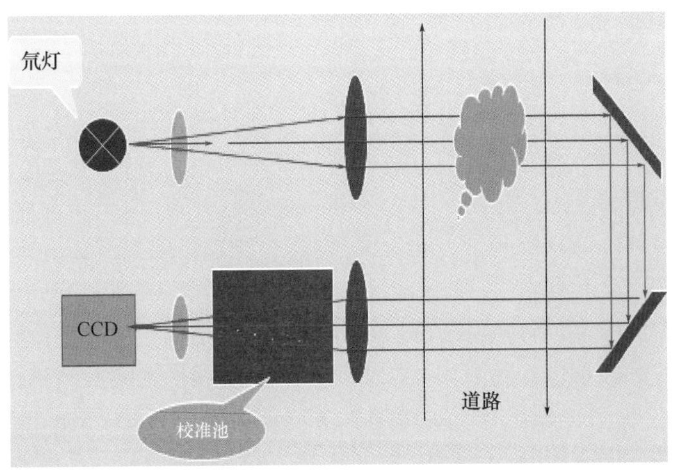

图 3-16　紫外检测系统结构示意图

CCD 能够测到 200~250nm 范围内的光谱。对于 NO 和 HC 的分析,也要选择波段。图 3-17 为实际测量的 HC 和 NO 混合气体在这个波段内的光谱。从图 3-17 中可见,在这个波段内 NO 有三条吸收峰,而 HC 在该波段为光谱范围较宽的带谱吸收。由于在机动车排气中 NO 的浓度也比较高,因此只要选择一个吸收峰进行浓度反演就足够了,这样 NO 可以选择 225~230nm 波段,而 HC 可以选择 NO 吸收的两个峰之间的波段,即 217~223nm。可采用氙灯作为紫外光源。

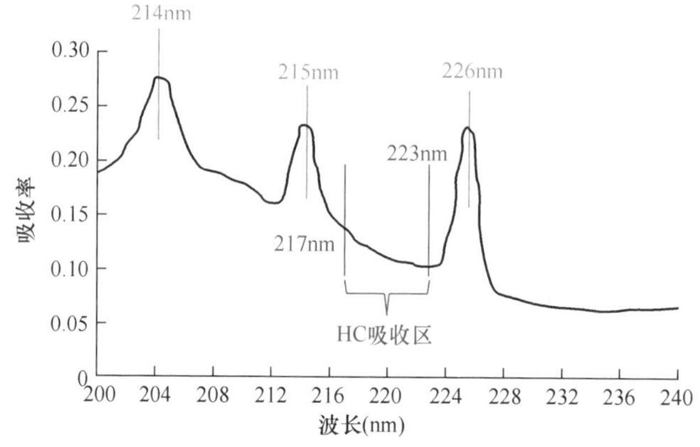

图 3-17　NO 和 HC 混合气体的吸收光谱

(二)机动车排放污染遥感检测应用

1. 遥感测试系统的布置

汽车道路排放污染遥感检测技术是一种在线连续检测汽车尾气排放污染物的技术,采用汽车排放污染物遥感检测法,可以在汽车行驶过程中检测出车辆排放污染物浓度是否超标。

常用的遥感测试系统布置方案有两种:隧道法和路面测试法。

1)隧道法

在公路隧道内,用采样管道在隧道内取样后,使用常规仪器进行测量。通过检测过往隧道的机动车排入隧道内的污染物浓度分布和根据隧道内风速等环境和气象要素进行计算,可以得出在一定机动车组成和流量下污染物的平均污染状况和排放因子。该方法能估测 CO、CO_2、NO_x 的排放量,但无法获得汽车排放的实时变化信息。

2)路面测试法

测试设备置于道路两侧,通过设置在路两侧的光源和探测器进行测试。常用的排气测试方法有非分散红外吸收法(NDIR)和紫外遥感方法,两种方法结合可测出排气中的 CO_2、CO 和 NO_x 等排放物浓度。

路面遥感检测系统按布置形式又分为移动检测方式和固定检测方式。

1)移动检测方式

移动检测方式中,检测设备可以由工作车运载,随时布置测量。移动检测方式一般用于临时性移动执法,机动性和灵活性较强,其系统布置如图 3-18 所示。

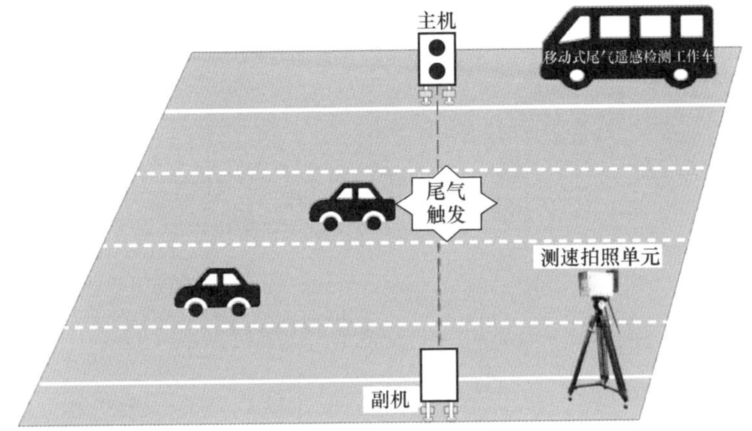

图 3-18　移动遥感检测方式

2)固定检测方式

固定检测方式又分为水平检测式和垂直检测式。

水平检测式的系统布置如图 3-19 所示。

垂直检测式的系统布置如图 3-20 所示。

固定式机动车尾气排放遥感检测系统适用于多点多车道布设,长期、实时地监控行驶车辆(汽油车、柴油车、天然气车)尾气排放,还可与城市机动车尾气排放年检管理系统结合,开展黄标车、超标车的筛查、识别和 I/M 制度项目的评估等管理。

2. 测试应用

遥感检测系统主要由发射光源和检测器、反射镜、激光测速装置、摄像头、数据处理系统和监视器等部分组成,此外,还可以连接简易气象站,整个系统由车载柴油发电机或者外接交流电源供电。在实际道路测试时，遥感检测系统如图 3-21 所示。

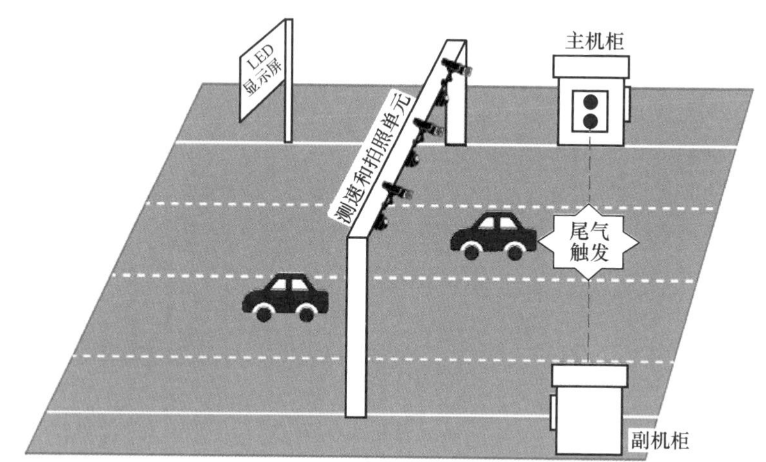

图 3-19　水平式机动车尾气排放遥感检测系统

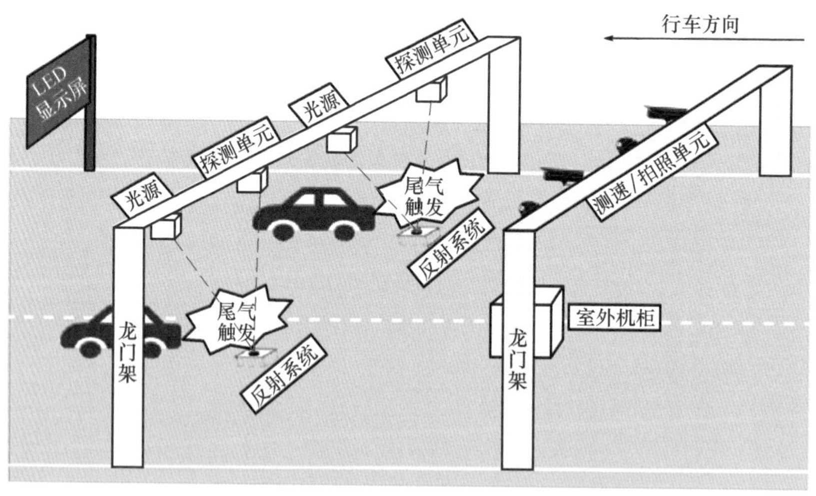

图 3-20　垂直式机动车尾气排放遥感检测系统

车辆触发遥感检测装置后，激光测速装置检测车辆通过时的速度和加速度，同时测量排气烟羽中 HC、CO、CO_2 和 NO_x 的浓度，连同摄像头拍摄到的车辆尾部信息（包括车牌信息）一起存储起来。

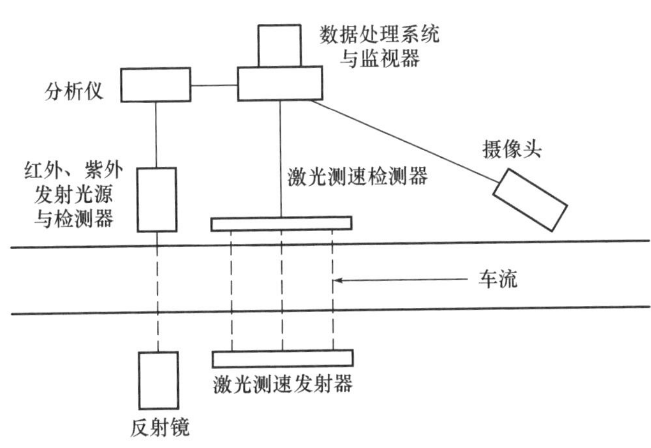

图 3-21 遥感检测系统示意图

激光控制器产生一定波长和温度的激光束,经过光纤传到发射端。在发射端中,激光束穿过合成镜后和 UV 光组合在一起,并通过透镜聚焦后发向反射端,激光被反射端反射回来后经过发射端上边的窗口返回发射端内。在发射端内,返回的激光先穿过 UV 激光分离镜,然后被 IR 激光检测器检测到并转换成电信号,由发射端将此信号输出。

如果空气中的 CO、CO_2 含量高,则激光强度在发射到反射端和被返回发射端的过程中被大量吸收,在激光检测器上检测到有 CO、CO_2 这两部分频谱的激光能量就会减弱,在频谱图上 CO 和 CO_2 浓度峰就会升高。激光的温度影响激光检测能量的相位,每次激光控制器在开机时将自动检测激光的工作温度,最后将温度锁定在合适的温度点上。

第四节 我国机动车排放检验机构

一、建站资质

机动车排放检验机构是依据《中华人民共和国大气污染防治法》(以下简称

《大气污染防治法)》设立的。《大气污染防治法》的第五十四条规定“机动车排放检验机构应当依法通过计量认证,使用经依法检定合格的机动车排放检验设备,按照国务院生态环境主管部门制定的规范,对机动车进行排放检验,并与生态环境主管部门联网,实现检验数据实时共享。机动车排放检验机构及其负责人对检验数据的真实性和准确性负责。”该款规定明确地指出了机动车排放检验机构(Ⅰ站)建立的四方面核心问题。

(1)机动车排放检验机构必须通过计量认证,使用经检定合格的检验设备;

(2)按照标准规范地进行排放检验;

(3)检验机构必须与生态环境主管部门联网,实现检验数据上传和共享;

(4)检验数据的真实性和准确性由检验机构及其负责人负责。

在此前的很长一段时间里,我国的机动车排放检验机构设置实行的是环保委托审批制度,需由省级环保部门委托审批(2013 年下放至市级环保部门),且新增检测线规模与地方机动车保有量增长直接关联。随着“放管服”改革的不断深化,2015 年修订的《大气污染防治法》中不再要求对机动车排放检验机构实行委托审批管理,仅明确“机动车排放检验机构应当依法通过计量认证,使用经依法检定合格的机动车排放检验设备,按照国务院环境保护主管部门制定的规范,对机动车进行排放检验,并与环境保护主管部门联网,实现检验数据实时共享。”

二、监管和联网要求

随着委托审批制度退出历史舞台,《在用机动车排放污染物检测机构技术规范》也于 2016 年 7 月废止,机动车排放检验机构的建设要求也得到了大幅放宽和简化,并逐步走向市场化。凡合法成立并依法通过计量认证的机动车排放检验机构都应当与国家和地方生态环境主管部门联网,并遵守下列规定:

(1)依据法定的检测方法、检测标准对机动车排气污染进行检测。

(2)检测使用的仪器、设备,应当按规定向质量技术监督主管部门申请计量检定且经检定合格。

(3)出具真实、准确的机动车排气污染检测结果。

(4)配备符合国家规定要求的检测技术人员。

(5)具有能够与当地地级以上生态环境主管部门实时传输机动车排放检验数

据的设备,实时向当地地级以上生态环境主管部门传递相关检测数据,且上传的联网数据能满足国家和地方机动车环保信息联网规范的要求。

(6)建立机动车排气污染检测档案。

(7)符合国家和地方有关技术规范的要求。

(8)不得以任何方式经营或者参与经营机动车维修业务。

三、主要检测设备

(一)仪器设备通用要求

排放污染物检测设备应符合国家在用机动车排放标准对检测设备的要求。所有检测设备必须经过性能测试合格后,才能正式投入使用。维修后的检测设备应重新经过性能测试合格后,才能正式投入使用。

检测设备必须具备自动打印和保存检测结果的功能。

检测设备应具有高可靠性,一年内故障率应在2%以下(故障率定义为因故障不能正常工作的时间占检验机构日常工作总时间的百分比)。

所有检测设备应具有每天至少连续稳定工作10h的性能。

(二)汽油车排放检测设备

1. 双怠速法检验设备

《汽油车双怠速法排气污染物测量设备技术要求》(HJ/T 289—2006)中规定了双怠速法排气污染物测量设备有排气分析仪和计算机控制软件。排气分析仪测量汽车排气中HC、CO、CO_2和O_2的体积分数。计算机控制软件能根据《汽油车污染物排放限值及测量方法(双怠速法及简易工况法)》(GB 18285—2018)规定的测量排放值计算过量空气系数λ,并完成自动测试。

排气分析仪的分辨力、测量范围和示值误差要求见表3-2和表3-3。

排气分析仪的分辨力和测量范围　　表3-2

[HC](10^{-6}vol)		[CO](%vol)		[CO_2](%vol)		[O_2](%vol)	
分辨力	1	分辨力	0.01	分辨力	0.1	分辨力	0.1
测量范围	0~9999	测量范围	0~10	测量范围	0~20	测量范围	0~25

排气分析仪的示值误差　　表 3-3

气体浓度	相对误差	绝对误差	气体浓度	相对误差	绝对误差
[HC]	±5%(0~2000×10^{-6}vol)	12×10^{-6}vol	[CO]	±5%	0.06%vol
	±10%(>2000~9999×10^{-6}vol)				
[CO_2]	±5%	0.5%vol	[O_2]	±5%	0.1%vol

2. 稳态工况法检验设备

按照 GB 18285—2018 附录 B 的规定,稳态工况法排放污染物测量设备主要包括底盘测功机、排气分析仪和环境测量仪器。

(1)底盘测功机的主要组成部件包括功率吸收单元(PAU)、控制系统、滚筒、机械惯量装置、反拖电机、转速传感器、举升器、制动装置、传动装置等,如图 3-22 所示。

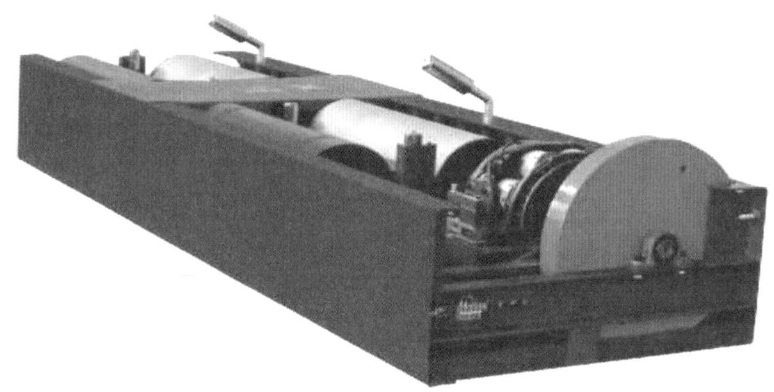

图 3-22　底盘测功机

用于轻型车和重型车测试的底盘测功机,应分别至少能够测试最大轴重为 2750kg 和 8000kg 的车辆,最大测试车速均不低于 60km/h。

用于轻型车和重型车测试的底盘测功机,其结构和功率吸收装置的吸收功率范围应分别能够确保最大总质量不大于 3500kg 和最大单轴质量为 8000kg 的车辆完成 ASM5025 和 ASM2540 工况测试。对应地,在测试车速为 25±2.0km/h 时能稳定吸收至少 18±1.0kW 和 56±1.0kW 的功率持续 5min 以上的时间,并能够连续进行至少 10 次测试,两次测试间的间隔为 3min。

底盘测功机的功率吸收单元应采用电力或电涡流原理。在 25km/h 和 40km/h 的测试车速下，总吸收功率应以 0.1kW 为单位调节。经预热后的底盘测功机吸收功率的准确度应达到±0.2kW，或设定功率的±2%以内(取两者中的较大值)。

底盘测功机应配备机械飞轮，建议测功机的总惯量在 900±18kg 之间，真实惯量的准确度应达到标注值的±4.5kg。两驱车辆用底盘测功机应使用双滚筒结构，惯性飞轮应与前滚筒相连。用于轻型车和重型车检测的底盘测功机滚筒直径应分别在 218±2mm 和 218～530mm 范围内。底盘测功机应配备防止车辆侧向移动的限位装置。该装置能在车辆任何合理的操作条件下进行侧向安全限位，且不损伤车轮或其他部件。

(2)排气分析仪的组成包括能自动测量 CO、HC、CO_2、NO 和 O_2 五种气体体积分数的传感器及气体压力传感器。其中，CO、CO_2 和 HC 的测量采用不分光红外原理(Non-dispersive Infrared，NDIR)，NO 的测量可选择红外法(IR)、紫外法(UV)或化学发光法(CLD)，O_2 的测量可选用电化学法或其他等效方法。分析仪的采样频率至少 1Hz。分析仪具有密封性和低流量检测功能，在未通过密封性或低流量检测时，分析仪应锁止。分析仪能对上述五种气体进行校准和检查。分析仪的计量性能要求见表 3-4 和表 3-5。除分辨力、量程范围和误差外，GB 18285—2018 中还对排气分析仪的测量重复性、抗干扰能力和响应时间做出了详细要求。

排气分析仪分辨力要求　　表 3-4

气体浓度	分辨力	其他参数	分辨力
HC	1×10^{-6}	转速	10r/min
NO	1×10^{-6}	相对湿度	1%RH
CO	0.01%	干球温度	0.1K
CO_2	0.1%	环境大气压力	0.1kPa
O_2	0.02%		

排气分析仪量程范围和误差要求　　表 3-5

气体浓度	量程范围	相对误差	绝对误差	量程范围	相对误差
HC(10^{-6}vol)	0～2000	±3%	4×10^{-6}vol	2001～5000 5001～9999	±5% ±10%
NO(10^{-6}vol)	0～4000	±4%	25×10^{-6}vol	4001～5000	±8%

续上表

气体浓度	量程范围	相对误差	绝对误差	量程范围	相对误差
CO(%vol)	0~10.00	±3%	0.02%vol	10.01~14.00	±5%
CO_2(%vol)	0~16.0	±3%	0.3%vol	16.1~18.0	±5%
O_2(%vol)	0~25.0	±5%	0.1%vol		

排气取样系统主要由取样管、取样探头、颗粒物过滤器和水分离器等组成。排气取样系统在设计上应能保证承受在进行 ASM 工况测试时最长 290s 时间内被测车辆排出的气体高温。取样系统的取样管推荐长度为 7.5±0.15m。取样探头应带有位置固定装置,其长度应保证能插入排气管 400mm 的深度,对于由车辆设计导致探头插入深度不足 400mm 的情况,应使用延长管。

3. 瞬态工况法和简易瞬态工况法检验设备

(1)底盘测功机的组成、结构及基本技术要求与稳态工况法检验设备相同。不同的是,瞬态工况法的底盘测功机机械飞轮的基准惯量应至少为 1500kg,并允许使用全电惯量或电惯量与机械惯量组合的方式进行惯量模拟。

(2)用于简易瞬态工况法测试的排气分析仪,其测量原理和技术要求与稳态工况法相同。用于瞬态工况法测试的排气分析仪,其总碳氢污染物质(Total Hydrocarbons,THC)应使用离子火焰法(Flame Ionization Detector,FID)进行检测,NO_x 排放仅可采用化学发光法(CLD)进行检测。

(3)由于瞬态工况法和简易瞬态工况法最终的输出结果都是污染物的质量而不是浓度,因此两种检测方法都需要对排气流量进行测量。瞬态工况法使用临界流量文丘里管定容稀释系统(Critical Flow Venturi Constant Volume Sampler,CFV-CVS)。其工作原理与新车排放标准中规定的排气污染物测量方法一致。

简易瞬态工况法所使用的气体流量分析仪较 CFV-CVS 得到了大幅简化,主要由测量室、流量传感器、氧传感器、鼓风机、温度和压力传感器组成(图 3-23)。进行检测时,将排气分析仪的采样管插入车辆排气管中测量原始排气中各污染物浓度,将气体流量分析仪稀释软管正对排气管,并留有一定的空隙以确保稀释排气的流量达到规定值,通过气体流量分析仪的鼓风机吸入车辆的全部排气和部分空气,对排气进行稀释得到稀释排气,利用气体流量分析仪测量得到稀释排气流量。

氧传感器的功能是测试稀释尾气中的氧浓度和试验开始时环境空气中的氧浓度。通过与排气分析仪的氧浓度比较,计算稀释比率。氧传感器的测量范围应在

0~25%之间，测量结果的不确定度、重复性偏差和受噪声干扰程度均不大于0.1%。

图3-23　气体流量传感器

（三）柴油车排放检测设备

1. 自由加速法

(1)不透光烟度计(图3-24)。不透光烟度计的组成部件包括取样探头、取样软管、光发送器和光接收器、测量气室及其温度调节装置、校准室、样气入口通道、环境空气入口通道等。

图3-24　不透光烟度计

用于轻型车的取样软管长度小于1.5m，用于重型车的取样软管长度小于3.5m。取样探头插入排气管的深度为400mm。取样探头与排气管的横截面之比不小于0.05。

不透光烟度计采用分流式测量原理，能自动测量发动机汽车的排气烟度。光通道有效长度为430mm，允许相对误差为±2%。不透光烟度计的显示有两种计量单位，一种为绝对光吸收系数单位k，从0到趋于无穷(∞)m^{-1}，另一种为不透光的线性分度单位，从0~100%。两种计量单位的量程均为光全通过时为0，光全遮挡时为满量程。

不透光烟度计所使用的光源为色温在2800~3250K之间的白炽灯、光谱峰值在550~570nm之间的绿色发光二极管或其他等效光源。在使用不透光度读数时，烟度计的示值范围为0~99%，分辨力0.1%，最大允许误差±2.0%，重复性±1.0%，30min内的零点漂移不超过±1.0%。在采用光吸收系数读数时，烟度计的示值范围为0~9.99m^{-1}，分辨力为0.01m^{-1}。

(2)林格曼烟度法是一种对比观测方法，通过将柴油车排气的烟度与标准林格曼烟气黑度图相比较，确定柴油车排气烟羽的黑度。

标准林格曼烟气黑度图由14cm×21cm的不同黑度的图片组成，除全白和全黑分别代表林格曼黑度0级和5级外，其余4个级别是根据黑色条格占整块面积的百分数来确定的，黑色条格的面积占20%、40%、60%和80%分别对应1级、2级、3级和4级。

林格曼烟度观测应在白天进行，观测人员与柴油车排气口的距离应足以保证可对排气情况清晰地观察。林格曼烟气黑度图安置在固定支架上，图片面向观测人员，尽可能使图片位于观测人员至排气口端部的连线上，并使图片与排气有相似的天空背景。图片距离观测人员应有足够的距离，以使图上的线条看起来融合在一起，从而使每个方块有均匀的黑度。

观测人员的视线应尽量与排气烟羽飘动的方向垂直，观察力求在比较均匀的光照下进行，太阳光下的观察应尽量使照射光线与视线成直角。观察排气烟羽的部位应选在排气黑度最大处。观察人员连续观测排气烟度并与林格曼烟气黑度图进行比较，记录下林格曼级数最大值作为林格曼烟度值。如排气黑度处于两个林格曼级之间，可估计一个0.5或0.25的林格曼级数。

2. 加载减速法

(1)底盘测功机。底盘测功机具有根据柴油车加载减速工况法测试工况的加载要求进行自动加载的功能。轻型车排放试验的底盘测功机(图 3-25)应能测试最大单轴质量不大于 2000kg 的车辆,功率吸收装置的吸收功率范围应保证最大总质量为 3500kg 的汽车能够完成加载减速试验。在测试车速大于或等于 70km/h 时,能够连续稳定吸收 56kW 的功率 5min 以上,在时间间隔不大于 3min 的情况下,能够连续完成 10 次以上对 56kW 的功率吸收。

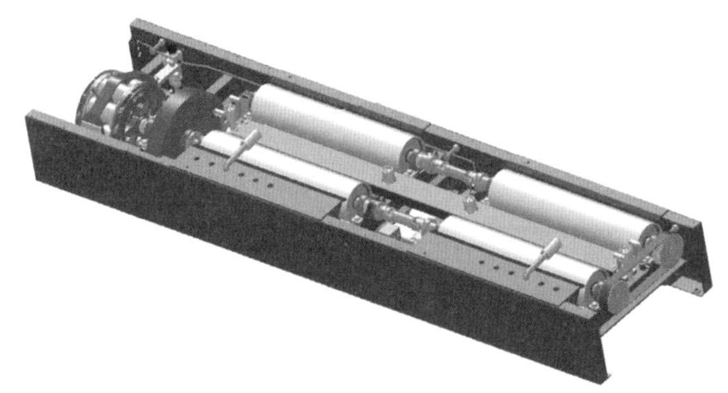

图 3-25　轻型车排放检测底盘测功机

用于重型车排放试验的底盘测功机,应能测试最大单轴质量不大于 8000kg 或最大总质量不超过 14000kg 的车辆,功率吸收装置的吸收功率范围应保证最大总质量为 14000kg 的汽车能够完成加载减速试验。在测试车速大于或等于 70km/h 时,能够连续稳定吸收 120kW 的功率 5min 以上,在时间间隔不大于 3min 的情况下,能够连续完成 10 次以上对 120kW 的功率吸收。

(2)不透光烟度计的技术要求同自由加速法。

(3)氮氧化物分析仪可以选用红外法、紫外法或化学发光法原理进行测量,并不得使用化学电池原理。氮氧化物分析仪测量的物质包括 NO 和 NO_2,结果以两者之和 NO_x 表示。其中,NO_2的测量既可以采用直接法测量,也可以将 NO_2转化为 NO 后进行测量。但使用转化炉转化 NO_2时,转化效率不得低于 90%。氮氧化物分析仪对 NO 和 NO_2的检测量程应分别在 $0 \sim 4000 \times 10^{-6}$和 $0 \sim 1000 \times 10^{-6}$范围内,相对误差不大于±4%,绝对误差不大于$\pm 25 \times 10^{-6}$。此外,GB 3847—2018 标准中还对分析仪的重复性、抗干扰和响应时间要求进行了详细的规定。

四、信息化建设

机动车排放检验信息系统（以下简称系统）指由检验设备控制软件、检验机构端系统、管理端监管系统、数据传输网络以及相应监控设施组成，用于采集和监管机动车排放检验信息的软件系统（图 3-26）。

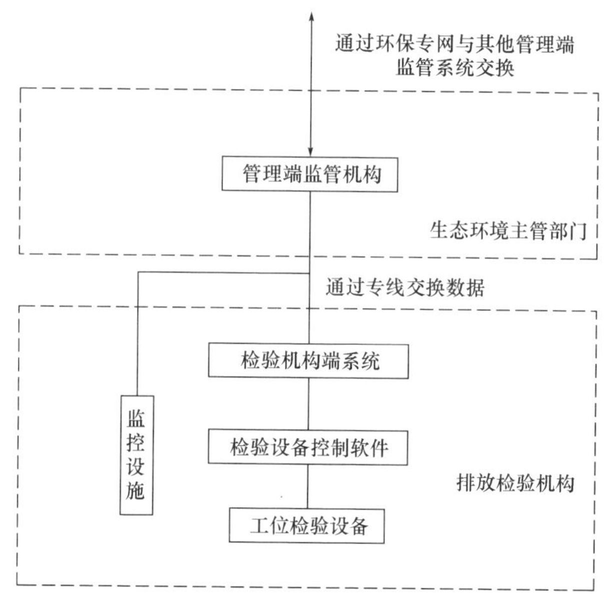

图 3-26　机动车排放检验信息系统架构图

（一）检验机构端系统

1. 系统软件功能

具有按标准规定的测试方法（包括双怠速法、简易瞬态工况法、稳态工况法、加载减速法、自由加速法等）自动控制排气污染物测量并记录相关过程数据的功能。

具有按照标准规定采集并记录检验设备检查和自检数据的功能，包括排气分析仪、烟度计、底盘测功机、排气流量分析仪（适用于使用简易瞬态工况法的地区）、转速计、气象站等。

应能按照标准规定进行车辆检验、响应指令、设备自检和检查，完整准确地上

传检验时间起止数据、检验和检查结果数据、过程数据及其他需要上传的数据，检验过程中应实时反馈检验数据和状态，接受检验机构端系统监控。

2. 设备和系统自检

对检验设备自检异常、设备检查异常、检验过程数据异常（如车速累积超差时间超标、连续超差时间超标、氧浓度异常、过程数据不完整、采样气体流量低、泄漏、集气管流量低、环境信息异常、发动机转速与转速比异常、测功机吸收功率异常、转鼓线速度异常）等情况，应及时报警，并提示检验人员在保证检验安全的条件下中止检验。

3. 信息管理

系统具有检验机构、检测线、检验设备、检验人员、检验报告、标准物质、检验耗材、车辆等信息维护管理功能。

4. 违规查询

系统应具有车辆环保违规查询功能，查询车辆状态是否正常，对存在违法违规未处理的车辆进行预警。

（二）检验控制

1. 外观检查

外观检查录入功能。登记人员按行驶证、外观检验单认真填写系统要求的登记信息，录入后分配检测线。系统应能自动调入车型参数，如变速器型式、最大总质量、基准质量、发动机功率、进气方式、驱动方式等，对拟注册登记车辆进行外观检查录入时，应读取随车清单，核对关键配置并采集相关信息。

系统应按标准规定具备机动车污染控制装置查验和车载诊断系统（OBD）检查功能。

2. 排放检验

与检验设备控制软件通信功能。可向检验设备控制软件传递检验开始、中止、检查自检等指令，可传递车辆参数，接收返回的检验过程、结果数据。

3. 数据同步

检验机构各类信息应按管理部门要求与管理端监管系统进行同步。

4. 检验方法和限值

车辆外观检查信息录入后，系统应根据车辆信息，按照标准要求分配检验方法、检测线和限值。根据不同的检验方法，检验限值包括 CO、HC、NO_x、烟度值、过量空气系数、轮边功率等，检验机构应确保检验限值应用准确。

5. 检验设备控制软件校验

系统应记录检验设备控制软件版本，如发现检验设备控制软件存在改动程序文件、变更配置应提示预警，如软件确有需要进行升级需报管理端监管系统备案，记录升级内容和版本号。

6. 排放检验报告打印

系统按要求上传完整的检验数据并在接收到管理端监管系统返回的检验报告编码后，自动打印排放检验报告。

7. 设备故障和维修

系统按要求记录设备故障和维修情况，如维修时间、故障原因、维修人员，维修项目等相关信息。

8. 检查与自检

系统按标准规定对检验设备进行自检和检查，记录相应信息。

9. 数据联网

系统采集的各类信息，如检验环境参数、检验结果数据、检验过程数据、检查自检、设备故障和维修等，应与监管系统实时联网。

（三）车辆台账管理

1. 检测台账

检测台账包括检测数据、检测曲线、检测图像、检测视频。系统应具有车辆信息登陆、收费、车辆检测、检测上传、检测结果报告单打印、绿标黄标打印等车辆检测系列完善的流程功能。

2. 业务管理

车辆检验合格标志发放管理。系统应能完成环保检测合格率统计、环保检测辖区统计、环保检测年限合格率分析、环保检测限值分析、检测仲裁数据查询、环保

检测单项合格率统计、ASM 稳态工况检测统计、加载减速工况检测统计、黄绿标发放统计等报表统计工作。

3. 系统管理

系统应能进行以下管理：I 站信息管理、员工资料管理、用户管理（分组设置、用户设置、用户日志管理）、设备资料管理（设备信息管理、设备检定信息、检定原始记录、设备自检信息、设备维护信息）、检测项目管理（检测标准的管理）、检测类别设置、编码设置、技术参数维护（厂牌维护、发动机型号维护、发动机输出功率限值）、业户资料维护、数据库维护、控制参数设置。

4. 检验报告单

检验报告单上必须打印检验报告编码，应确保检验报告编码具有唯一性。系统应采集检验业务中所涉及的外检、车辆、检验机构、检验过程、结果记录、检验设备自检、检查数据（包括测功机、烟度计、气象站、流量传感器自检，车速、转矩、吸收功率、加载滑行、废气、烟度检查）等信息，并建立相应的数据库。

第五节　我国在用汽车排放检验监督管理方法

一、法律法规

生态环境主管部门与检验机构间应使用专网连接，保证数据通信的稳定性、可靠性、安全性，带宽应满足视频、数据信息的传输要求。

网络基础建设应满足《环境信息网络建设规范》（HJ 460—2009）中城域网建设的相关要求。2016 年，环境保护部等三部委出台了《关于进一步规范排放检验加强机动车环境监督管理工作的通知》（国环规大气〔2016〕2 号），强调了联网监督的重要性，提出了实施的时间要求。2016 年，环境保护部发布了《关于加快推进机动车监控平台建设和联网工作的通知》（环办大气函〔2016〕2101 号）和《在用机动车排放检验信息系统及联网规范（试行）》，规范中对检验设备控制软件、机动车排放检验机构端软件、管理部门端监控系统以及系统采集的数据、系统间数据交换方式和交换内容都进行了规范要求。规范中要求环境保护主管部门间使用国家环境保护业务专网进行联网。

二、体制机制

《大气污染防治法》第五十四条规定："机动车排放检验机构及其负责人对检验数据的真实性和准确性负责。生态环境主管部门和认证认可监督管理部门应当对机动车排放检验机构的排放检验情况进行监督检查。"这一规定明确了在用车排气污染检测机构的监督管理责任和体制。体制要求建立省、县地方政府生态环境行政主管部门的监督职责。在对机动车排放检验机构的监督管理中可采取现场检查排放检验过程、审查原始检验记录、检测过程及数据联网监控等方式。

数据联网监控已成为最有效的实时监控甄别的技术手段。在各地制定出台的《机动车排放污染防治条例》中大多增加了"建立健全监督管理制度,通过监督性监测、网络监控等方式对机动车环保检验机构检验行为的公正性、准确性进行监督"的要求,相继建成了如图 3-27 所示的机动车环保检验监督网络。

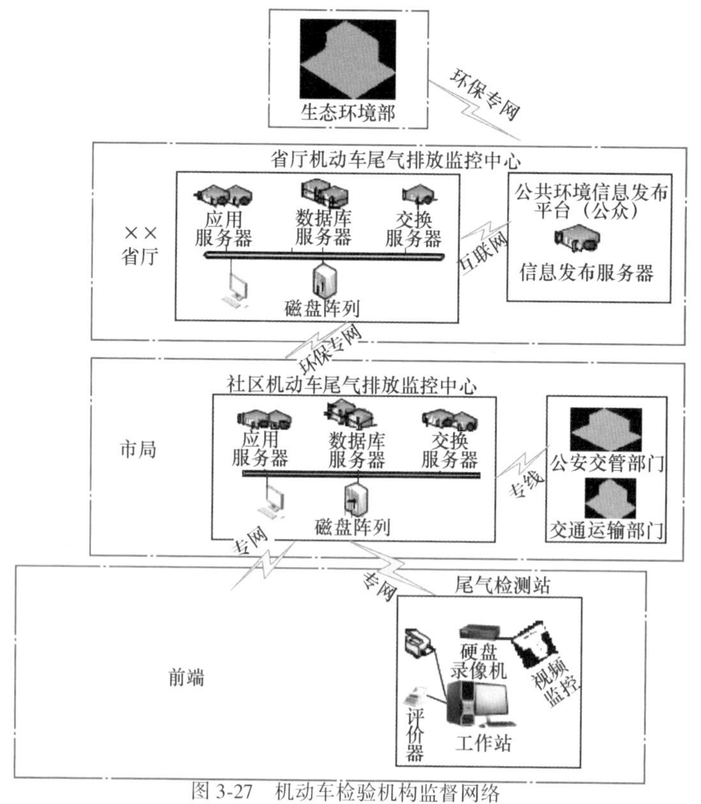

图 3-27　机动车检验机构监督网络

三、信息联网

1. 机动车排放检验信息系统管理端监管系统软件要求

管理端监管系统应包括机动车外检录入、环保关键零部件检查、机动车排放检验、报告打印、检验管理（包括检验机构、检测线、检验设备、标准物质等）、车辆信息管理、车型管理、标准限值管理、排放检验数据管理、数据统计汇总等功能。

系统应具备检验机构、市（地、州）、省级及国家联网功能，按要求实现相关数据的共享和交换。

可将路检抽查、遥感检验、维修治理、新车销售、车辆报废等业务功能扩展纳入系统，并记录相关信息。

监管系统应具备排放检验监督功能，检验过程不规范、检验数据异常的应及时提示预警，监督至少应包括以下内容：

(1)外检流程、信息参数是否合理；

(2)检验过程[视频（车牌、取样探头、集气管）、图像]，检验使用的参数（基准质量、方法、限值、环境参数）；

(3)检验机构日常运行情况（如设备自检、检查校准、标准物质等），检验过程数据是否完整，接收到的检验结果是否符合过程数据计算结果。

检验数据和检验报告编码。检验数据应包括车辆信息、检验环境参数、检验结果数据、检验过程数据、检验过程视频、检验过程照片，并实时报送至监管系统。

监管系统在确认接收到完整的检验数据后应生成并返回接收凭证，接收凭证仅代表监管系统接收到相应数据，用检验报告编码形式表示，编码信息包括行政区划代码、检验机构联网顺序号、监管系统收到检验数据的时间、监管系统随机编码。

2. 机动车排放检验信息系统管理端监管系统硬件要求

监管系统应具备违规记录功能，对违规车辆、检验机构进行记录管理，并将记录实时同步至上级管理端监管系统。

检验机构每条检测线至少应安装两路摄像机，原则上前部摄像头安装在车间内部，检验设备侧前方，尾部摄像头安装在车间后侧。要求能清晰看到车辆前部车牌号、车辆排气管以及检验过程中尾气采样管插入车辆排气管的画面。外检查验及检测线控制室可安装监控设备，以采集外检查验过程、检验设备控制软件操作的视频或照片。

摄像机选用高清网络摄像机,分辨率满足监控要求。机动车在进行排放检验过程中,机动车排放检验信息系统会针对检验过程中关键环节自动拍照。排放检验视频应确保视频图像清晰,位置合理,监控图像及录像中车辆牌照、检测线编号醒目,检验过程中关键环节拍照,取自动拍摄车辆前后照片,能清晰显示车辆的前外观、车牌号码、轮胎和排气装置。

检验机构配备本地视频录像设备,检验过程视频存储本地化(按日期保存),历史检验视频保存周期不少于12个月,能实现管理端监管系统远程调阅。

检验过程视频存储本地化分为两种:一种是利用本地视频录像设备全时段对工作期间的所有视频进行录像存储;另一种是利用视频截取技术对检测过程有效视频进行视频截取,存储在检验机构站点服务器。

第四章 汽车排放污染诊断技术

在用汽车排放污染超标是由车辆本身多种原因引起的,涉及汽车发动机的机械系统、进/排气系统、燃料供给系统、点火系统(汽油发动机)、排放控制部分等多个方面,相互之间的影响关系复杂,造成了对排放污染超标故障的判断困难。同时排放污染超标在很多情况下,也没有明显可视的故障现象,很难有效对故障进行分析判断。

I/M 制度的超标诊断技术体系是指对在用汽车排放检验与维修治理全过程进行数据检测和管理。与传统的维修方法相比较,区别就在于全过程对检测数据进行监控并管理,以及在对排放污染超标原因科学分析和统计的基础上进行诊断。传统的维修方法,往往是凭个人经验,感觉哪部分器件出了问题,就通过更换器件来修复,如果没有解决问题,继续逐一更换其他器件,直到故障修复,不注重发动机各个污染物排放控制系统内在的关联性,最重要的是没有将发动机的性能工况调整到最佳状态。而汽车排放污染超标诊断技术体系最关键的是完成对检测数据的诊断和对汽车发动机重要部件数据的掌握和调整。

汽车故障诊断是在不解体(或仅拆卸个别零件)汽车条件下,为确定汽车技术状况或查明故障部位、原因所进行的检查、分析、判断工作。“七分诊断,三分维修”的理念已经逐渐为广大汽车维修人员所接受。汽车排放污染超标诊断技术体系是汽车排放污染超标维修治理的重要支持技术体系之一。通过排放污染超标诊断,快速、准确地确定排放污染超标的故障原因,能有效和彻底地维修治理在用汽车排放污染超标故障。发动机系统能否平衡工作,取决于三个要素,即汽缸压力、燃油空燃比和点火正时/火花强度,当发动机关键的三个要素数据调整到最佳状况时,汽车的工况性能才能得到最佳发挥。对于三元催化转换器等排放控制后处理装置,则需要到期及时更换和修复。因此,汽车排放污染超标诊断技术体系又被称为数据养护监控管理,在保障发动机运转达到最佳状态的同时,可以有效地降低在用汽车燃油消耗量,防止在用汽车排放污染超标。

本章介绍汽车排放污染超标诊断技术的主要原理和方法。

第一节 汽车排放污染诊断技术基础

在用汽车排放污染超标诊断技术是应用于汽车发动机排放污染物超标故障诊断的专用技术,旨在根据排放污染物产生的机理,按照科学的诊断流程,对发动机排放污染物检测过程数据进行分析,结合发动机工作状况、排放控制装置的检测数据,运用排放污染物特征原理、发动机运行原理、排放控制原理来分析、确认故障原因。

在互联网应用快速发展的今天,基于物联网的诊断设备在汽车排放污染超标诊断上得到拓展应用,基于案例推理判断,依靠大数据分析的优势,能更加精准、快速地诊断出汽车排放污染超标故障原因,为汽车排放污染超标维修治理提供有力的技术支持。

一、汽车排放污染超标诊断技术的作用和意义

我国现代汽车技术近十几年取得飞跃式发展,但在用汽车排放污染超标诊断和维修治理技术却没有取得相应的发展,特别是排放污染超标诊断技术人员缺乏,诊断维修治理方面普遍存在"治标不治本"的情况。"汽车排放污染超标故障就是三元催化转换器的问题,不影响发动机工作,不需要维修,汽车也能继续使用",这样的观念在许多维修人员的头脑里根深蒂固,维修治理时盲目地更换三元催化转换器,带来了不良影响:问题没有彻底解决,过了一段时间汽车排放污染物又超标,反复维修、小病大修、维修费用昂贵等情况导致车主难以承担,从而更不愿意维修。

汽车排放污染超标诊断是维修治理前的关键步骤,是汽车排放污染控制的重要技术之一,其作用和意义在于:

(1)缩小故障范围,快速、准确定位故障部位。根据发动机排放污染物产生原理、发动机运行和排放控制原理,缩小故障查找范围,减少不必要的发动机解体检测,避免盲目地换件维修,有效降低维修治理的成本。

(2)通过科学的诊断,彻底排除发动机机内燃烧故障,能有效降低发动机的油耗,恢复发动机动力输出。避免反复维修,在保证维修治理效果长期有效的同时,让车主真实感受到汽车排放污染维修治理带来的好处,扭转广大车主对I/M制度的误解。

(3)通过推广汽车排放污染超标诊断技术,传统的汽车维修人员经系列培训后转变为汽车排放污染超标诊断人员,有效提升了汽车维修行业的排放污染超标故障诊断、维修治理的能力,是实现汽车维修行业转型升级和提升服务质量、贯彻实施I/M制度的重要支持。

(4)在用汽车排放污染超标诊断技术提升了汽车排放污染超标维修治理的能力,能有效降低在用汽车对大气的污染,为提升人们的生活环境质量作出重要的贡献。

二、汽车污染物排放检验数据是诊断的重要基础数据

汽车排放污染超标诊断的重要依据就是车辆的污染物排放检验数据。污染物排放检验数据包含了检测结果数据和检测过程数据。进行汽车排放污染物超标诊断时,需要分析超标车辆在污染物排放检验过程中哪个时间点产生的排放超标,根据发动机排放污染物产生的原理,结合发动机空燃比对该时间点的排气成分进行分析。例如,发动机加减速阶段排放超标和匀速运转阶段排放超标的空燃比分析要点是完全不同的。同时,判断发动机燃烧性能是否良好,需要分析该排放超标时间点的 CO_2 和 O_2 数据。所以,汽车污染物排放检验数据中的过程数据是排放污染超标诊断的重要基础数据。

以汽油发动机的双怠速法、稳态工况法和简易瞬态工况法为例,检测结果示例见表4-1~表4-3。

双怠速法检测结果示例 表4-1

内容	过量空气系数 λ	低怠速		高怠速	
		CO(%)	HC($\times10^{-6}$)	CO(%)	HC($\times10^{-6}$)
测试结果					
限值	1.00±0.05	0.6	80	0.3	50
判定结果(合格/不合格)					
裁决(通过/未通过)					

稳态工况法检测结果示例　　表 4-2

排放污染物	HC($\times 10^{-6}$)		CO(%)		NO($\times 10^{-6}$)	
	ASM5025	ASM2540	ASM5025	ASM2540	ASM5025	ASM2540
测试结果						
排放限值	90	80	0.50	0.40	700	650
判定结果 (合格/不合格)						
裁决 (通过/未通过)						

简易瞬态工况法检测结果示例　　表 4-3

排放污染物	HC	CO	NO_x
测试结果(g/km)			
排放限值(g/km)	1.6	8.0	1.3
判定结果 (合格/不合格)			
裁决 (通过/未通过)			

双怠速法、稳态工况法和简易瞬态工况法的测试结果都是对检测过程数据进行综合运算的结果，没有体现出在检测过程中产生排放超标时间点的汽车排放数据。在进行汽车排放污染超标诊断时没有详细的分析点，难以进行发动机诊断分析，同时也缺少对燃烧状况分析最重要的CO_2和O_2数据。

综上，超标车辆在机动车排放污染维修治理站进行排放污染超标诊断时，需要通过互联网从I站的工况法污染物排放检测系统读取检测过程数据，作为排放污染超标诊断的基础数据。

三、汽车排放污染超标检测诊断流程

汽车排放污染超标检测诊断由经过相关培训且考核合格的诊断人员进行。汽车排放污染超标诊断流程如图 4-1 所示。

（一）预诊断

在进行汽车排放污染超标诊断前，需要进行预诊断，为诊断预先做好必要的准

备工作。预诊断环节分为以下两个主要步骤：

（1）读取I站排放检验过程及结果数据。对已经实现与I站数据联网的M站，排放超标车辆在进入该M站后，可以从I站系统读取该车辆的排放污染检测过程及结果数据。当M站系统无法获取I站系统过程及结果数据时，M站应按照I站规定的测量方法对承修车辆进行汽车排放污染检测，以获取该车辆排放污染检测过程及结果数据。

（2）车辆目视检查。目视检查项目包括查看或询问车辆维修记录、检查发动机机油、空气滤清器、进气管路、排气管路、真空管路、仪表板故障警告灯等。检查和记录车辆为控制污染物排放而装配的控制器件，以建立诊断模型，进行精准诊断。目视检查中发现明显异常的车辆，需要先排除故障。例如：空气滤清器脏堵，影响进气的，需要更换；排气管破损，影响排放检验的，需要更换。

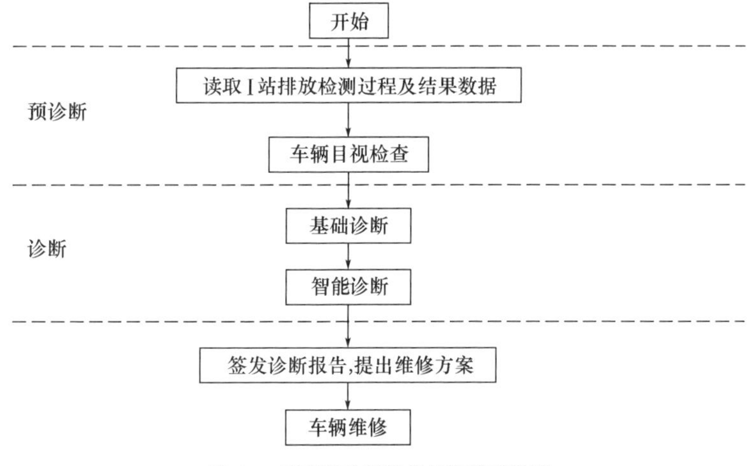

图4-1　汽车排放污染超标诊断流程图

（二）诊断

汽车排放污染超标诊断可以分为基础诊断和智能诊断。

（1）基础诊断。基础诊断就是诊断人员凭借实践经验和掌握的汽车排放污染超标诊断理论知识，自主使用多种检测工具和设备来采集发动机工作参数，人工分析超标故障范围和故障原因，通过多方面的验证检查、试验，确定汽车排放污染超标故障的诊断方法。基础诊断需要诊断人员具备丰富的实践经验和掌握扎实的理论知识，以及拥有分析判断、经验总结的能力。

(2)智能诊断。智能诊断是在汽车排放污染超标诊断原理的基础上,应用汽车检测诊断系统物联技术、云计算分析,结合检测诊断故障树模型,实现大数据实时动态分析,精准、快速查出故障范围的诊断方法。同时应用移动互联网技术,组织诊断维修治理专家对“疑难杂症”进行远程会诊,确定汽车排放污染超标故障。

(三)签发诊断报告,提出维修方案

诊断人员熟练掌握发动机各系统对汽车排放污染超标影响的原理,根据汽车排放污染超标故障源,按照从简单到复杂的顺序,检测并确定真实故障点,提出维修方案。维修人员依据诊断报告和维修方案对承修车辆进行维修治理。

四、汽车排放污染超标诊断原理和分类

在用汽车排放污染超标诊断原理与汽车排放污染物测量方法相对应,分为点燃式发动机汽车和压燃式发动机汽车。点燃式发动机主要分为汽油发动机和燃气发动机,其中燃气发动机在我国主要指以液化石油气和天然气为燃料的发动机。压燃式发动机主要为柴油发动机。点燃式发动机和压燃式发动机的排放污染物检测值不同,发动机各系统对排放污染物的产生影响不尽相同,所以诊断原理也不相同。本书以汽油发动机和柴油发动机为代表,对汽车排放污染超标诊断原理进行介绍。

汽车排放污染超标诊断除按照发动机型式分类外,还可以按照故障诊断方法分类,可分为人工诊断、仪器诊断、随车诊断和智能诊断等形式。

1. 人工诊断

人工诊断是指诊断人员凭借对汽车系统结构和工作原理的认识,采用简单的仪表和工具,利用自身工作经验,对汽车排放控制系统故障进行诊断,从而对故障原因、故障严重程度和损坏部位作出判断。

2. 仪器诊断

仪器诊断又可以按照使用的仪器不同进行分类,例如万用表诊断、示波器诊断等。这种方法是诊断人员利用仪器对汽车排放控制系统的结构参数、技术状态以及工作过程等进行充分的了解,结合自身所掌握的知识进行故障诊断。该方法要求诊断人员具有良好的专业知识和仪器操作的经验。

3. 随车诊断

随车诊断又称为自我诊断。它是利用车载诊断系统(OBD),对汽车的电子控

制系统实时进行监控检测、故障存储,并可以通过通信协议和相关器件与诊断设备进行交互。随车诊断又以通过OBD获取的不同信息形式分为故障码诊断、数据流诊断和波形分析诊断。

故障码诊断是指OBD将实时检测的系统故障以代码的形式存储于电子控制单元(ECU)中,当系统出现故障时,汽车驾驶室仪表板故障指示灯(Malfunction Indicator Lamp,MIL)闪烁。诊断者通过诊断仪的解码仪(Diagnostic Trouble Code,DTC)提取故障代码。故障代码指示系统故障部位,以帮助维修人员快速诊断故障。

数据流诊断是将汽车ECU与各传感器和电控执行元件通信的数据参数,通过OBD诊断接口,利用故障诊断仪读取,对其随运行时间和发动机工况变化而变化的状态进行分析。数据流将读取的汽车工作时的各种参数按照不同的要求进行组合,形成多种数据组,由于显示的是各种数值参数,因此被称为数据流。对采用故障诊断仪读取的数据流进行分析实际上就是对电信号的分析。这种诊断法对准确诊断汽车排放控制系统工作状态、判断故障形态十分方便。

波形分析诊断。故障诊断仪还可以将汽车排放控制系统的工作状态以时域波形的形式显示并存储。这种波形是系统工作过程的实时反映。由于它可以及时捕捉和放大系统故障,并且也可以通过与发动机其他工作因素互相比较(采用多信号源、多通道信号波形形式),因此可以深入分析故障原因和精准判断故障。

4. 智能诊断

智能故障诊断技术是基于多种现代技术并融合多种学科理论的综合性诊断技术。例如基于计算机技术,通过收集系统信息融合专家经验逻辑的推理方法,构成的智能诊断系统。该系统按推理方法又可分为专家系统诊断、模糊推理方法诊断、人工神经网络诊断、故障树方法诊断和案例推理方法诊断等。本章第四节介绍了基于计算机平台集成了云计算、大数据分析、物联网和现代通信技术的智能诊断系统。

5. 远程诊断

远程诊断技术是近几年发展起来的汽车排放污染治理监测技术之一。基于OBD检测监控的诊断模式,利用现代无线设备接收汽车随车通信模块传递的故障数据而形成的汽车远程在线检测监控系统(Automobile Remote Online Diagnostics,AKOD)如图4-2所示。这类系统还包括汽车远程诊断仪(Remote Vehicle Diagnostics,RVD)。

图 4-2　汽车远程检测系统示意图

2019 年国际标准化组织制定了 ISO 20078 系列标准，提出了延伸汽车(Extended Vehicle,ExVe)的概念。该标准推动了汽车制造企业在汽车设计制造环节向外界提供更加丰富和完善的数据信息，使得汽车诊断更方便，可对汽车各系统的工作状态实时进行监控和故障判断。

第二节　点燃式发动机排放污染诊断原理和方法

点燃式发动机主要分为汽油发动机和燃气发动机，其中燃气发动机在我国主要指以液化石油气和天然气为燃料的发动机。

一、汽油发动机各系统对排放产生的影响

汽油发动机各系统对排放产生的影响包括发动机部分和排放控制部分两个主要方面。

(一)发动机部分对排放的影响

1. 发动机机械系统

汽油发动机存在机械系统的故障，将对汽车污染物排放造成影响。最典型的故障是因为气门密封不严、活塞环密封不严引起汽缸压力不足，积炭过多造成的汽缸压力过大。

汽缸压力是发动机缸内燃烧环境的重要影响因素。汽缸压力不足，直接导致了发动机燃烧状况不良、燃料燃烧不充分、发动机抖动、动力下降、油耗上升，造成汽车排放污染物中的碳氢化合物(HC)和一氧化碳(CO)增多。汽缸压力过大，容

易造成爆燃现象，汽缸的温度会大幅提高，造成排放污染物中的氮氧化物（NO_x）增多。

发动机应在适当的温度下工作，既要防止发动机的温度过热，也要防止温度过冷。发动机过热，会造成 NO_x 排放增加，同时还会引起发动机的零件强度降低、机油变质、零件磨损加剧，导致动力性、可靠性、耐久性下降。当发动机低于合适温度长时间工作时，发动机的燃烧效率下降，散热损失和摩擦损失增加，凝结在汽缸壁的燃油流到曲轴箱稀释润滑油，造成零件磨损加剧、发动机功率下降、油耗增加、HC 排放增加。

2. 进排气系统

汽油发动机进气能否精确控制对污染物排放有很大的影响，主要表现有以下方面：

（1）空气滤清器。空气滤清器的作用是过滤空气中的灰尘和杂质，为发动机工作提供清洁的空气，防止发动机内部过早磨损，延长发动机寿命。空气滤清器堵塞，导致进气量不足，发动机过浓燃烧，造成排放污染物中的 CO 和 HC 增加。

（2）节气门总成。汽油发动机通过节气门控制发动机的转速，实现动力输出控制。节气门积炭过多，会造成进气量控制异常，发动机过浓燃烧，导致排放污染物中的 CO 和 HC 的增加。

（3）空气流量传感器、进气歧管绝对压力传感器。空气流量传感器、进气歧管绝对压力传感器发生故障时，电子控制系统失去进气量的监测信号，为保证发动机的运转，喷油器将喷入超过正常量的燃油，造成排气中不完全燃烧的 CO 和 HC 增加。

（4）真空泄漏。进气管路在节气门后端漏气，会造成真空泄漏。对于装备进气歧管压力传感器的自然吸气发动机来说，进气压力高于控制值（期望值），喷油量会过大，引起混合气过浓，会使 HC、CO 的排放增加；对于装备空气流量传感器的自然吸气发动机来说，漏进去的空气未经过空气流量传感器计算，ECU 按照空气流量传感器数据控制的喷油量偏少，造成发动机过稀燃烧，会使 HC、NO_x 的排放增加；对于装备涡轮增压的发动机，增压的进气压力低于控制值（期望值）时，实际进气量不足，发动机过浓燃烧，会使 HC、CO 的排放增加。

汽油发动机排气系统对污染物排放的影响主要是排气背压。排气背压过高，可导致发动机起动困难，燃烧效率下降，燃油经济性恶化，功率输出降低，HC、CO 排放增加。

3. 燃料供给系统

汽油发动机的燃油供给系统是燃油泵将汽油从油箱泵出，经过燃油滤清器滤除杂质，由燃油压力调节器调节汽油压力处于合适的压力值，送到燃油总管中。ECU根据进气量、转速、冷却液温度、负荷以及前氧传感器反馈等信号，控制喷油器的喷射时间，调节进入汽缸的燃油与空气组成混合气的空燃比。

燃油供给系统对排放污染物产生的影响有：

(1)燃油压力过低。油泵磨损、燃油滤清器堵塞或燃油调节器故障会导致燃油压力过低，使得混合气过稀，HC、NO_x 的排放增加。

(2)燃油压力过高。燃油调节器故障有时会导致燃油压力过高，使得混合气过浓，燃烧不充分，残余大量的CO和HC。

(3)喷油器故障。喷油器雾化不良、滴漏，导致混合不均匀、燃烧不充分，残余大量的CO和HC；喷油器堵塞，导致混合气过稀，HC、NO_x 排放增加。

燃气发动机对应的是燃气供给系统。储气罐中的可燃气经过压力调节装置调节后处于合适喷射的压力值，ECU根据进气量、转速、燃油压力过低、负荷以及前氧传感器反馈等信号，控制喷射器的喷射时间，调节进入汽缸的混合气空燃比。其对污染物排放的影响与汽油发动机相同。

4. 点火系统

汽油发动机的点火系统通过收集发动机上的各种传感器反馈信号，根据电子系统预先设定的程序，确定点火时间，输出点火信号到火花塞，点燃汽缸内的混合气。影响点火控制的传感器包括：曲轴位置传感器、凸轮轴位置传感器、爆震传感器、进气压力传感器/空气流量传感器、冷却液温度传感器、节气门位置传感器等。

点火系统的工作指标包括点火正时(点火提前角)和点火能量。

(1)点火正时。点火正时过晚，未燃烧的HC就会被排到排气管中，造成HC排放偏高；点火正时过早，活塞还未上升到理想位置就开始燃烧，导致缸内压力过高，NO_x 的排放增加。

(2)点火能量不足，没有产生具有足够能量的电火花点燃混合气，会使HC、CO的排放增加。

(3)点火爆燃。爆震传感器把探测到的爆燃信号传给ECU，ECU根据信号调整点火，防止爆燃的发生。当爆震传感器发生故障时，ECU推迟各缸点火正时，发动机动力下降，增加HC和 NO_x 的排放。

（二）排放控制部分对排放的影响

1. 曲轴箱强制通风系统

发动机工作时，燃烧室中产生高压，混合气和燃烧后生成的废气有部分会通过活塞组与汽缸之间的间隙漏入曲轴箱内，形成窜气，如图 4-3 所示。

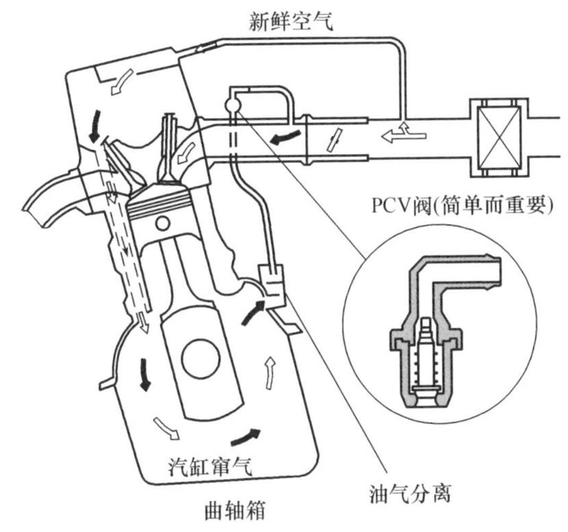

图 4-3　曲轴箱强制通风系统示意图

曲轴箱强制通风系统（PCV）的主要作用是将曲轴箱中窜入的混合气经 PCV 阀控制，重新导入进气歧管，回到汽缸内燃烧，避免了直接泄漏到空气中污染环境。

(1) 曲轴箱强制通风系统发生阻塞时，曲轴箱压力过高，部分机油窜进燃烧室，出现烧机油现象，造成 HC、CO 排放偏高。

(2) PCV 阀后端管路漏气时，空气进入进气歧管，对汽车排放污染物的影响请参见进排气系统中进气管路漏气部分。

2. 燃油蒸发排放控制系统

燃油蒸发排放控制系统多装配于汽油发动机，能够收集油箱产生的汽油蒸气，防止汽油蒸气泄漏到大气中污染环境，同时适时将收集的汽油蒸气送入进气歧管，进入汽缸内燃烧，使燃油得到充分利用。常见的燃油蒸发排放控制系统主要由油箱、活性炭罐、炭罐电磁阀等组成，如图 4-4 所示。

(1) 燃油蒸发排放控制系统管路漏气时，进入节气门后进气歧管的是空气而不是燃油蒸气，这势必造成发动机的混合气体过稀，HC、NO_x 排放升高。

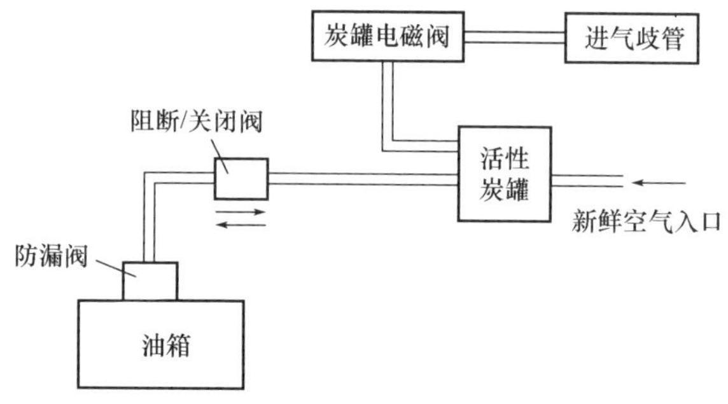

图 4-4　燃油蒸发排放控制系统示意图

(2)活性炭罐的空气入口及过滤网堵塞，外界空气不易进入炭罐，炭罐内缺少新鲜空气。怠速时，在进气真空吸力作用下，吸附在活性炭罐内的汽油蒸气被吸入进气歧管，使得混合气过浓，导致 CO、HC、NO_x 的排放升高。

(3)炭罐电磁阀一直卡在关闭状态，炭罐内的汽油蒸气会越聚越多，最终充满整个炭罐，其余的汽油蒸气只能逸入大气，造成污染环境。反之，如果炭罐电磁阀一直卡在打开状态，发动机进气歧管的混合气一直处于不断加浓的状态，会造成 HC、CO 排放偏高，并且在冷起动时，易出现引发发动机熄火。

3. 废气再循环系统

废气再循环(EGR)是发动机在部分负荷工况下，将排出的部分废气与新鲜空气一起再次进入发动机汽缸参与燃烧。由于废气中含有大量的 CO_2 等气体，这些气体不参与燃烧，同时又吸收热量，使汽缸中混合气含氧量降低，燃烧温度降低，从而降低了 NO_x 的生成量。一般发动机外废气再循环系统最常见的控制器件是 EGR 阀。废气再循环系统如图 4-5 所示。

(1)EGR 阀卡在全开位置，进气中一直混入废气，发动机会有明显的抖动，不能正常运转，CO、HC 排放增加。

(2)EGR 阀关闭不严，怠速时进气中混入废气，会导致怠速抖动，CO、HC 排放增加。

(3)EGR 阀卡在全关位置，废气再循环系统失效，NO_x 排放增加。

相对于发动机外的 EGR，对于采用了可变气门正时(Variable Valve Timing，VVT)系统的发动机，还可以通过改变凸轮轴的配气相位来实现内部 EGR，使缸内残留一部分废气，从而实现降低 NO_x 排放的目的。实现内部 EGR 有多种方法，常用的有：

①废气残留法，取消气门重叠角，也就是排气门在排气上止点之前关闭，进气门在排气上止点后打开，这样在压缩终了时就有一部分废气留在了汽缸内排不出去，从而实现了内部 EGR；

②废气倒吸法，就是在原有的排气凸轮型线的基础上再设计出一个凸轮型线，使得在进气行程时，排气门再次打开，从而从排气管中吸入一部分废气；

③第三种方法就是在原有的进气凸轮型线上再设计出一个凸轮型线，使得在排气行程时进气门打开，将一部分废气排入进气道内，那么在进气行程时废气就会进入汽缸实现内部 EGR。当内部 EGR 失效，NO_x、HC、CO 排放会增加。

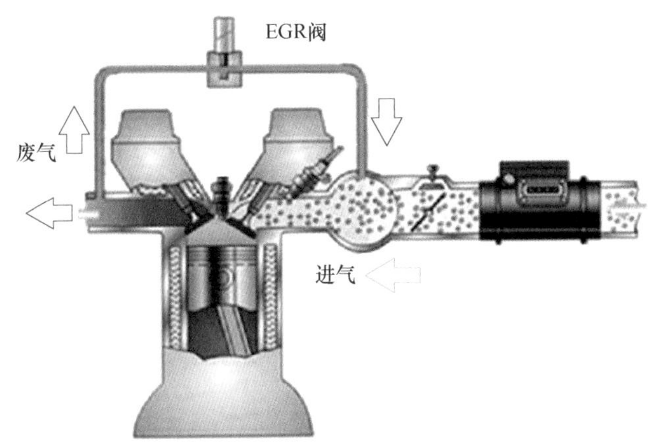

图 4-5　废气再循环系统示意图

4. 二次空气喷射系统

二次空气喷射系统（AIR）的功能是：降低冷起动和暖机过程中的 CO 和 HC 排放，通过将一定量的新鲜空气送入排气管，增加氧气的含量，促使发动机排气中的 CO 和 HC 在高温的情况下再次氧化，转化成 CO_2 和 H_2O，从而降低汽车废气中 CO 和 HC 的排放量。冷起动时，二次空气喷射系统还可以加快三元催化转换器的升温，使三元催化转换器快速达到有效工作温度，从而改善发动机的排放。

如果二次空气喷射系统发生故障，冷起动和暖机过程中，系统不向排气管泵入空气，会造成 CO 和 HC 的排放量升高。

5. 三元催化转换器

三元催化转换器是安装在汽车排气管中重要的机外净化装置。三元催化转换器的载体部件是一块多孔陶瓷材料，上面覆盖着铂、钯、铑等贵重金属组成的催化剂，通过催化还原反应,将汽车排气中的 CO、HC 和 NO_x 转化成 CO_2、H_2O、N_2。催化剂最低在 250℃时发生反应,催化剂的活性温度(最佳的工作温度)是 400~800℃。温度过低时,转换效率急剧下降;温度过高也会加剧催化剂老化。一般在理想的空燃比(过量空气系数 λ=1)时,催化转换的效果最好。三元催化转换器如图 4-6 所示。

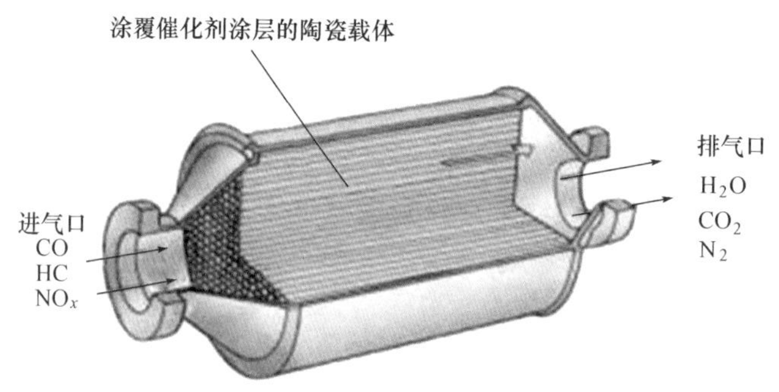

图 4-6 三元催化转换器结构示意图

三元催化转换器转化效能低甚至失效,将无法对 CO、HC 和 NO_x 进行有效转换,导致污染物排放超标;三元催化转换器发生堵塞时,CO、HC 和 NO_x 无法进行有效转换,排气背压过高还会导致发动机动力下降、加速无力、油耗增加。

二、汽油车排放超标诊断原理

汽油车排放污染超标诊断原理,就是通过对车辆排气数据进行分析,依据排气的五气特征原理进行分析,通过对排气中五种成分(CO、HC、NO_x、CO_2、O_2)的浓度进行分析,进一步采集超标车辆发动机部分和排放控制部分的运行数据,快速和有效地缩小和确定故障范围,最后诊断出车辆的故障点。

从发动机机内燃烧的工作机理可知,空气不足会导致残余燃料过多而产生 HC 和 CO,空气过量又导致高温富氧而产生 NO_x。所以,发动机混合气的空燃比是否合理,是其排气控制是否良好的重要指标。

(一)排气成分特征

根据空气中O_2和燃料的摩尔质量,可以计算出理论上完全燃烧 1kg 燃料所需的空气质量。从燃烧的原理可知,此时经过充分燃烧后的排放污染物浓度最低。而在发动机运转的实际控制中,空气的实际消耗量和理论值会有一定偏差。过量

空气系数 λ 是燃烧 1kg 燃料实际消耗的空气质量与理论上所需的空气质量之比，是研究和分析燃料和空气组成的混合气空燃比是否理想的关键指标。

$\lambda<1$ 时，代表混合气浓。理论上，$\lambda=0.4$ 时，混合气太浓，接近燃烧上限。$\lambda>1$ 时，代表混合气稀。$\lambda=1.4$ 时，混合气太稀，接近燃烧下限。汽油发动机通过前氧传感器反馈信号对混合气进行闭环控制，使混合气在 $\lambda\approx1$ 的小范围内变化。混合气偏浓时，减少燃料喷射，使混合气往稀修正；混合气偏稀时，增加燃料喷射，使混合气往浓修正。

汽油发动机的排气成分（CO、HC、NO_x、CO_2、O_2）浓度特征和 λ 的关系示意图如图 4-7 所示（注：CO_2、CO、O_2的单位为%，NO_x和 HC 的单位为$\times10^{-6}$，数值大小根据发动机不同有较大区别，图中没有列出数值，但曲线的走势是相同的，为便于分析，经过转换处理，将NO_x和 HC 的曲线与CO_2、CO、O_2在同一图上显示）。

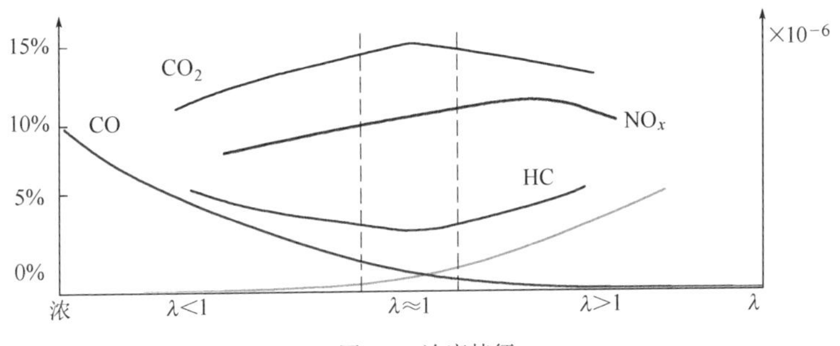

图 4-7　浓度特征

当混合气的 λ 在理论值的控制区间内，从原理上可知充分燃烧后的排气中各种污染物成分最为理想。

混合气的 λ 往过浓调整，超出理想边界。混合气中的O_2浓度越来越低，燃料因缺氧燃烧不完全，残余的 HC 增加，产生的 CO 增加、CO_2浓度降低，NO_x因缺少O_2而浓度降低。

混合气的 λ 往过稀调整，超出理想边界。混合气的O_2浓度越来越高，燃料过稀开始导致难以点燃，残余的 HC 会开始越来越多，CO、CO_2浓度因燃烧量变少而降低，NO_x首先因为O_2增加而增多，但因为燃烧状况开始变差，温度逐渐下降，导致NO_x浓度最终也开始下降。

由此可知，混合气的空燃比是否理想，是汽油车排气超标诊断最重要的基础。当混合气空燃比接近理想值后，通过检测CO_2和O_2的浓度，进一步分析发动机的燃烧状况是否理想，最终定位排放超标故障点。

（二）汽油车排放超标诊断分析步骤

通过预诊断获取排放检验数据和进行车辆目视检查，排除相对明显和简单的车辆故障后，再进入诊断环节，如图4-8所示。

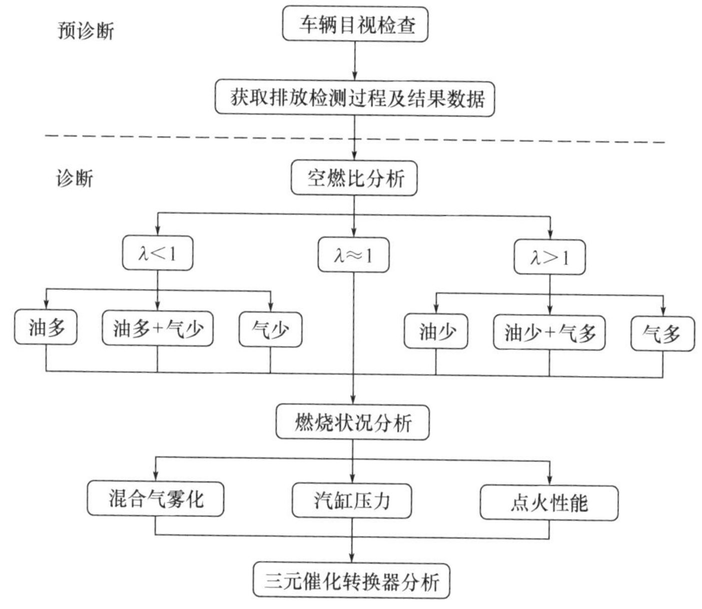

图4-8　汽油车排放超标诊断分析步骤

在诊断环节，首先根据排气成分特征对混合气的空燃比进行分析，然后对燃烧状况进行分析，最后对排气控制部分进行分析。

三、汽油车排放超标诊断流程和方法

本小节介绍汽油车排放超标诊断的流程和方法。在诊断环节中，基础诊断和智能诊断的区别在于：基础诊断由诊断人员人工分析，智能诊断则由云计算分析平台对多方采集的车辆检测数据，进行分析和大数据案例对比，快速定位故障源。

（一）预诊断环节

预诊断分为两个步骤：获取汽车排放检验过程及结果数据和对车辆进行目视检查。预诊断的主要作用就是排除相对明显和简单的车辆故障，为下一环节的诊

断做好准备工作，提高诊断效率。

1. 获取排放检验过程及结果数据

M站可以通过联网，从汽车排放污染维修治理监控系统读取I站排放检验过程及结果数据，作为超标车辆入厂时的排放检验数据。如果M站无法获取I站排放检验数据，特别是检验过程数据，根据诊断需要，在完成车辆目视检查后，由M站依照I站的检验方法，使用工况法污染物排放检验系统，按照《汽油车污染物排放限值及测量方法(双怠速法及简易工况法)》(GB 18285—2018)的规定进行排放检验，获取车辆的排放检验过程数据。

2. 车辆目视检查

对车辆进行目视检查，可以排除相对明显和简单的车辆故障，提高诊断效率。目视检查步骤如下：

(1)检查发动机机油状况，确定机油量是否正常、有无乳化现象，并根据需要更换机油和机油滤清器。如出现机油异常，需要先排除相关故障。

(2)检查空气滤清器状况，确认空气滤芯是否破损、堵塞、脏污，并根据需要清洁或更换空气滤芯。

(3)检查发动机进气、排气、真空管路，确认有无老化、破损、脱落、虚接现象，并根据异常状况修复相关管路。

(4)检查发动机相关配置。例如：是否配置进气增压器、是否配置可变进气控制装置(可变进气道、可变气门正时、气门升程控制等)、燃料喷射方式、点火方式、三元催化转换器和氧传感器的配置情况、是否配置二次空气喷射系统、是否配置废气再循环系统等。这些可为后续分析超标故障范围提供数据支持。

(5)打开点火开关，检查OBD，有故障报警的，读取车辆故障报警信息，对存在与排放相关故障的车辆，需要修复车辆故障。

(6)起动发动机，检查节气门控制是否灵敏、良好，带进气增压器的发动机，进气增压器是否能正常工作，发动机运转时有无缺缸、烧机油、抖动等明显不良工况。对出现发动机异常工况的，需要先进行相应的检修。对排气带有明显浓烟的，为保护排气分析仪，不允许进行排气检测。

(7)等待发动机运转达到正常工作温度，进入闭环控制。如果发动机工作温度异常，需要先进行相应的检修。

(二)诊断环节

超标车辆经过预诊断，排除了相对明显和简单的车辆故障后，排放污染物仍然超标的，进入诊断环节。从汽车排放检验数据中，提取超标故障点的排放检验数据，依据汽车排气五气特征，先对混合气的空燃比进行分析，再对发动机燃烧状况进行分析，最后对排气控制部分进行诊断，确定车辆故障。

1. 空燃比分析

对汽油发动机的空燃比进行分析有多种途径，最主要从两个方面入手：排放检验数据和发动机前氧传感器数据。排放检验数据直接包含五种成分（CO、HC、NO_x、CO_2、O_2）的浓度和 λ 值。前氧传感器通过信号反馈排气中的 λ 值来体现空燃比信息。

常见的三元催化转换器+氧传感器布局如图 4-9 所示。

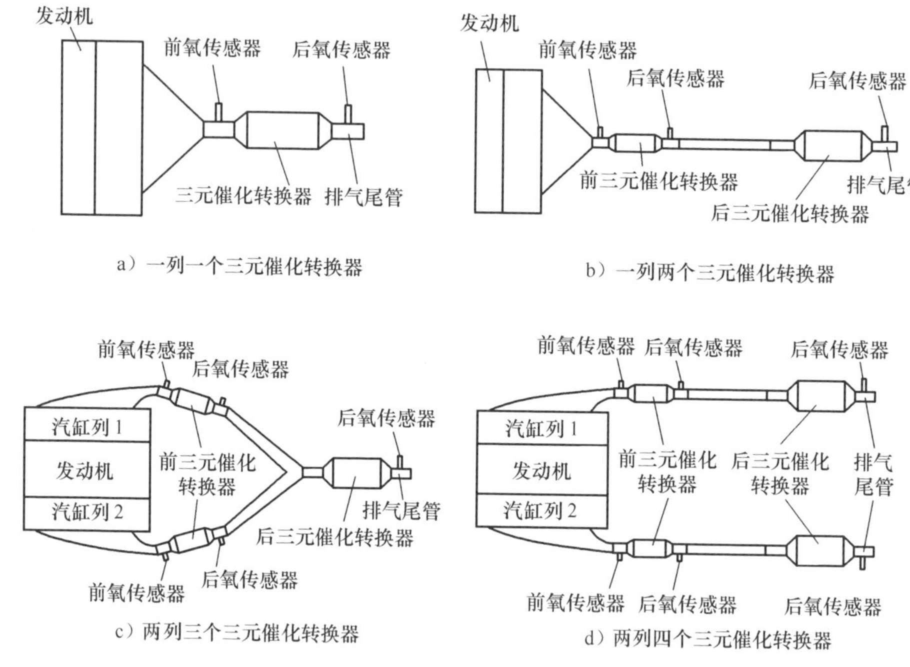

图 4-9　三元催化转换器+氧传感器布局图

其中，一列一个三元催化转换器的布局形式最为常见，一般中小排量的直列发动机都采用了这种布局方式；一列两个三元催化转换器的布局形式多应用在中大排量的直列发动机上；两列三个三元催化转换器的布局形式多应用在双汽缸列布局的 V6/V8 中大排量发动机上；两列四个三元催化转换器的布局形式多应用在 8 缸以上的 V 形或 W 形大排量发动机上。它们都是发动机排量增大后，在一个三元催化转换器不能满足转换效率的情况下，通过增加三元催化转换器，并优化布局来

满足排放要求。

从图 4-9 可知，点燃式机动车排气分析仪是在排气尾管出口进行的检测，排气已经经过三元催化转换器的转换处理，不完全真实反映发动机的空燃比。在诊断时需要结合多种方法相互对比，以获取正确的空燃比。

汽油发动机进入闭环控制后，通过前氧传感器的反馈信号，调整混合气的空燃比。对于双汽缸列发动机，每列汽缸的闭环控制由各自所属的前氧传感器反馈信号决定，需要对每列汽缸分开分析。

1）空燃比获取方法

在未知三元催化转换器转换效率的情况下，根据车辆实际情况，采用不同的设备和方法分析发动机混合气的空燃比状况，必要时需要多种方法并行对比分析。

（1）方法一：使用汽车不解体检测诊断系统或汽车故障电脑诊断仪，通过 OBD 读取前氧传感器反馈信号。在前氧传感器性能正常的情况下，OBD 将前氧传感器反馈信号转换成不同的可读数据，从下列数据都能得到空燃比信息，在实际诊断时，根据车型不同可以读到一组或多组数据，进行分析和对比。

①读取 λ 值。在 OBD 的“请求当前动力系统诊断数据”功能中，定义有多组等值比数据，等值比就是过量空气系数 λ 的不同翻译描述。

②读取燃油修正。在 OBD 的“请求当前动力系统诊断数据”功能中，有多组燃油修正数据，分为长期燃油修正和短期燃油修正。短期燃油修正是指动态或瞬时的调整。长期燃油修正是指相比短期燃油修正，对供油标定程序更多的逐步调整，长期燃油修正来自短期燃油修正的累积变化。汽油发动机进入闭环后，根据反馈信号，对喷油器的预设喷射时间进行修正，因为喷油器的喷射时间代表了燃油喷射量，也就是对喷油量进行了修正。喷射时间与燃油修正之间存在以下关系：喷射时间＝预设时间×（1+长期燃油修正+短期燃油修正）。当燃油修正大于 0 时，表示当前反馈混合气偏稀，需要喷油系统增加喷油量；当燃油修正小于 0 时，表示当前反馈混合气偏浓，需要燃油喷射系统减少喷油量。

③读取前氧传感数据。前氧传感器有多种不同的类型，反馈信号可以分为电压信号和电流信号两种。但不管是电压信号还是电流信号，信号特征是一样的，其特征的理论波形如图 4-10 所示。

不同的氧传感器类型，在图中①～④的基准参数值不同，反馈控制的原理相同。在 OBD 的“请求氧传感器监测结果”功能中，可以通过测试代码（TID）读取到指定氧传感器①～⑩的值，与图 4-10 所示的理论波形进行对比。在正常情况下，当反馈信号小于③时，代表混合气的空燃比过稀，需要增加喷油，将混合气往浓修正；当反馈信号大于④时，代表混合气的空燃比过浓，需要减少喷油，将混合气往稀修正。从读取波形和理论波形的对比，可以得出前氧传感器反馈控制的空燃比是良好（波形基本符合）、偏稀（波形偏下）、偏浓（波形偏上）、过稀（一直过低）、过浓（一直过高）中的哪种状态。

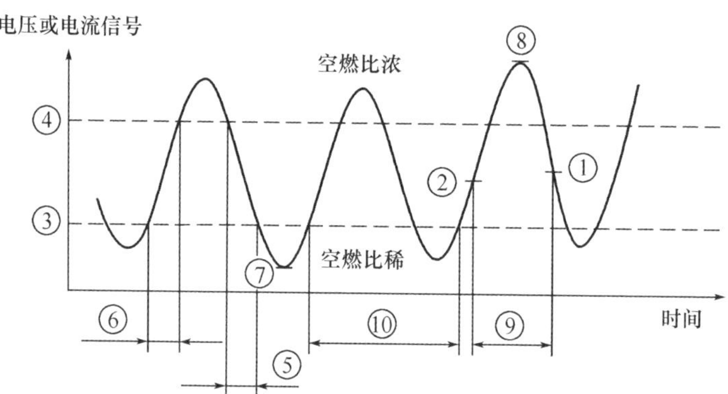

①-浓到稀的传感器阈值；②-稀到浓的传感器阈值；③-计算转换时间的传感器低阈值；④-计算转换时间的传感器高阈值；⑤-浓到稀的转换时间；⑥-稀到浓的转换时间；⑦-测试循环间传感器最小值；⑧-测试循环间传感器最大值；⑨-传感器转换时间；⑩-传感器修正周期

图 4-10　氧传感器信号特征理论波形

对于汽油发动机空燃比控制的灵敏度，可从 OBD 读取⑤、⑥、⑨和⑩的数据进行分析。一般情况下，要求修正周期⑩的值在 1.5s 以内甚至更短。

（2）方法二：使用汽车不解体检测诊断系统或汽车专用示波器，利用其高速的采样性能，采集前氧传感器信号波形（图 4-11）与理论波形进行对比，分析混合气的空燃比状况。该氧传感器对比图 4-10 的参数如下：①=②=450mV，③=300mV，④=650mV。由此可知，最大峰值电压（即⑧）至少应达到 800mV 或更大，最小峰值电压（即⑦）至多达到 200mV 或更小，整体波形的中心（信号平均值）为 450mV，每次修正最大最小值相差 600mV，变化周期小于 1.5s。这些特征表明，该前氧传感器的空燃比修正信号正常，发动机空燃比较为理想。

（3）方法三：使用汽车不解体检测诊断系统或机动车排气分析仪，参考图 4-9，在前氧传感器附近、三元催化转换器之前的排气管路上开一个测量孔，直接测量未经三元催化转换器转换的发动机排气，读取 λ 值信息，得到空燃比状况。测量时，需要注意开孔和采样探头之间的密封，避免出现漏气干扰。

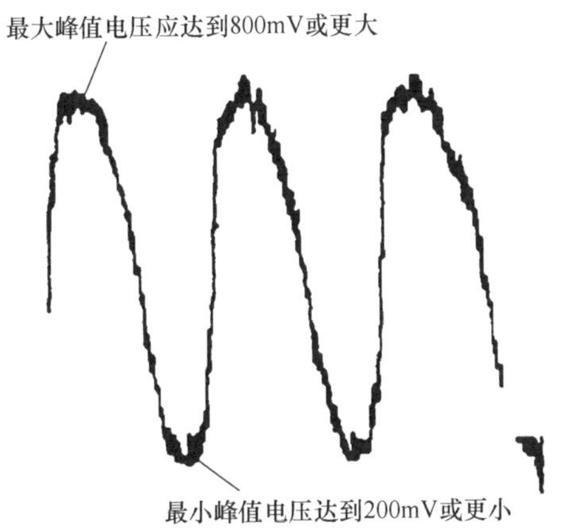

图 4-11　前氧传感器信号波形

这几种方法，各有优缺点。方法一，借助 OBD 数据进行分析，但不同车辆的 OBD 根据装配发动机的特性，提供的诊断数据类型不同，需要十分熟悉 OBD 的各种类型诊断数据，才能进行正确的对比分析。方法二，需要熟练操作汽车不解体检测诊断系统或汽车专用示波器，过滤掉干扰波形。同时对不同的氧传感器参数十分熟悉，掌握波形分析的技巧。方法三，直接获取发动机排气成分，但需要在排气管上开孔，事后需要对开孔的管路进行修复。

在汽车排放污染超标诊断中，要根据超标车辆的实际状况，选择其中一种或多种方法综合分析混合气的空燃比状况。

2）空燃比诊断

对于空燃比控制不理想，也就是混合气 λ 状况不理想的汽油发动机，需要进行故障诊断和修复，使空燃比控制恢复良好状态，再继续对排放污染超标车辆的燃烧状况进行诊断。

对 $\lambda<1$，空燃比控制过浓的排放污染超标车辆，针对混合气中油多（燃料过多）、气少（空气少或含氧量降低）的状况进行分析。

对油多的原因，从烧机油、喷油嘴故障、燃油压力故障、燃油蒸发排放控制异常等方面着手进行诊断。对气少的原因，从空气滤清器脏堵、进气控制异常、废气再循环控制异常等方面着手进行诊断。

对 $\lambda>1$，空燃比控制过稀的排放污染超标车辆，针对混合气中油少（燃料过少）、气多（空气多）的状况进行分析。

对油少的原因，从喷油嘴故障、供油管路堵塞、燃油压力故障等方面着手进行诊断。对气多的原因，从进气控制异常、进气管路、排气管路、真空管路有漏气等方面着手进行诊断。

2. 燃烧状况分析

判断汽油发动机燃烧是否良好，应从汽油发动机排气成分进行分析。混合气空燃比控制良好，经过充分燃烧后，排气中O_2和CO_2的浓度之和，根据理论摩尔质量，一般在14%~16%之间（根据海拔和空气含氧量不同，以及是否为乙醇汽油，有些许差异）。排出的气体中O_2浓度应在1%以下，浓度越低，越趋于0%，说明燃烧状况越好。同时，从燃烧效果来说，CO_2浓度至少要求接近14%，越高越好。分析时，注意排除配置的二次空气喷射系统、废气再循环系统的干扰因素。

对于排放污染物来说，HC和CO单项或两项超标，混合气空燃比控制良好，排气中O_2还剩余较多，CO_2浓度还有提升空间的，从加强燃烧效果着手，对混合气的雾化、汽缸的密闭、点火性能等方面进行分析：

（1）混合气雾化不良，从喷油器喷射雾化性能不佳、进气门和缸内积炭、燃油蒸发排放控制异常等方面进行诊断和修复。

（2）汽缸的密闭，需要检查汽缸压力，必要时修复。

（3）点火性能，从缺火监测、火花塞不良、点火线圈（点火能量、点火时间）等方面进行诊断和修复。

对于NO_x排放超标的，从高温富氧方面着手分析，通过控制混合气空燃比来减少富氧工况的产生。

3. 三元催化转换器

对三元催化转换器的诊断，根据超标车辆的实际状况，可采用下列方法：

（1）使用不解体检测诊断系统或汽车故障电脑诊断仪读取OBD数据。在日趋严格的OBD法规要求下，车辆的OBD必须支持三元催化转换器的监测，从OBD数据中应能获知三元催化转换器的工作状态。

（2）使用红外测温仪，在充分热车后，三元催化转换器达到工作温度，参考图4-5，测量三元催化转换器进气口、载体、排气口的温度。正常情况下，催化剂转换过程中会产生大量热量，载体的温度应在400~800℃之间，进气口温度应该比排气口温度高10%以上。

（3）使用汽车不解体检测诊断系统或排气分析仪，在前氧传感器附近、三元催化转换器之前的排气管路上开一个测量孔，直接测量未经三元催化转换器转换的

发动机排气浓度(称为转换前浓度),再和排气管口的测量浓度(称为转换后浓度)进行对比,HC、CO 和 NO_x 的浓度应降低 50%以上。

四、燃气车排放超标诊断原理和方法

燃气发动机排放检验的排放污染物与汽油发动机是相同的,主要都是气态污染物,区别在其中的碳氢化合物(HC)以碳(C)当量表示时,汽油为 $C_1H_{1.85}$,液化石油气(LPG)为 $C_1H_{2.525}$,天然气(NG)为 C_1H_4。

点燃式发动机过量空气系数 λ 的标准计算公式如下:

$$\lambda = \frac{[CO_2] + \frac{[CO]}{2} + [O_2] + \left\{\left[\frac{H_{CV}}{4} \times \frac{3.5}{3.5 + \frac{[CO]}{[CO_2]}} - \frac{O_{CV}}{2}\right] \times ([CO_2] + [CO])\right\}}{\left(1 + \frac{H_{CV}}{4} - \frac{O_{CV}}{2}\right) \times \{([CO_2] + [CO]) + K_1 \times [HC]\}}$$

式中:[　]——体积分数,以%为单位,仅对 HC 以 $\times 10^{-6}$ 为单位;

H_{CV}——燃料中氢和碳的原子比,根据不同的燃料可选:汽油为 1.7621,液化石油气(LPG)为 2.525,天然气(NG)为 4.0,或根据汽车(发动机)所使用的燃料选定相应常数值(下同);

O_{CV}——燃料中氧和碳的原子比,根据不同的燃料可选:汽油为 0.0176,液化石油气(LPG)为 0,天然气(NG)为 0;

K_1——HC 转换因子,若以 10^{-6} 正己烷(H_6C_{14})作等价表示,此值等于 6×10^{-4}。

从发动机控制原理上,燃气发动机与汽油发动机的工作原理是相同的,区别在于:①混合气中的燃料不同,汽油发动机是喷入雾化的汽油,液化石油气发动机喷入液化石油气,天然气发动机喷入天然气。②空燃比控制不同,燃烧相同质量的燃料,消耗的空气质量不同,但过量空气系数 λ 的反馈控制是相同的,混合气的空燃比控制在合理区域内。区别在于部分燃气发动机的空燃比控制在 λ≈1 的区域,而有的燃气发动机空燃比控制在 λ≈1.1 甚至更稀的区域。对于偏稀燃烧发动机的 NO_x 排放增加问题,需要发动机厂家增加相关的排气控制部分来处理,具体技术参数需要有针对性的诊断和分析。

综上,燃气发动机车辆排放污染超标诊断原理和方法与汽油发动机车辆相同,仅部分诊断数据的参数范围有所区别。

第三节 压燃式发动机排放污染诊断原理和方法

压燃式发动机主要为柴油发动机,根据柴油发动机的特点,柴油车排放超标的诊断,就是对车辆燃烧状况进行分析,结合车辆配置的排放控制部分,诊断出车辆的故障点。通过修复车辆排放控制措施和装置,恢复车辆对排放污染物的控制性能,达到排放污染物限值标准。根据柴油发动机的工作特点,在控制过程中没有太多的信号反馈控制,相对应的诊断原理比汽油车要简单。

一、柴油发动机各系统对排放产生的影响

柴油发动机各系统对排放产生的影响包括发动机部分和排放控制部分两个主要方面。本小节主要介绍柴油发动机各系统在发生一些典型故障时,对排放污染物超标的影响。

(一)发动机部分对排放的影响

1. 发动机机械系统

柴油发动机对排放造成影响的机械故障主要有汽缸压力不足、气门间隙过大、中冷器功能失效等。

(1)汽缸压力不足一般由活塞环严重磨损、柴油发动机配气正时不正确、压缩比偏小(活塞顶间隙太大或气门座圈凹入太深)或气门密封不严等原因引起。由于汽缸压力不足,压缩终了时缸内压缩空气温度不够高,会导致喷油器喷入的柴油燃烧不够充分,排放污染物的颗粒物增多。

(2)气门间隙过大,影响柴油发动机的进气量,造成柴油发动机混合气燃烧不完全,柴油发动机冒黑烟,排放颗粒物超标。

(3)中冷器功能失效,进入汽缸的空气得不到冷却,导致进气温度过高,使柴油发动机的颗粒物、NO_x 排放增多。

2. 进排气系统

柴油发动机进气系统主要由空气滤清器、进气管路、进气歧管等组成,为了提高发动机的汽缸升功率,改善经济性和排放特性,车用柴油发动机大量采用了进气

增压中冷技术,进气系统还配置有进气增压器和中冷器。

(1)空气滤清器。空气滤清器的作用是过滤空气中的灰尘和杂质,为发动机工作提供清洁的空气,防止发动机内部过早磨损,延长发动机寿命。空气滤清器堵塞会导致进气量不足、发动机冒黑烟、排放颗粒物超标。

(2)进气管路漏气会使空气未经空气滤清器过滤,直接进入柴油发动机汽缸参与燃烧,空气中的尘土及机械杂质进入汽缸会造成缸套、活塞及活塞环等零件的早期磨损,致使功率下降、油耗增加、发动机冒黑烟、排放颗粒物超标。对于带进气增压的柴油发动机,还可能造成进气压力不足。

(3)增压器叶轮卡滞、损坏,可导致进气增压压力不足,排气不畅,会引起发动机功率大幅降低,加速时冒黑烟。涡轮增压器损坏还可能导致烧机油、排气冒蓝烟、颗粒物排放超标。

排气对污染物排放的影响主要是排气背压。排气背压过高,可导致发动机起动困难、燃烧效率下降、燃油经济性恶化、功率输出降低、颗粒物排放增加。

3. 燃油供给系统

柴油发动机燃油供给系统与汽油发动机相比,属于高压系统,高压泵和喷油器性能要求高,对柴油清洁度要求高,需要定期维护柴油滤清器。高压泵、喷油器和柴油滤清器这些部件发生故障,可能引起燃油压力不足、喷油正时不对、各缸供油时间不一致、各缸供油量不均匀、喷油嘴雾化不良等现象,导致发动机油耗增大,缸内及喷油器容易产生积炭,缸筒、活塞环加速磨损,造成怠速不稳,加速无力,起动困难,NO_x 和颗粒物排放增多。

(二)排放控制部分对排放的影响

1. 曲轴箱强制通风系统

柴油发动机曲轴箱强制通风系统的作用与汽油发动机曲轴箱强制通风系统相同。

(1)曲轴箱强制通风系统发生阻塞时,曲轴箱压力过高,部分机油窜进燃烧室,出现烧机油现象,造成颗粒物、HC 排放偏高。

(2)PCV 阀后端管路漏气时,空气进入进气管路,对汽车排放污染物的影响参见进排气系统中进气管路漏气部分。

2. 废气再循环系统

柴油发动机废气再循环系统的作用与汽油发动机外废气再循环系统基本相

同。同时在部分柴油发动机上，为降低炭烟排放和燃油消耗率，废气再循环带有中冷装置，可对废气进行冷却。

(1)EGR 阀卡在全开位置，进气中一直混入废气，发动机会有明显的抖动，不能正常运转，PM、CO、HC 排放增加。

(2)EGR 阀关闭不严，怠速时进气中混入废气，会导致怠速抖动，PM、CO、HC 排放增加。

(3)EGR 阀卡在全关位置，废气再循环系统失效，NO_x 排放增加。

(4)中冷器失效，NO_x、PM 排放增加。

3. 柴油机氧化催化器

柴油机氧化催化器(Diesel Oxidation Catalysts，DOC)，可将柴油燃烧后的排放物如 CO、HC 和可溶性有机物(SOF)进行氧化，生成 CO_2 和水。

由于 HC 的点火温度较低，不需要附加昂贵的再生系统，价格比较便宜，催化剂不需要再生，维护简单，所以 DOC 是应用比较广泛的柴油发动机尾气后处理装置。而在更严格的柴油发动机尾气排放法规要求下，DOC 可以和 DPF 组合应用。

在 DOC 失效的情况下，排气中的 HC、CO 和颗粒物得不到有效净化，柴油发动机的污染物排放会增加。

4. 柴油机颗粒捕集器

柴油机颗粒捕集器(Diesel Particulate Filter，DPF)，是安装在柴油发动机排气管路中的颗粒过滤器，它可以在颗粒物进入大气之前将其捕捉。

颗粒捕集器能够减少柴油发动机产生的颗粒物达 90% 以上。当颗粒物的吸附量达到一定程度后，通过主动再生或被动再生控制，将吸附在上面的炭烟微粒去除，变成对人体无害的 CO_2 排出。因此当颗粒捕集器失效时，颗粒物的排放将明显增多。

5. 选择性催化还原

选择性催化还原(Selective Catalytic Reduction，SCR)系统广泛应用于去除柴油发动机排放中的 NO_x，如图 4-12 所示。在设定的工作温度下，SCR 系统的尿素(添蓝)喷射单元向排气管中喷射尿素水溶液，尿素在高温下水解，放出氨气，氨气在 SCR 催化器中与尾气中的 NO_x 发生氧化还原反应，转化成氮气和水，从而达到降低柴油发动机 NO_x 排放的目的。当 SCR 失效时，柴油发动机排放的 NO_x 会显著增加。

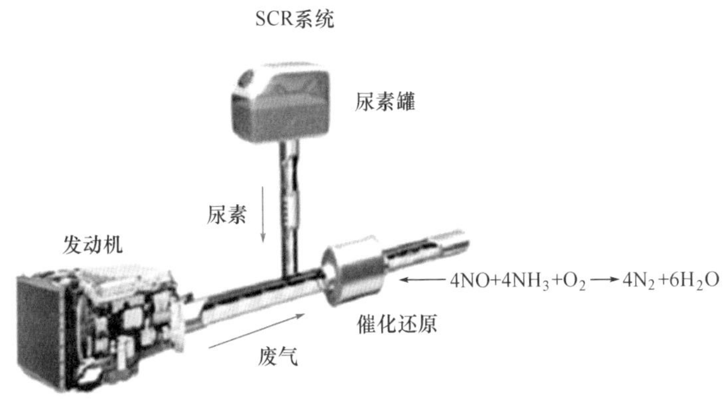

图 4-12　SCR 系统示意图

二、柴油车排放超标诊断原理

柴油发动机在工作过程中生成的颗粒物（Particulate Matter，PM）主要是由炭烟、可溶性有机物以及硫酸盐组成。只有燃烧状况良好，才能尽量控制住颗粒物的产生。通常而言，柴油发动机总是运行在空气过量的情况下，即空燃比多处于过稀状态，λ 一般多数在 1.5~3 之间。而 NO_x 产生的主要因素就是高温富氧条件。综合来说，对于柴油发动机而言，燃烧好，PM 排放减少，温度会上升，NO_x 排放增多；燃烧差，PM 排放增多，温度会降低，NO_x 排放降低。由此，柴油发动机需要通过机内净化控制和机外净化控制这两个环节的配合，来满足排放污染物的排放限值要求。

机内净化技术包含推迟喷油提前角、EGR 系统、进气增压及增压中冷、提升喷油技术、改进燃烧方式、提高燃油品质等。机外净化技术主要是增加排放控制，在排气管路上应用 DOC、DPF、SCR 系统对柴油发动机排出的废气进行后处理，以满足越发严格的排放法规要求。

从国三排放标准开始，柴油发动机普遍采用需要电子控制单元（ECU）控制的燃油喷射系统，能更加精密地控制燃油喷射，喷射时按设定程序以预喷射、主喷射、补偿喷射等步骤进行喷油，从而有效降低初期燃烧速度，抑制燃烧速率，降低 NO_x 生成量。中期加快扩散燃烧速度，减少 PM 排放和提高热效率。后期避免雾化质量变差而导致燃烧不完全和 PM 的增加。同时在发动机排气管路加上 DOC、DPF，进一步减少 PM 的排放量，满足排放限值要求。这类柴油发动机的诊断，应先对发动机燃油控制、汽缸压力、进气控制等进行诊断分析，排除发动机的机内燃烧故障后，再对排气控制部分的后处理装置 DOC 或 DPF 进行诊断。

从国四排放标准开始，柴油发动机排放要求更严格，柴油发动机在机内净化技术上采用了更高的喷油压力、更精密的喷射控制、进气增压及增压中冷、EGR 系统等技术,但已经很难控制 PM 和 NO_x 的排放同时满足限值,因此在应用上先控制其中一种污染物的排放,再有针对性地配置排气后处理装置来控制另一种污染物的排放,分为两个主要路线:

(1)应用 EGR 系统,导入大量惰性气体阻碍燃烧以及增大混合气的比热容,降低燃烧温度,同时对进气的氧含量进行稀释,减少富氧因素。因此,在 NO_x 排放量降低的同时,PM 排放量会增多。增加的 PM 排放通过加强的后处理装置进行处理。后处理装置根据排放控制的要求,多采用 DPF、DOC+DPF 中的一种。

(2)应用高压共轨喷射技术,改善喷射效果,对进气增压及增压中冷,促进燃油与空气混合,大大降低 PM 的排放量,提高发动机的热效率,因此增加的 NO_x 排放通过 SCR 系统在机外进行催化还原。

国四以后排放标准的柴油发动机,都是在已有技术路线上进行的深化,在强化机内净化控制设计的基础上,进一步加强后处理装置的效能来满足排放限值。

在实际应用中,因为各个柴油发动机制造厂家根据国家排放标准限值、生产成本、使用和维修成本、产品寿命等各方面原因,综合使用了多种机内机外净化技术的组合。有的净化技术在部分厂家的国三标准发动机上已经应用,而在另外厂家的国四甚至更晚标准的发动机上才开始应用。因此柴油发动机的诊断,需要针对不同厂家产品的配置进行分析。

柴油车排放超标诊断分为两大环节:预诊断和诊断。

通过预诊断获取排放检验数据和进行车辆目视检查,排除相对明显和简单的车辆故障后,再进入诊断环节,如图 4-13 所示。

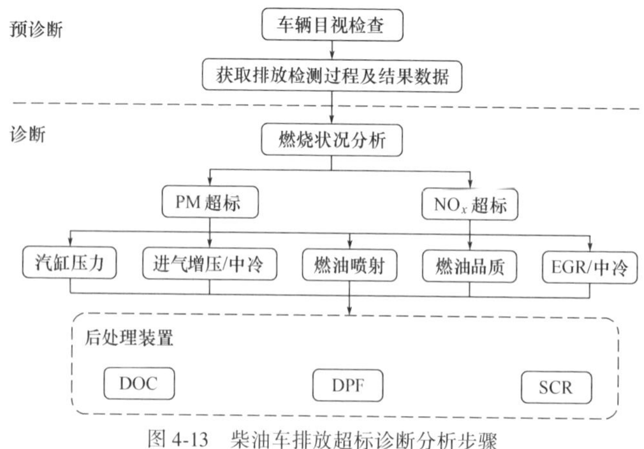

图 4-13　柴油车排放超标诊断分析步骤

柴油车排放超标诊断,首先根据配置的柴油发动机排放标准和后处理装置的类型,有针对性地对其燃烧状况(机内净化控制性能)进行分析,诊断其燃烧状况是否良好。排除机内净化故障点后,再对后处理装置的效能进行诊断,最终达到排放污染超标诊断治理的要求。

三、柴油车排放超标诊断流程和方法

本小节介绍柴油车排放超标诊断的流程和方法。在诊断环节中,基础诊断和智能诊断的区别在于:对多方采集的车辆检测数据,基础诊断由诊断人员人工分析,智能诊断则由云计算分析平台进行分析和大数据案例对比,快速定位故障范围。

(一)预诊断环节

预诊断分为两个步骤:获取汽车排放检验过程及结果数据和对车辆进行目视检查。该诊断的主要作用就是排除相对明显和简单的车辆故障,为下一环节的诊断做好准备工作,提高诊断效率。

1. 获取排放检验数据

M 站可以通过联网,从汽车排放污染维修治理监控系统读取 I 站排放检验过程及结果数据,作为超标车辆入厂时的排放检验数据。

2. 车辆目视检测

对车辆进行目视检查,可以排除相对明显和简单的车辆故障,提高诊断效率。目视检查步骤如下:

(1)检查发动机机油状况,确定机油量是否正常、有无乳化现象,并根据需要更换机油和机油滤清器。如出现机油异常,需要先排除相关故障。

(2)检查空气滤清器状况,确认空气滤芯是否破损、堵塞、脏污,并根据需要更换空气滤芯。

(3)检查发动机进气、排气管路,确认有无老化、破损、脱落、虚接现象,并根据异常状况修复相关管路。

(4)检查发动机相关控制配置。例如:是否配置进气增压器、燃料喷射方式、是否配置二次空气喷射系统、是否配置废气再循环系统、后处理装置类型。这些可为后续分析故障范围提供数据支持。

(5)打开点火开关,检查 OBD,有故障报警的,读取故障报警信息。对存在与排放相关故障的车辆,需要修复车辆故障。

(6)起动发动机,检查加速踏板控制是否灵敏、良好,带进气增压器的发动机,进气增压器是否能正常工作,发动机运转时有无缺缸、烧机油等明显不良工况。对出现发动机异常工况的,需要先进行相应的检修。对排气带有明显浓烟的,为保护压燃式机动车排气分析仪,不允许进行排气检测。

(7)等待发动机运转达到正常工作温度,如果发动机工作温度异常,需要先进行相应的检修。

(二)诊断环节

超标车辆经过预诊断,排除了相对明显和简单的车辆故障后,排放污染物仍然超标的,进入诊断环节,对发动机燃烧状况进行分析,再对后处理装置进行诊断,确定车辆故障。

1. 燃烧状况分析

柴油发动机的燃烧状况,反映其机内净化的性能。压燃式机动车排气分析仪,通过探测排气的不透光率,反馈排气中颗粒物的综合浓度。不透光率越高,说明颗粒物越多,柴油发动机燃烧性能越差。

影响柴油发动机燃烧性能的常见原因有:

(1)汽缸压力。气门漏气或调整不正确、气门和喷油提前角不正确、凸轮轴凸角磨损、汽缸套或活塞磨损等造成汽缸压力异常。

(2)进气控制。进气量少、进气增压异常、进气温度过高(中冷故障)、排气背压过高等造成进气量异常。

(3)燃油喷射。燃油压力不正确、喷油器故障、喷油器未能按净化技术程序进行多段喷油造成混合燃烧不良。

(4)燃油品质。添加了劣质柴油,造成发动机工作不良,排放不合格。

(5)EGR 系统。未按发动机负荷正常调整废气再循环率,废气中冷失效等,造成燃烧效率降低。

NO_x 排放超标,则按柴油发动机的排放特征进行分析。配置 EGR 的,集中分析 EGR 系统是否正常;配置 SCR 的,检测诊断 SCR 系统是否正常。

2. 后处理装置

对于捕集 PM 类型的 DOC、DPF,主要从排气背压进行诊断,发生颗粒物堵塞

后,排气背压会升高,对带有压差传感器的车辆,可以通过压差传感器的数据进行诊断,也可以使用排气背压表测量发动机排气背压。

对于选择性催化还原 NO_x 的 SCR 系统,其带有诊断控制单元(DCU),可以通过读取故障信息和传感器信号进行诊断。例如:废气进口温度传感器是否正常,尿素(添蓝)泵喷嘴是否结晶堵塞等。

第四节　汽车排放污染智慧诊断理论

排放污染物超标诊断是一个复杂的检测诊断过程,发动机排放控制是多系统的集合,各个系统互相控制、相互影响;排放污染物的产生又互相影响,降低其中某些成分的生成,会造成另外成分的增加,需要通过诊断来调整各个系统的工作状态,使发动机排放污染物各项成分达到符合排放标准的一个平衡状态。诊断人员需要接受相关培训来掌握各系统对污染物排放影响的原理和检修方法,但多个污染物排放超标且相互制约时,检修工作就具有相当大的挑战性。而大多数诊断人员在学习上仍习惯停留在对单一污染物超标故障源的理解上,对于复合型超标故障源的诊断分析能力比较欠缺。

如图 4-14 所示,大多数诊断人员仅能针对单一污染物超标情况,逐一使用各种检测设备进行检测,如利用汽车故障电脑诊断仪对超标车辆进行检测,在没有故障码的情况下,需要凭经验对多项检测数据进行分析,精确度低、效率不高。即使学习了排气五气特征分析法,但伴随着汽车排放控制要求的提升,排放检测手段的更新升级,例如工况法排气检测,还需要对排放检验过程数据进行分析,确定超标时间段,再结合发动机特性、排放控制原理,对怀疑的故障点进行相应的检测和诊断。同时,汽车发动机排放控制技术在飞速发展,各个型号的发动机对排放污染物的控制策略和优先级各不相同,单从超标项来分析故障原因是远远不够的。例如某些发动机有一个汽缸点火故障,轻微时会导致燃烧不良、汽缸内温度下降、HC 和 CO 排放超标、NO_x 浓度低;而达到严重失火时,为了不影响其他汽缸的进排气,该汽缸停止喷油,进排气门正常开合,导致 HC 和 CO 浓度稀释后很低,NO_x 浓度又增加。因此,排放超标检测诊断在实际应用中,对诊断人员的能力和经验要求很高。诊断人员需要跟随汽车排放检验技术和发动机排放控制技术的发展和应用,与时俱进,不断地学习和提高检测、诊断、维修治理技术。

CO 超标	HC 超标	NO_x 超标
1.高油压 2.进气堵塞 3.氧传感器故障 4.空气流量传感器故障 5.歧管压力传感器故障 6.喷油器滴漏 7.空气滤芯脏 8.加速阀漏 9.三元催化转换器失效 ……	1.缺火 2.真空泄漏 3.废气再循环常开 4.正时提前 5.汽缸缸压低 6.三元催化转换器失效 7.积炭多 8.冷却系统故障 9.喷油器不良 ……	1.发动机过热 2.废气再循环失效 3.正时提前 4.积炭多 5.低标号汽油 6.冷却液温度传感器故障 7.冷却系统故障 8.三元催化转换器故障 9.氧传感器故障 ……

图 4-14　单一污染物超标的常见故障源

同时,信息化、智能化社会的到来,对汽车排放污染治理提出了新的要求。在对汽车排放污染治理中,需要对全过程的数据信息进行大数据处理和分析,在 I/M 治理体系中,与生态环境部门的数据进行共享和闭环管理,有效地引导超标车辆进行维修和治理,杜绝“假维修”,确保 I/M 制度管理的有效性,才能有效降低超标车辆对环境的污染。

汽车排放超标智能诊断就是为了降低诊断人员的负担,提高诊断的精准度和效率,应用物联网+人工智能的现代计算机技术,将多种检测诊断设备对待治理车辆的检测数据共享到云计算平台,根据汽车排放超标诊断模型,对发动机排放污染物各项成分结合发动机各个系统相互控制、相互影响的关系进行分析和诊断,综合维修治理案例库的大数据分析结果,实现快速、精准地定位排放超标故障源和故障指数,引导诊断人员对超标车辆进行检测诊断,确诊超标故障原因。同时坚持诊断数据与 M 站信息中心自动对接,与生态环境部门的信息中心有效联动,引导超标车辆到真正有治理能力的 M 站进行维修治理,确保 I/M 制度的有效实施。

一、智能诊断原理

随着智能社会加速到来,我国正从数字社会向智能社会演进,以云计算、大数据、物联网(Internet Of Things,IOT)等为核心的信息和通信技术(Information and Communication Technology,ICT)是智能社会的重要基石,“云”成为数字化转型的

必然选择。智能诊断既是检测平台也是诊断平台，是一个综合了物联网应用，具有不解体检测、云技术计算、大数据分析功能的智能诊断平台。

1. 物联网的应用

物联网是新一代信息技术的重要组成部分，也是“信息化”时代的重要发展阶段。顾名思义，物联网就是物物相连的互联网。这有两层含义：其一，物联网的核心和基础仍然是互联网，是在互联网基础上延伸和扩展的网络；其二，物联网用户端延伸和扩展到了任何物品与物品之间，进行信息交换和通信，也就是物物相息。

在汽车排放污染治理中，需要多次使用检测诊断设备和治理设备，对超标车辆进行检测诊断和维修治理。在这个过程中，生成了多项检测诊断数据和维修治理数据。这些数据可以直接应用到整个汽车排放污染治理体系中，为各个方面的大数据挖掘和大数据应用提供最基础的数据支撑。

只有基于物联网技术，才能将汽车排放污染治理中所使用的各种检测诊断设备和治理设备，采集的汽车排放数据、汽车传感器和执行器的数据、波形，通过标准数据接口在网络化的信息平台上进行数据传输和共享。

2. 云计算分析

云计算可在通过物联网实现检测数据和治理数据共享的基础上，实现大数据的共享。基于汽车排放污染超标诊断技术原理和方法，应用 AI 智能技术，以云计算分析平台为依托，基于排气特征数据库、发动机工作特性数据库、排放控制数据库、排放超标诊断原理数据库、排放超标维修治理案例数据库等，运用故障树分析、大数据分析、专家会诊等智能诊断分析推理模型，对排放污染超标故障进行全面的诊断，在有迁移学习能力的维修治理案例库数据的支撑下，可以实现基于故障源的故障指数诊断。云计算分析平台如图 4-15 所示。

云计算分析平台从排放检验数据库中读取超标车辆的排放检验数据，依据排气特征数据库、排放超标诊断原理数据库和排放控制数据库的数据，建立诊断分析模型。结合发动机工作特性数据库，特别是在发动机排放监控系统未报故障码的情况下，对传感器和执行器的检测数据、波形进行分析和诊断。最后匹配维修治理案例库，进行大数据比对，计算出超标车辆的故障源和故障指数。

诊断人员根据智能诊断得出故障源和故障指数，大大简化了对超标车辆的检测诊断工作，缩小了故障范围，可以有针对性地进行故障检测，快速、精准地确诊车辆超标故障，提高诊断效率。

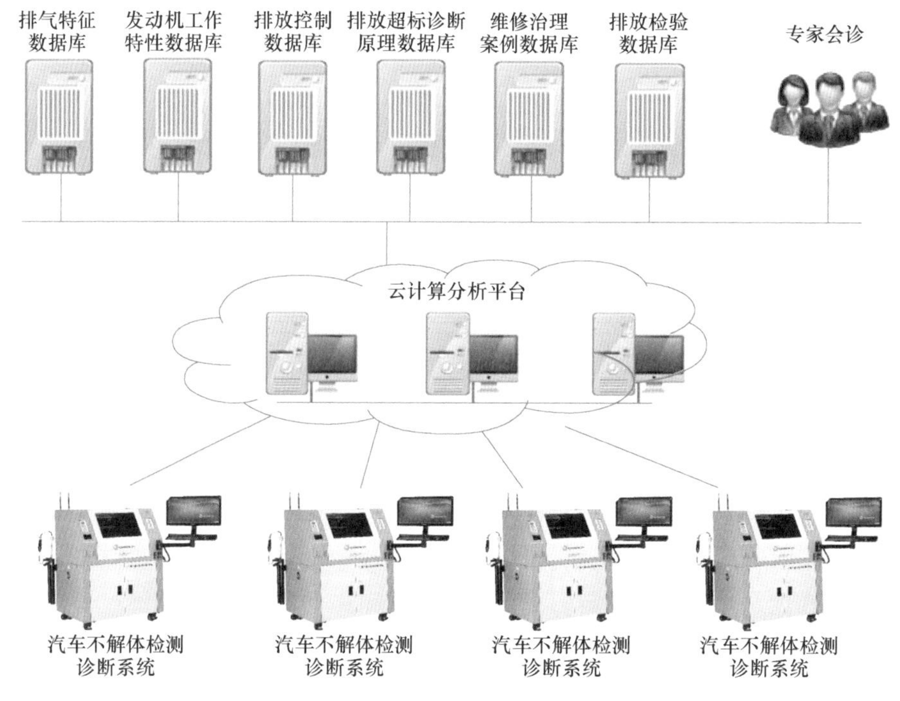

图 4-15　云计算分析平台示意图

3. 专家诊断应用

汽车排放污染超标维修治理是一个专业性很强的领域,它既包括了常规汽车修理的内容,也包括了排放污染控制技术等方面的专业知识。为了满足越来越严格的排放限值要求,单一的排放控制技术已经不能满足需要。各个汽车生产商会采用不同控制技术的组合来实现对污染物排放量的控制。而同一控制技术的应用,因为各家生产商产品的设计不同,装配方式也不尽相同。

专家诊断平台针对不同车型,联合了各地各个品牌的车辆诊断维修专家,对排放超标车辆进行远程会诊,解决特殊超标车辆的"疑难杂症"。在专家诊断的过程数据中,可以为维修治理案例数据库提供特殊案例积累,随着系统的运行,疑难诊断案例的不断完善和补充,可以有效地提高诊断的精准度。

4. 数据监测和统计

排放超标诊断的过程是一个需要信息化、电子化的过程。车辆排放污染物检

验和维修的全部过程数据、照片、专家指导意见等都将在云计算分析平台内记录并保存。云计算分析平台对过程中的异常数据进行监测，同时为维修治理的减排效果统计提供第一手数据支持。以张家港实施 I/M 制度的统计数据为例，治理车辆的进出厂排放污染物的平均浓度对比如图 4-16 所示。

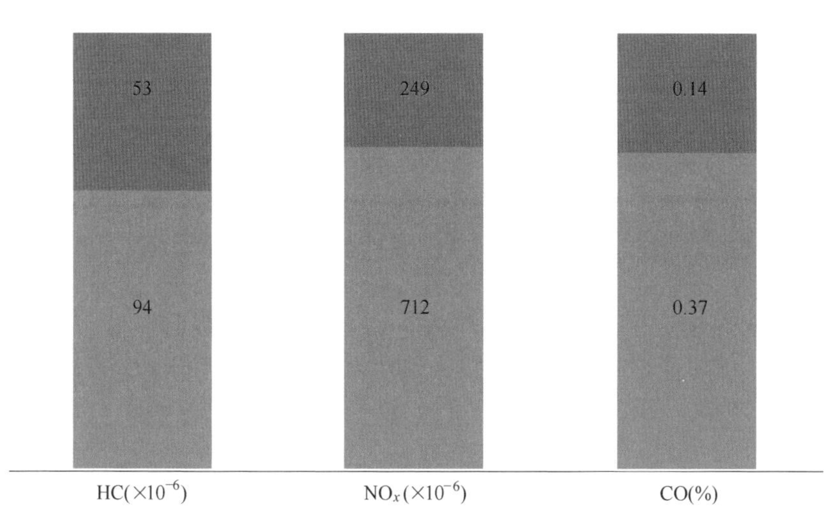

图 4-16　张家港 M 站治理前后对比数据

5. 迁移学习能力

智能诊断具备迁移学习的能力。相同型号的车辆，在排放超标故障源上具有很大的共性，随着系统的运行，维修治理案例数据库的积累，基于案例数据库的大数据分析能力将会日趋提高，云计算分析得出的故障源定位将更加准确。

6. 信息化闭环平台

在我国 I/M 制度实施过程中，M 站作为维修治理企业，是 I/M 制度实施中的重要一环，应与 I 站的信息进行数据共享，引导排放超标车辆到有资质、有实力的 M 站进行维修治理。对维修治理合格的车辆，才允许到 I 站复检直至复检合格，实现 I/M 制度运行的数据信息化闭环。

根据我国生态环境部门现行的法律和规章制度,I 站已经实现专项性的数据信息联网,而 M 站直接对接 I 站数据信息明显是不合适的。这需要行业管理部门统一建立 M 站信息中心,与经过认证的 M 站和生态环境部门进行统一的数据自动对接。M 站的检测诊断和维修治理数据自动对接到 M 站信息中心,通过 M 站信息中心与生态环境部门的环保信息中心互联共享到当地的 I 站,同时 M 站也可以通过 M 站信息中心与生态环境部门的环保信息中心连接,获取 I 站的排放检验数据。以此实现 I/M 制度运行的数据信息化闭环。

二、汽车不解体检测诊断系统

汽车检测诊断系统是 M 站的专用设备,采用平台方式集成了发动机综合分析仪、汽车专用示波器、电流钳、无负载测工仪、真空压力表、点火系统高压探测仪、归零仪、汽油车点火正时、柴油车喷油正时、发动机转速测量仪、五气分析仪、不透光烟度计、汽油车故障电脑诊断仪、柴油车故障电脑诊断仪、OBD 诊断仪等 15 种汽车维修企业常用仪器、仪表和专项设备的功能,可对 6000 多款以上汽油车、柴油车的发动机部分、排放控制部分进行检测。通过应用物联网技术,所有检测诊断数据可以通过预留的标准数据接口,经互联网与各地信息中心进行数据互联和数据共享。此平台在对汽车进行检测和诊断时,不必对汽车进行拆解或仅进行表面拆解,因此又称为“汽车不解体检测诊断系统”。该系统以汽车智能诊断系统为核心。

汽车智能诊断系统以人工神经网络(Artificial Neural Network,ANN)、智能学习和修复系统(Intelligent Learning and Repair System,ILRS)为技术核心,对所有采集和各方共享的检测数据应用 AI 人工智能、云计算分析,提供专业的汽车排放污染维修治理(M 站)大数据分析诊断解决方案,并以物联设备为新制造基础,以互联网产品嵌入式应用及计算机网络技术满足资源共享和信息互传。

汽车不解体检测诊断系统作为互联网诊断创新模式,为 I/M 制度项目技术体系提供了一站式的 M 站建站解决方案。系统的汽车排放超标智能诊断功能实现了车辆无故障码情况下的故障诊断和维修前后的数据分析比对,并生成维修项目建议。图 4-17 为汽车不解体检测诊断系统在张家港 M 站的应用。

汽车不解体检测诊断系统平台分析诊断数据直接连接 M 站信息中心、第三方互联网终端、第三方工况法排放检测系统、第三方配件追溯系统等仪器的标准联网接口,可根据 M 站自身需要提供连接 M 站 ERP、第三方公众服务系统、总部对总部系统的服务。利用汽车检测诊断系统平台可实现互联网、移动互联网终端服务,

量身打造汽车排放污染物超标智能诊断平台，针对汽车排放污染物故障源，把脉“科学检测车辆、智能诊断故障、高效清洁排放”，创新推动汽车维修企业向“汽车排放医院”的连锁经营服务模式转型升级。

图 4-17 汽车不解体检测诊断系统在 M 站的应用

经过与 M 站信息中心预留数据接口，可以实现和生态环境部门信息中心的数据互联和共享，实现 I/M 制度信息闭环管理。

汽车不解体检测诊断系统的汽车排放污染维修治理流程，依据《汽车排放污染维修治理站（M 站）建站技术条件》的要求设计，同时结合了 M 站实际使用便利的要求。

汽车不解体检测诊断系统的汽车尾气智能诊断有针对性地对汽油发动机的三种检测方法（简易稳态测量法、简易瞬态测量法、双怠速测量法）和柴油发动机的两种测量方法（加载减速测量法、自由加速测量法）进行检测诊断，这有别于一般诊断设备因为条件限制，只能基于双怠速和自由加速测量法进行尾气诊断，无法对简易稳态、简易瞬态、加载减速测量法进行诊断。而汽车不解体检测诊断系统的汽车尾气智能诊断通过标准的网络数据接口，可以获取工况法检测设备的检测数据，包含检测过程数据，依托云计算分析平台，建立对应的数据分析模型，有效地进行尾气智能诊断。当车辆未到 I 站检测，先到 M 站进行预检时，可以根据车辆发动机类型，进行汽油车或柴油车尾气智能诊断。

下文以汽车不解体检测诊断系统的排放超标诊断流程为例，介绍汽车不解体检测诊断系统的汽车尾气智能诊断功能。

（1）系统登录。汽车排放污染超标诊断离不开合格的诊断人员，对诊断人员的专业技能要求见下文的介绍。经过相关培训的诊断人员，考核合格后，可获取个人专用 IC 卡，通过 IC 卡登录使用检测诊断系统的汽车尾气智能诊断功能，如图 4-18

所示。在对超标车辆的检测诊断过程中，产生的检测诊断数据，通过互联网标准数据接口，将自动保存到 M 站信息中。

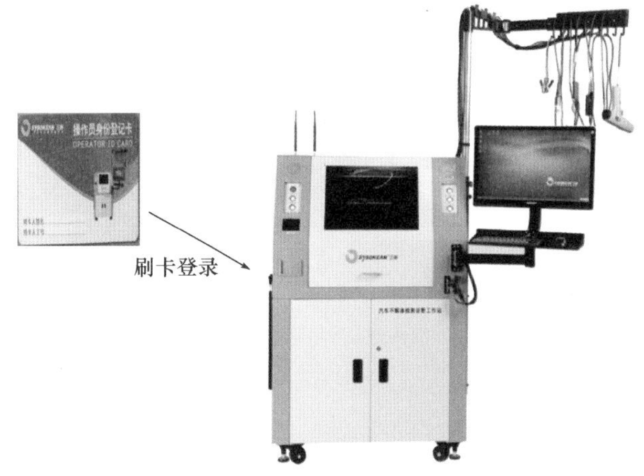

图 4-18　操作员刷卡登录系统

对超标车辆进行信息登记后，可按标准流程对超标车辆进行诊断。诊断的过程包含了基础诊断和智能诊断。尾气诊断系统界面如图 4-19 所示。

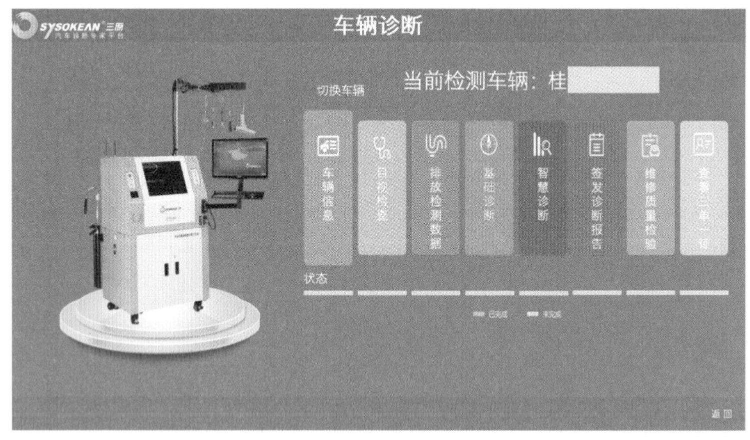

图 4-19　尾气诊断系统界面

(2)从 M 站信息中心获取排放检验过程和结果数据。超标车辆进入 M 站，登记车辆信息后，自动连接 M 站信息中心，从生态环境部门的信息中心读取该车辆在 I 站的排放污染检验过程及结果数据。获取到的数据将为该车排放超标故障诊

断提供诊断数据支持。

如果 M 站系统无法获取 I 站系统过程及结果数据，M 站应在目视检查后，按照当地 I 站规定的测量方法对承修车辆进行汽车排放污染检验，以获取的排放检验数据为该车排放超标故障诊断提供诊断数据支持。

汽车不解体检测诊断系统针对超标车辆进行的尾气排放检验方法，建立了不同的排放数据诊断模型，分为稳态测量法数据诊断、简易瞬态测量法数据诊断、双怠速测量法数据诊断、自由加速测量法数据诊断和加载减速测量法数据诊断。不同尾气排放测量法，对车辆排放超标的判定是不一样的，因为测量方法的不同，对车辆尾气排放控制的要求也不一样，这需要建立不同的数据诊断模型进行分析。

(3) 目视检查。目视检查项目包括查看或询问承修车辆维修记录、检查发动机机油、空气滤清器、进气管路、排气管路、真空管路、仪表板故障警告灯等。目视检查不合格的车辆应先排除故障。目视检查的结果可以通过手机 App 进行记录，如图 4-20 所示。

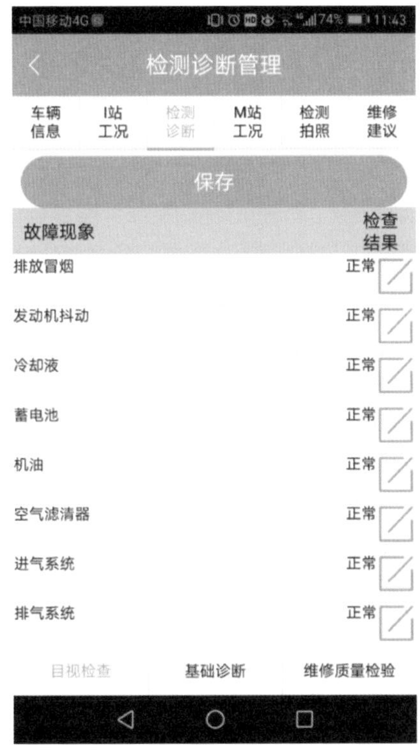

图 4-20　目视检查结果

车辆目视检查内容:

①检查发动机机油状况,确定机油量是否正常、有无乳化现象,并根据需要更换机油和机油滤清器。如出现机油异常,需要先排除相关故障。

②检查空气滤清器状况,确认空气滤芯是否破损、堵塞、脏污,并根据需要清洁或更换空气滤芯。

③检查发动机进气、排气、真空管路,确认有无老化、破损、脱落、虚接现象,并根据异常状况修复相关管路。

④起动发动机,检查节气门控制是否灵敏、良好,带进气增压器的发动机,进气增压器是否能正常工作,发动机运转时有无缺缸、烧机油、抖动等明显不良工况。对出现发动机异常工况的,需要先进行相应的检修。对排气带有明显浓烟的,为保护排气分析仪,不允许进行排气检测。

⑤等待发动机运转达到正常工作温度后,进入闭环控制。如果发动机工作温度异常,需要先进行相应的检修。

车辆目视检查,与我国机动车尾气检测方法中外观检验的要求基本相同,通过目视检查,对不符合I站机动车尾气检测中外观检验要求的车辆,直接排除故障。同时外观检验也是为了在尾气检测中保证车辆的检测操作安全和检测结果的有效。通过目视检查,可以排除大部分因车辆日常维护不佳所导致的尾气排放超标故障。

(4)基础诊断。基础诊断是诊断人员凭借自身实践经验和使用不解体检测诊断设备采集发动机工作参数,人工分析汽车排放污染超标故障范围和故障原因,确定汽车排放污染超标故障的诊断方法。

当诊断人员对同型号车辆的相同故障源进行过多次维修治理,积累了丰富的检测诊断经验,或者超标车辆故障源比较明显和简单时,维修人员可以凭借自身技能,通过基础诊断,定位超标车辆故障。

诊断人员对超标车辆进行诊断,需要检测和采集超标车辆数据作为基础诊断的数据来源,汽车不解体检测诊断系统是M站的专用设备,可为诊断人员提供全面的车辆检测功能,如图4-21所示。

(5)智能诊断。智能诊断是应用汽车不解体检测诊断系统物联网技术、云计算分析,结合检测诊断故障树模型,实现大数据实时动态分析,缩小故障范围,精准、快速查出故障的诊断方法。

智能诊断的主要步骤如下:

①在车辆进M站、读取I站排放检验过程和结果数据、车辆目视检查环节时,

相关数据已经自动发送并共享到云计算分析平台。

a) 实时测量　b) 双怠速测量　c) 自由加速测量　d) 稳态工况测量　e) 瞬态工况测量

f) 加载减速测量　g) 国产车系　h) 亚洲车系　i) 欧洲车系　j) 美洲车系

k) 客车　l) 工程机械　m) 卡车　n) OBDⅡ　o) 点火系统

p) 喷油系统　q) 供电系统　r) 功率平衡　s) 示波器　t) HC残留物检测

u) 泄漏检查　v) 设备调零　w) 气路清洗　x) 低流量检查

图 4-21　汽车不解体检测诊断系统基础检测功能

②使用相应的检测诊断设备，根据智能诊断的提示，连接车载 OBD Ⅱ，读取车辆传感器和执行器的工作参数、测试波形等数据，自动识别超标车辆的排放控制配置。

例如：是否配置进气增压器、是否配置可变进气控制装置（可变进气道、可变气门正时、气门升程控制等）、燃料喷射方式、点火方式、是否配置三元催化转换器和氧传感器、是否配置二次空气喷射系统、是否配置废气再循环系统等。

对于没有配置相应传感器的控制器件,需要辅助进行人工检查,并将结果录入检测记录中。

③云计算分析平台根据汽车排放检验数据、发动机特性数据建立诊断模型,逐一分析车辆传感器和执行器的工作参数、测试波形等数据。在诊断分析过程中,会提示诊断人员使用汽车不解体检测诊断系统的检测设备连接超标车辆,采集相关车辆数据。

采集的超标车辆数据包含但不限于以下方面。

a. 车辆信息:车辆识别代号 VIN、型式检验时的 OBD 要求(如:EOBD,OBD Ⅱ,CN-OBD-6)、车辆累计行驶里程(ODO)。

b. OBD 相关信息:控制单元名称、控制单元标定识别码(CAL ID)、控制单元标定验证码(CVN)。

c. 故障信息:故障代码、MIL 点亮后的行驶里程。

d. OBD 就绪状态描述:故障诊断器描述、就绪状态。

e. IUPR(在用性能跟踪)相关数据:每一项应记录检测项目名称、检测完成次数、符合检测条件次数以及 IUPR 率。

f. 传感器检测数据:节气门绝对开度、计算负荷值、前氧传感器信号、过量空气系数、发动机转速、进气量、进气压力、节气门开度、发动机输出功率、增压压力、耗油量、氮氧化物浓度、尿素喷射量、排气温度、颗粒过滤器压差、EGR 开度、燃油喷射压力。

云计算分析平台采集到车辆检测诊断数据后,综合维修治理案例数据库,对各项数据进行大数据比对和分析,结合车辆维修信息库,快速、精准地定义超标车辆的故障源和故障指数。诊断结果界面如图 4-22 所示。

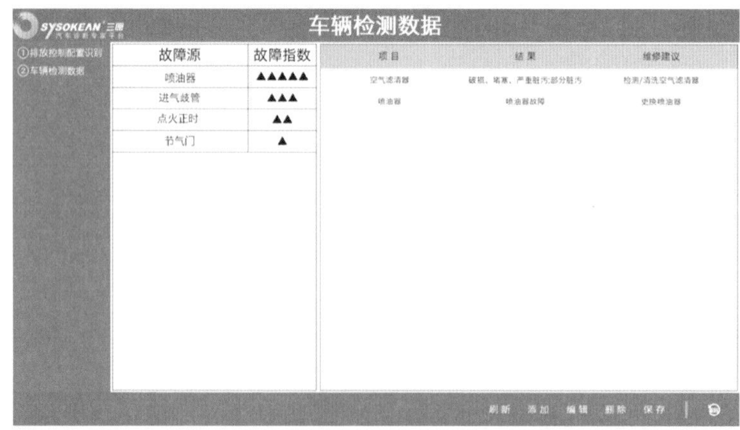

图 4-22　诊断结果界面

④诊断人员依据超标车辆的实际情况，对比故障指数，遵循从简单到复杂的顺序，对超标故障源进行检测。下面列举两个例子进行简单介绍。

a. 以点火性能不良为例，使用发动机综合分析仪功能，测量点火波形进行分析，如图 4-23 所示。

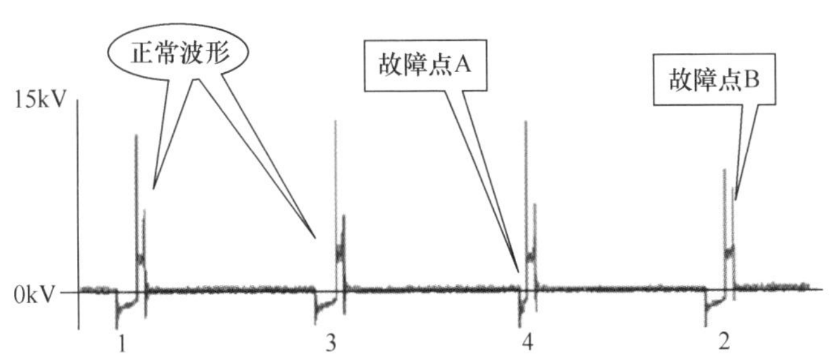

图 4-23　次级点火波形诊断

故障点 A：充电时间过短。故障原因为对应触点磨损过度。

故障点 B：击穿电压过低、燃烧线后期有高出燃烧电压的低高压（相对而言），表明次级点火线圈故障、初级点火线圈故障。

从 4 个汽缸的波形图上可以清晰地看出故障点，准确定位故障原因。

b. 以喷油器性能不良为例，使用发动机综合分析仪功能，测量其中一缸的喷油器波形，如图 4-24 所示。

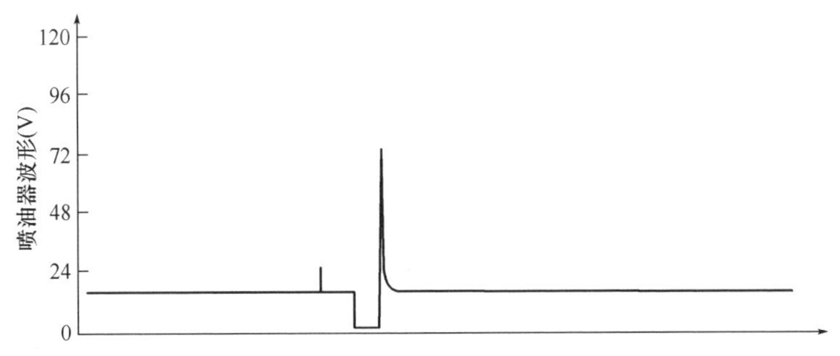

图 4-24　喷油器波形

对于不同类型的喷油器，其标准波形不尽相同，常见喷油器类型的波形参考图 4-25 ~ 图 4-27 进行诊断分析。

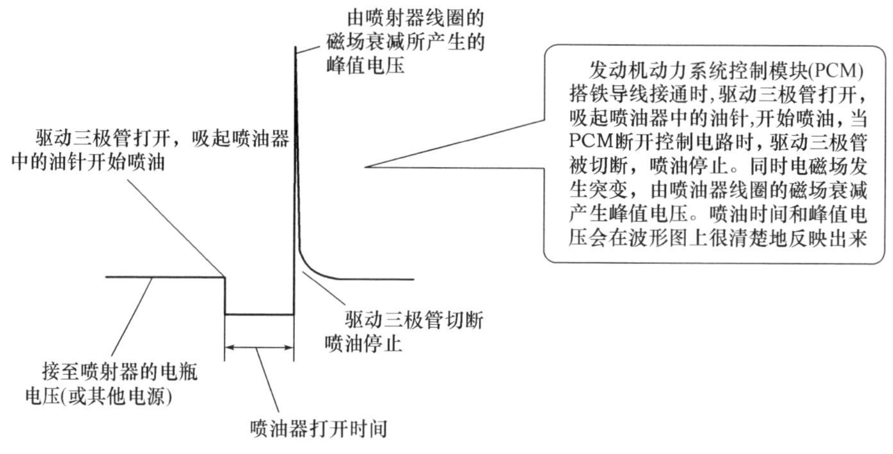

图 4-25　传统喷油器波形

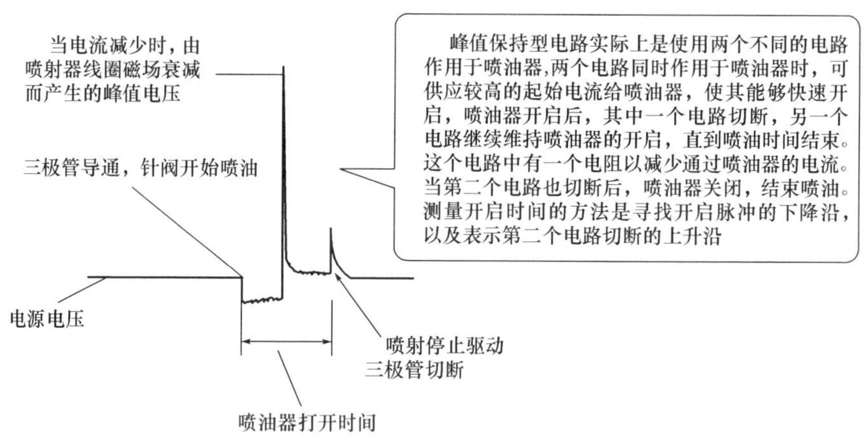

图 4-26　电流控制型(峰值保持型)喷油器波形

对于特殊车辆的“疑难杂症”,还可以通过手机 App 连接专家平台,维修专家可以查看检测诊断的全部数据,为诊断人员提出检测诊断建议。

(6)诊断人员签发诊断报告,提出维修方案。诊断人员结合车辆目视检查、基础诊断、智能诊断的结果,签发诊断报告,结合车辆的实际情况,提出维修治理方案,指导维修人员对车辆进行维修治理。

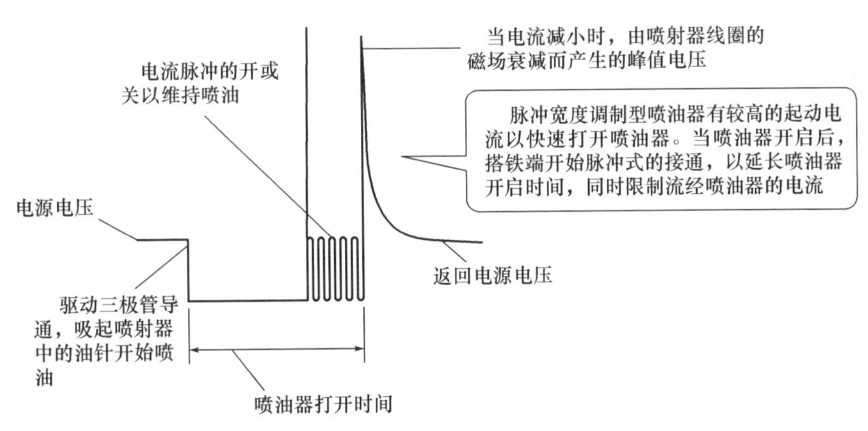

图 4-27　脉冲宽度调制型喷油器波形

(7)车辆维修治理后，进行竣工检验。竣工检验合格的车辆，M 站出具机动车维修竣工出厂电子合格证，维修信息上传至汽车排放污染维修治理信息化系统。系统自动生成记录超标车辆维修全过程的三单一证，如图 4-28 所示。

汽车排放污染维修治理站
维修竣工出厂合格证

No. 25862101183362821

存　根

托　　修　　方
车　辆　号　牌桂
车　　　　　型
发动机型号 / 编号
底 盘（车身）号
维　修　类　别尾气治理
维 修 合 同 编 号
出 厂 里 程表示值

该车按维修合同维修，经检验合格，准予出厂。

质量检验员：（公章）　合格

承 修 单位：（公章）

进厂日期：　　出厂日期：
托修方接车人：　　（签字）
接 车 日 期：

汽车排放污染维修治理站
维修竣工出厂合格证

No. 25862101183362821

车属单位保管

托　　修　　方
车　辆　号　牌桂
车　　　　　型
发动机型号 / 编号
底 盘（车身）号
维　修　类　别尾气治理
维 修 合 同 编 号
出 厂 里 程表示值

该车按维修合同维修，经检验合格，准予出厂。

质量检验员：（公章）

承 修 单位：（公章）

进厂日期：　　出厂日期：
托修方接车人：　　（签字）
接 车 日 期：

汽车排放污染物维修治理站
维修竣工出厂合格证

No. 25862101183362821

质量保证卡

该车按维修合同维修，本厂对维修竣工的汽车实行质量保证，质量保证期限为汽车行驶 10000 公里或者 1 年。在托修单位严格执行走合同规定、合理使用、正常维护的情况下，出现的维修质量问题，凭此卡随竣工出厂合格证，由本厂负责保修，免返修工料费和工时费，在原维修类别期限内修竣交托修方。

返修情况记录：

次数	返修项目	返修日期	修竣日期	送修人	质检员

维 修 发 票 号：
维修竣工出厂日期：

图 4-28　维修竣工出厂合格证

(8)车主凭机动车维修竣工出厂电子合格证到I站进行汽车排放污染检验复检,从而实现I/M制度的信息闭环管理。

三、诊断人员条件

在对汽车排放污染维修治理工作中,相关的诊断人员和维修人员都还是比较缺少的,特别是具有排放超标诊断能力的诊断人员更为稀缺。

汽车排放污染超标智能诊断技术的应用和推广,离不开合格的诊断人员。即使智能诊断对诊断人员的要求相对要低一些,但无论是基础诊断还是智能诊断,最终都需要诊断人员根据汽车污染物排放控制技术的原理对汽车超标故障源进行检测和诊断。而汽车污染物排放控制技术的原理与一般发动机工作原理不尽相同,技术含量高,不了解和掌握汽车污染物排放控制技术的原理,很难对超标车辆进行故障诊断和维修治理。

诊断人员对I/M制度实施的重要性不言而喻,因此,需要提高对诊断人员的认知,提升诊断人员的社会地位和待遇,鼓励更多的维修人员向汽车排放污染维修治理人才发展。

诊断人员应经过汽车排放污染维修治理专项培训并考核合格,符合下列基本要求:

(1)诊断人员应具备汽车维修技能。诊断人员具有汽车维修或相关专业的中职(含)以上学历,或具有汽车维修或相关专业的中级(含)以上专业技术职称,掌握发动机排放控制技术的原理,具备汽车发动机部分和排放控制部分的维修技能。

(2)诊断人员应掌握汽车排放污染物检测诊断技术。诊断人员能熟练使用汽车排放污染检测诊断设备,依照我国在用汽车排放检测标准,对汽车进行排放污染物超标检测,并具有根据汽车排放超标诊断基础原理,使用汽车不解体检测诊断系统开展超标车辆故障诊断的能力。

(3)诊断人员具有指导维修人员正确维修治理的能力。诊断人员掌握汽车排放超标诊断技术,能熟练操作汽车不解体检测诊断系统,对超标车辆进行智能诊断,并能根据诊断结果,指导维修人员对超标车辆进行正确的维修治理。

(4)经过汽车排放污染维修治理专项诊断技术培训。伴随着汽车排放控制要求的提升,汽车技术在飞速发展,诊断人员的检测、诊断、维修治理技术也需要与时俱进。检测人员应定期参加汽车排放污染维修治理专项诊断技术培训,不断地进

行学习和提高。

(5)诊断人员应持有承修车辆相适应的机动车驾驶证。对承修车辆进行排放污染检测、诊断和维修期间,需要对承修车辆进行各种动态试验。诊断人员在测试时,应持有与承修车辆相适应的机动车驾驶证,避免无证驾驶,发生安全事故。

第五节　汽车排放污染超标成因及案例分析

一、汽油车排放超标原因归纳

点燃式发动机中汽油发动机占了绝大多数,本小节主要对汽油车维修治理案例的统计数据进行归纳。以广州一家 M 站 2015 年的 2 个月维修统计为例,维修车辆的故障都是复合式,合计维修项目共 309 项,各维修项目占比如图 4-29 所示。

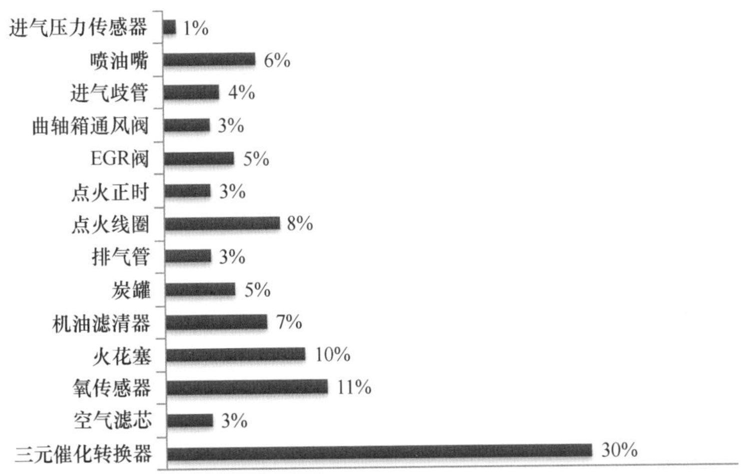

图 4-29　汽油车维修项目统计

（一）HC 超标原因归纳

1. 发动机部分

(1)空燃比控制不良,过浓燃烧不完全,过稀难以燃烧,应对进气系统、燃油供给系统进行排查。

(2)点火系统缺火、点火能量不足、点火时间不准确。

(3)汽缸压力过低。

(4)机油参与燃烧(有烧机油现象)。

(5)燃油蒸发排放控制系统不能正常工作,影响空燃比控制。

2. 排放控制部分

(1)二次空气喷射系统有故障。

(2)三元催化转换器失效或转换效能过低。

（二）CO 超标原因归纳

1. 发动机部分

(1)混合气过浓,燃烧不完全,应对进气系统、燃油供给系统进行排查。

(2)氧传感器反馈信号异常。

2. 排放控制部分

(1)曲轴箱强制通风系统过多窜气参与燃烧或机油受燃油污染。

(2)燃油蒸发排放控制系统不能正常工作,影响空燃比控制。

(3)二次空气喷射系统有故障。

(4)三元催化转换器失效或转换效能过低。

（三）NO_x 超标原因归纳

1. 发动机部分

(1)发动机工作温度过高。

(2)点火正时故障。

(3)混合气过稀。

2. 排放控制部分

(1)废气再循环系统不能正常工作。

(2)三元催化转换器转换效能过低。

二、汽油车排放超标诊断案例

(一)汽油车排气 HC、CO、NO_x 超标案例

1. 故障现象

2010 年生产的某品牌多用途乘用车,1.0L 排量,行驶里程为 7 万多公里,进行 ASM(稳态工况法)检测,3 项指标都不合格。I 站检测结果见表 4-4。

I 站检测结果(1)　　表 4-4

排放污染物	HC($\times 10^{-6}$)		CO(%)		NO($\times 10^{-6}$)	
	ASM5025	ASM2540	ASM5025	ASM2540	ASM5025	ASM2540
测试结果	256	—	4.3	—	1833	—
排放限值	160	150	0.9	1.0	1200	1100
判定结果	不合格		不合格		不合格	
裁决	未通过					

2. 故障诊断

使用汽车不解体检测诊断系统对车辆进行检测,该车没有配置进气增压器、二次空气喷射系统、废气再循环系统,配置了前氧传感器、三元催化转换器。

车辆怠速热车期间,反复踩踏加速踏板,发动机转速响应灵敏,发动机运转没有明显异常。热车充分后,从排气检测数值可知,λ 平均值为 0.96,混合气过浓。结合检测中 NO_x 排放超标,基本可以确定故障为三元催化转换器转换效率低甚至失效,但混合气过浓的故障源还需要进一步诊断。

使用汽车不解体检测诊断系统,对该车进行诊断,得到的诊断结果见表 4-5。

智能诊断结果(1)　　表 4-5

故障分析	故障源	故障指数
混合气浓,燃烧情况差,燃油燃烧不完全,NO_x 超标	前氧传感器	▲▲▲▲▲
	三元催化转换器	▲▲▲▲▲
	喷油器	▲▲▲
	火花塞	▲▲

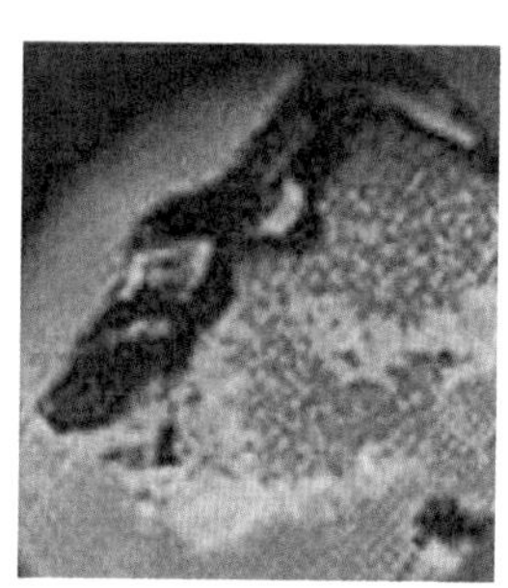

图 4-30　三元催化转换器严重烧蚀

根据由简单到复杂的顺序,先检查前氧传感器。因为前氧传感器的反馈信号直接影响整车的空燃比控制。而当前车辆混合气浓,应先确认前氧传感器状态。使用氧传感器专用套筒将前氧传感器拆下,看到传感器前端附着大量黑色积炭。这符合混合气过浓,燃油未完全燃烧,污染氧传感器的现象。将内窥镜从前氧传感器安装孔伸入,观察三元催化转换器内部载体,看到三元催化转换器内部载体已严重烧蚀,如图 4-30 所示。接着拆下四个火花塞,其中三个火花塞基本良好,只有一个火花塞积炭较为严重。对应汽缸的喷油器可能异常,喷入燃油过多。将喷油器从供油管上拆下,对比发现怀疑的喷油器与其他喷油器虽然外观和型号相同,但喷孔是单孔,与其他三个喷油器的四喷孔不同。该喷油器在喷油时与其他汽缸喷油量不一致。经与车主沟通,得知该车辆曾更换过一个喷油器。由此确认故障点。

3. 故障排除

更换喷油器,更换三元催化转换器,清洗前氧传感器,清洗火花塞,车辆复检合格。

4. 总结

该车之前维修时,更换过一个喷油器。虽然更换的喷油器型号和外观相同,但与原车的喷油器其实并不相同。燃料供给和喷射系统进行喷油控制时,这个喷油器的雾化、喷油量与其他汽缸的不同,喷油量过大,造成该汽缸内燃烧不完全,火花塞积炭比其他汽缸严重。该汽缸多余的混合气排出后,又污染了前氧传感器,使整车的空燃比控制一直保存在浓油状态。同时,在多余的油气长时间烧蚀下,三元催化转换器工作温度过高,内部载体几乎被烧穿,使三元催化转换器效率降低甚至失效。最终结果是车辆排气中的 HC、CO、NO_x 全部超标。而对于此类不带后氧传感器的车型,OBD 没有对三元催化转换器转换效能进行监测的功能,所以 OBD 并没有故障报警。该车辆在排放污染物维修治理中,如果仅简单检查和更换三元催化转换器,没有彻底排除空燃比长期过浓的故障点,行驶一段时间后,三元催化转换器仍然避免不了被烧蚀失效,达不到排放污染物维修治理的目的。

(二)汽油车排气 NO_x 超标案例

1. 故障现象

2009 年生产的某品牌小汽车,1. 6L 排量,行驶里程为 10 万多公里。发动机运

转有抖动现象，车主反映车辆上坡无力。进行 ASM（稳态工况法）检测，NO_x 排放不合格。I 站检测结果见表 4-6。

I 站检测结果（2）　　表 4-6

排放污染物	HC（$\times 10^{-6}$）		CO（%）		NO（$\times 10^{-6}$）	
	ASM5025	ASM2540	ASM5025	ASM2540	ASM5025	ASM2540
测试结果	36	—	0.12	—	1433	—
排放限值	160	150	0.9	1.0	1200	1100
判定结果	合格		合格		不合格	
裁决	未通过					

2. 故障诊断

使用汽车不解体检测诊断系统对车辆进行检测。经确认，该车没有配置进气增压器、二次空气喷射系统、废气再循环系统，配置了前氧传感器、后氧传感器、三元催化转换器。车辆有发动机故障报警。

车辆怠速热车期间，反复踩踏加速踏板，发动机转速响应较为灵敏。热车充分后，存在故障代码 P0350：点火线圈故障。从喷油器正常工作、点火线圈未点火的角度分析，HC 浓度应该高。而从排气数据看，HC 浓度很低，空燃比异常大。故障源与尾气分析结果没有直接关联。

使用汽车不解体检测诊断系统对该车进行智能诊断，得到的诊断结果见表4-7。

智能诊断结果（2）　　表 4-7

故 障 分 析	故　障　源	故 障 指 数
车辆尾气排放检验数据异常	点火线圈	▲▲▲▲▲

根据提示，拆下故障车辆的点火线圈和火花塞，目测火花塞状态良好，测量点火线圈次级绕组的电阻值在 10kΩ 以下，经高压试火检查，发现有一缸火花很弱，无法产生足够的点火能量。由此确认故障点。

3. 故障排除

更换点火线圈，车辆复检合格。

4. 总结

NO_x 排放超标，不能简单地归结于进气/排气管路漏气（富氧）、废气再循环系统故障、三元催化转换器故障。该车超标的原因是:监测到点火线圈故障后,ECU同时切断了对应汽缸的喷油。但为了使该汽缸不影响发动机的运转,对应汽缸在发动机运转时仍有进气和排气。在排气中就多出了这部分没有燃烧的空气,导致排气中测量出的过量空气系数 λ 达到了 1.26。因排气中氧气含量过多,三元催化转换器效能下降,NO_x 排放浓度超标。

(三)汽油车排气 CO 超标案例

1. 故障现象

2004 年生产的某品牌多用途乘用车,2.0L 排量,行驶里程为 20 多万公里。进行 TSI(双怠速法)检测,CO 排放不合格。I 站检测结果见表 4-8。

I 站检测结果(3) 表 4-8

内容	过量空气系数(λ)	低怠速		高怠速	
		CO(%)	HC($\times 10^{-6}$)	CO(%)	HC($\times 10^{-6}$)
测试结果	0.99	1.15	54	0.1	3
限值	0.97~1.03	0.8	150	0.3	100
判定结果	合格	不合格		合格	
裁决	通过/未通过				

2. 故障诊断

使用汽车不解体检测诊断系统对车辆进行检测,该车没有配置进气增压器、二次空气喷射系统,配置了废气再循环系统、前氧传感器、后氧传感器、三元催化转换器。该车为四轮驱动,采用双怠速法检测。

车辆怠速热车期间,反复踩踏加速踏板,发动机转速响应较为灵敏。热车充分后,使用汽车不解体检测诊断系统进行测试。该车在高怠速时,测试结果比较理想,但转换为怠速时,CO 排放超标。一般情况下,怀疑前氧传感器反馈信息不够灵敏。从高怠速降到怠速时,节气门闭合,空燃比会偏大,在前氧传感器反馈下,短时间内应修正回正常状态,达到控制 HC 和 CO 排放的目的。

使用汽车不解体检测诊断系统对该车进行智能诊断,得到的诊断结果见表 4-9。

智能诊断结果(3)　　表 4-9

故障分析	故障源	故障指数
空燃比正常,燃烧情况较差,燃烧后剩余少量燃油	前氧传感器	▲▲▲▲▲
	火花塞	▲▲▲▲
	点火线圈	▲▲▲▲
	废气再循环	▲▲

根据由简单到复杂的顺序,先检查前氧传感器。使用专用套筒将前氧传感器拆下,目测前氧传感器是否正常。使用汽车不解体检测诊断系统读取 OBD 数据,怠速时,前氧传感器数值在 0.2~0.8V/s 之间变化 1~2 次,前氧传感器反馈是正常的。拆下点火线圈和火花塞,目测火花塞状态良好,经高压试火检查,无异常。最后根据智能诊断的提示,拆下 EGR 阀,使用手动真空泵进行检测,发现 EGR 阀体开合异常。

3. 故障排除

更换 EGR 阀,车辆复检合格。

4. 总结

该车故障点比较特殊,对于 CO 排放超标,更多地会让人联想到空燃比反馈、喷油控制、点火燃烧的性能上,不会联想到废气再循环系统,因为废气再循环系统的主要作用是控制 NO_x 的排放。使用汽车不解体检测诊断系统,对 EGR 阀更换前后分别进行一次双怠速检测,对提取检测的 CO 过程值进行对比,结果如图 4-31 和图 4-32 所示。

图 4-31 和图 4-32 中,1~90s 为高怠速工况数据,90s 后为怠速工况数据。当发动机转速从高怠速工况降到怠速工况时,节气门开度减小,空燃比短时间内会偏浓,在前氧传感器反馈控制下,快速修正回到正常状态,达到控制 HC 和 CO 排放的目的。从图中曲线中看到,更换 EGR 阀前后的修正时间相差不大,说明发动机的闭环控制是有效的,但故障 EGR 阀修正期间的 CO 排放量明显高于正常情况。原因是在修正期间,故障 EGR 阀开合异常,导致过量废气进入进气歧管,使进入汽缸的氧气含量降低,因燃烧不完全产生的 CO 浓度远超正常情况。

在汽车排放污染物维修治理中,仅依靠诊断人员凭经验分析,很难分析到这一故障点,只能逐一拆检各个控制系统,排查故障原因。而智能诊断的引入,自动分析对比多项数据,大大简化了这一诊断过程,有效地提高了维修治理效率。

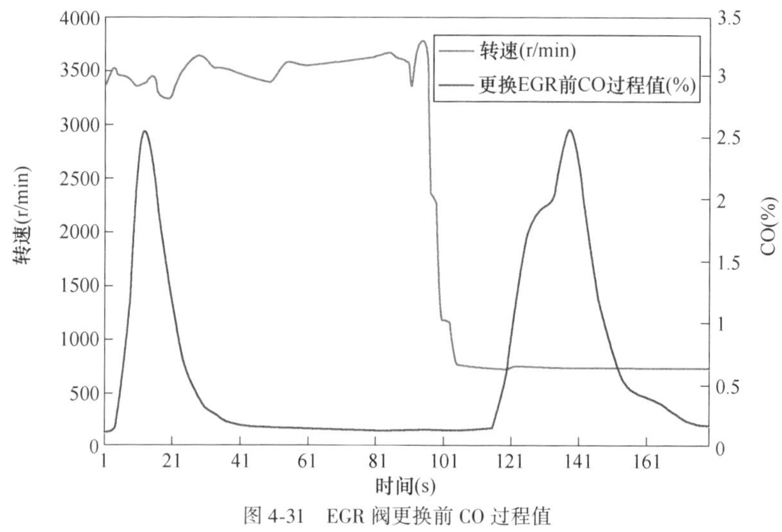

图 4-31 EGR 阀更换前 CO 过程值

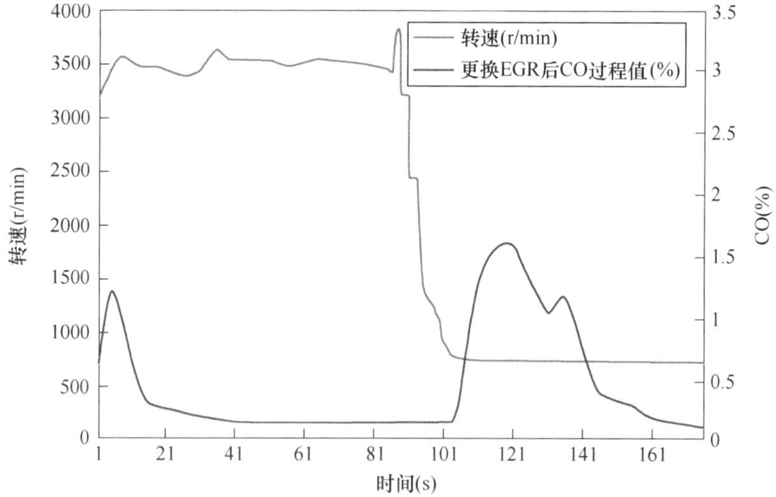

图 4-32 EGR 阀更换后 CO 过程值

（四）汽油车排气 HC、CO 超标案例

1. 故障现象

2012 年生产的某品牌小汽车，1.6L 排量，行驶里程为 12 万多公里。进行

ASM(稳态工况法)检测,HC 和 CO 指标不合格。I 站检测结果见表 4-10。

I 站检测结果(4)　　表 4-10

排放污染物	HC($\times 10^{-6}$)		CO(%)		NO($\times 10^{-6}$)	
	ASM5025	ASM2540	ASM5025	ASM2540	ASM5025	ASM2540
测试结果	172	—	1.0	—	302	—
排放限值	160	150	0.9	1.0	1200	1100
判定结果	不合格		不合格		不合格	
裁决	未通过					

2. 故障诊断

使用汽车不解体检测诊断系统对车辆进行检测,该车没有配置进气增压器、二次空气喷射系统,配置了废气再循环系统、前氧传感器、后氧传感器、三元催化转换器。经过目视检查,发现该车的空气滤清器滤芯严重脏污,机油发黑。询问车主发现该车已经 1 年多没有进行维护。

车辆怠速热车期间,反复踩踏加速踏板,发动机转速响应灵敏,发动机运转没有明显异常。从检测数据看,空燃比控制还是比较理想,HC 和 CO 的排放轻微超标。

使用汽车不解体检测诊断系统对该车进行智能诊断,得到的诊断结果见表 4-11。

智能诊断结果(4)　　表 4-11

故障分析	故障源	故障指数
空燃比正常,燃烧情况较好,燃烧后残余燃油较多	空气滤清器滤芯	▲▲▲▲▲
	节气门	▲▲▲▲
	喷油嘴	▲▲▲
	火花塞	▲▲

根据智能诊断提示,检查发现节气门积炭比较严重。检查喷油嘴和火花塞,外观没有明显异常。结合轻微超标的现象,确定需要清洗节气门积炭。

3. 故障排除

清洗节气门、更换空气滤清器滤芯、更换机油/机油滤清器,车辆复检合格。

4. 总结

该车在日常使用中缺乏维护，空气滤清器滤芯严重脏污，影响了进气效率，同时节气门积炭比较严重，最终干扰了燃烧效率，排气轻微超标。

三、柴油车排放超标原因归纳

压燃式发动机主要是柴油发动机，本小节主要对柴油车维修治理案例的统计数据进行归纳。以广州一家M站2015年的2个月维修统计为例，维修车辆的故障都是复合式，合计维修项目共59项，各维修项目占比如图4-33所示。

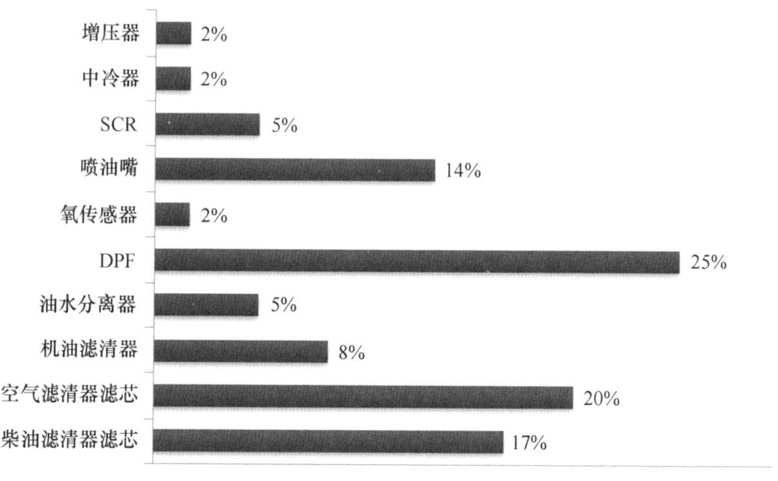

图4-33 柴油车维修项目统计

（一）颗粒物超标原因归纳

1. 发动机部分

(1)进气系统的进气堵塞。

(2)增压器管路泄漏、增压不足。

(3)气门间隙不正确、汽缸压力不足。

(4)燃油供给系统油轨压力异常，喷油器工作不良，喷油正时不良。

2. 排气控制部分

(1)DPF堵塞，背压过高，再生控制不良。

(2)POC 堵塞,背压过高,性能下降。

(二)NO_x 超标原因归纳

(1)废气再循环系统不能正常工作。
(2)SCR 系统故障。

四、柴油车排放超标诊断案例

(一)柴油车颗粒物超标案例 1

1. 故障现象

2012 年生产某品牌多用途乘用车,2.8T 高压共轨国三排放标准柴油发动机,行驶里程为 9 万多公里。发动机抖动较为严重,进行自由加速法检测,I 站检测结果见表 4-12。

I 站检测结果(5) 表 4-12

怠速转速(r/min)	最后三次测量值(m^{-1})			平均值(m^{-1})	限值(m^{-1})	合格判定
	1	2	3			
—	8.09	7.86	7.96	7.97	0.85	不合格

2. 故障诊断

经过目视检查,发现空气滤清器的滤芯已经严重脏污,影响发动机进气,符合车辆进气不足、燃烧恶劣造成冒黑烟的情况,需要更换空气滤清器滤芯。该车存在故障灯报警。使用汽车不解体检测诊断系统对该车进行智能诊断,得到的诊断结果见表 4-13。

智能诊断结果(5) 表 4-13

故障分析	故障源	故障指数
P0201:喷油器 1 故障	喷油器	▲▲▲▲▲

根据故障码的释义,故障是由于 1 缸喷油器或者是 1 缸喷油器线路问题导致。首先测量喷油器接头处是否有 12V 电源及 5V 控制信号,结果正常。再测量喷油器电阻,发现喷油器电阻值为无穷大,正常的喷油器电阻值在 0.2~0.3Ω 之间,说明喷油器内部断路,喷油器损坏。

3. 故障排除

更换1缸喷油器,更换空气滤清器滤芯,车辆复检合格。

4. 总结

国三排放标准的柴油车发动机采用电子控制系统,通过OBD,可以方便快捷地获知车辆故障,进行维修治理。

(二)柴油车颗粒物超标案例2

1. 故障现象

2014年生产的某型载货汽车,国三排放标准发动机,行驶里程为15万多公里。进行自由加速法检测,I站检测结果见表4-14。

I站检测结果(6) 表4-14

怠速转速(r/min)	最后三次测量值(m^{-1})			平均值(m^{-1})	限值(m^{-1})	合格判定
	1	2	3			
—	2.86	4.09	1.96	2.97	1.554	不合格

2. 故障诊断

经过检测,发现空气滤清器的滤芯部分脏污,建议车主更换。车辆发动时,起动不是很顺畅,车辆无故障报警。在进行自由加速时,排出的黑烟状况起伏比较明显。

使用汽车不解体检测诊断系统对该车进行智能诊断,得到的诊断结果见表4-15。

智能诊断结果(6) 表4-15

故障源	故障指数
颗粒捕集器	▲▲▲▲▲

根据提示,应该是DPF堵塞造成排气背压过高。将排气管(DPF)部分拆下,使用清洗设备进行清洗,故障排除。

3. 故障排除

清洗排气管(DPF),更换空气滤清器滤芯,车辆复检合格。

4. 总结

国三排放标准的柴油车发动机,在发动机本身没有故障的情况下,排放控制由后处理装置负责。在 DPF 排气不畅时,会造成排气堵塞,背压偏高,油耗也会升高。

(三)柴油车 NO_x 超标案例

1. 故障现象

2014 年生产的重型柴油车,国四排放标准高压共轨发动机,行驶里程为 30 多万公里。SCR 系统故障报警,加速无力。

2. 故障诊断

通过检测,车辆发动机运转正常。

使用汽车不解体检测诊断系统对该车进行智能诊断,得到的诊断结果见表 4-16。

智能诊断结果(7) 表 4-16

故障源	故障指数
SCR 系统	▲▲▲▲▲

存在 SCR 报警,车辆功率输出受到限制。SCR 故障代码:喷射单元报文超时。根据 SCR 系统的工作原理,喷射单元由计量喷射泵模块进行控制,信号通过 CAN 总线与发动机的 ECU 连接。检测 CAN 总线线路,电阻为 60Ω,无异常。计量喷射泵的 5A、20A 熔断器经检查也正常。最后拆下尿素(添蓝)喷嘴,发现喷嘴已经结晶堵死。

3. 故障排除

更换尿素喷嘴,故障排除。

4. 总结

采用 SCR 系统的国四排放标准柴油发动机,当 SCR 系统故障,特别是尿素喷嘴堵塞,不能正常喷射尿素溶液对 NO_x 进行催化还原,导致车辆的 NO_x 排放不合格。

第五章 汽车排放污染维修技术

汽车由大量的零部件构成，由于车辆使用条件复杂，在使用一段时间后，零部件会老化、磨损或腐蚀而降低性能，从而需要定期调整和更换零部件来保持车辆性能。通过实施定期维护，可确保车辆使用状况良好；避免发生较大的故障，使车辆保持在符合法规的状态下使用，延长车辆使用寿命，使车主可享受既经济又安全的驾车体验。

汽车维修是"维护"和"修理"的统称：汽车维护是指为维持汽车完好技术状况或工作能力而进行的作业；汽车修理是指为恢复汽车完好技术状况（或工作能力）和延长汽车寿命而进行的作业。健康汽车离不开维护，故障汽车离不开修理。

对汽车排放控制系统的维修主要是降低有害物质的排放。同时，也应该遵循"先维护，后修理；无诊断，不修理"的原则。排放控制系统通过监测尾气成分优化空燃比，通过三元催化转换器（TWC）、颗粒捕集器（GPF）、控制燃烧室温度以及把燃油蒸气和曲轴箱废气引入燃烧室等方法，全面减少有害物质的排放量，由系统集成的车载诊断系统（OBD）时刻监测发动机的运行和排放情况。

第一节 维护作业作用及方法

为了确保汽车技术状况良好，安全性能和环保性能达标，国家出台了《汽车维护、检测、诊断技术规范》（GB/T 18344—2016），提出检测与诊断的要求，明确了维护作业项目标准化、流程化、规范化，汽车检测与维护作业项目不丢项、不漏项，确

保维护质量和尾气排放达标，对汽车排放污染物起到预防控制作用。

一、维护作业对排放达标的意义

汽车从投入使用开始，便工作在各种恶劣的条件下。随着车辆的使用时间和行驶里程变长，汽车的大部分零部件会不断磨损、老化或腐蚀而使车辆性能降低，发动机、电气设备以及排放净化装置的工作效率将可能下降或出现不同程度的劣化，排放的有害污染物往往是成倍甚至几十倍地增加。

因此，需要对车辆进行定期维护，通过对零部件进行清洁、紧固、润滑、调整或者采用更换的方法来维持其良好性能。上海交通运输部门对5000辆不同类型车辆维护前后的减排效果进行了长期调研，维护前后数据结果对比见表5-1。

5000辆汽车维护前后排放污染物对比　　表5-1

污染物		客车		载货汽车						乘用汽车	
		大型客车	轻型客车	重型载货汽车	轻型载货汽车	东风载货汽车	解放载货汽车	小型载货汽车	微型载货汽车	桑塔纳汽车	进口小汽车
CO(%)	维护前	3.7	4.5	4.2	3.9	4.2	3.9	3.9	3.2	3.0	4.1
	维护后	2.6	2.3	2.3	1.7	2.6	2.6	2.4	2.2	2.0	2.2
	维护后降低率(%)	29.7	48.9	45.2	56.4	38.1	33.3	38.5	31.2	33.3	46.3
HC($\times10^{-6}$)	维护前	866	833	765	571	1074	988	819	478	493	873
	维护后	671	503	464	375	719	697	558	364	348	547
	维护后降低率(%)	22.5	39.6	39.3	34.2	33.1	29.5	31.9	23.8	29.4	37.3

对5000辆汽车维护前后的排放调查结果表明：维护后各类汽车平均CO排放降低30%以上，HC排放降低约30%。经过维护后，95%的车辆达到排放标准要求。

对汽车技术状况和汽车尾气排放进行检查维护，对于保证车辆安全性能和尾气排放达标具有重大意义：

(1)正常维护利于保护车辆性能，有利于预防性解决排放问题，及时发现、及时解决，减少排放污染物对环境的污染，保持车辆完好的技术状况和工作能力。

(2)有利于减少车辆磨损和维修量，使车辆经常处于良好的技术状况，随时可以出车。在合理使用的条件下，不致因中途损坏而停车，以及因机件事故而影响行车安全。

(3)有利于及时发现并解决轻微故障问题。定期地检查车辆能够及时识别出现的行车故障，避免由此产生的较大维修需要。在行驶过程中，降低燃、润料消耗以及配件和轮胎的磨损，使各部件总成的技术状况尽量保持均衡，以延长汽车大修间隔里程，减少车辆噪声和排放污染物对环境的污染。

做好车辆维护工作有利于保护环境，落实打赢"蓝天保卫战"的要求。车辆维护讲究"七分养，三分修"，即车辆在全寿命使用过程中应做到经常检查、定期维护，有问题早发现、早解决，达到以养代修，乃至终生不大修的目的。

二、维护作业的内容

汽车维护作业分为日常维护、一级维护、二级维护。这些维护常称为常规维护，为了治理或减少排放污染而进行的维护及 I/M 制度体系中要求进行的维护称为重点维护。

（一）常规维护作业内容

(1)日常维护：是指以清洁、补给和安全性能检视为中心内容的维护作业。

常规的日常维护内容主要有：车辆外观及附属设施、发动机、制动系统、车辆轮胎、照明装置、信号指示装置及仪表指示的目视检查。但由于现代的快节奏生活使得车主通常无法自己动手进行日常维护，建议在出车前、行驶中和收车后进行目视检查，及时发现问题，及时解决。

(2)一级维护：除执行日常维护作业外，主要以润滑、紧固为作业中心内容，并检查有关制动、操纵等系统中安全部件的维护作业。

常规的一级维护作业内容有：发动机、转向系统、制动系统、传动系统、车轮、蓄电池、防护装置、全车润滑、整车密封等的检查与维护。这里要说明的是家用小汽车和营运车辆是不能同等对待的，因为这两种车辆的使用强度和行驶里程是不同的，建议家用小汽车按照厂家规定时间和日期维护，营运车辆按照实际情况维护。

(3)二级维护：除执行日常和一级维护作业外，主要以检查、调整制动系统、转向操纵系统、悬架等安全部件，拆检轮胎、进行轮胎换位，检查调整发动机工作状况和汽车排放相关系统等为主的维护作业。

二级维护作业内容也是由维修企业来完成的，具体检查与维护项目包括：发动机总成、进排气歧管、消声器、排气管；转动系统的储气筒、干燥器、制动踏板、驻车制动装置、防抱死制动装置、鼓式制动器、盘式制动器；转向系统的转向器和转向机构、转向盘最大自由转动量；行驶系统的车轮及轮胎、悬架、车桥；传动系统的离合器、变速器和主减速器、传动轴；灯光导线系统的前照灯、线束及导线；车身部分的车架和车身、支撑装置、牵引车与挂车连接装置。常规二级维护主要执行标准是《汽车维护、检测、诊断技术规范》(GB/T 18344—2016)。

（二）二级维护要执行三检制

《汽车维护、检测、诊断技术规范》(GB/T 18344—2016)同时规定：常规二级维护车辆执行进厂检测、过程检验和竣工检验的三检制度。

二级维护前应进行进厂检测，依据进厂检测结果进行故障诊断并确定附加作业项目。二级维护作业过程中发现的维修项目也应作为附加作业项目。

二级维护过程中应进行过程检验。

二级维护作业完成后应进行竣工检验，竣工检验合格的车辆，由维护企业签发维护竣工出厂合格证。

二级维护检测使用的仪器设备，应符合相关国家标准和行业标准的规定，计量器具及设备应经过计量检定或校准合格并在有效期内使用。

1. 二级维护进厂检测

进厂检测包括规定的检测项目以及根据驾驶员反映的车辆技术状况确定的检测项目，二级维护规定的进厂检测项目见表 5-2。检测项目的技术要求应符合国家有关的技术标准和车辆维修资料等相关规定。进厂检测时应记录检测数据或结果，并据此进行车辆故障诊断。

二级维护规定的进厂检测项目　　表 5-2

序号	检测项目	检 测 内 容	技 术 要 求
1	故障诊断	车载诊断系统（OBD）的故障信息	装有车载诊断系统（OBD）的车辆，不应有故障信息
2	行车制动性能	检查行车制动性能	采用台架检验或路试检验，应符合 GB 7258 相关规定
3	排放	排气污染物	汽油车采用双怠速法，应符合 GB 18285 相关规定。柴油车采用自由加速法，应符合 GB 3847 相关规定

2. 二级维护过程检验

二级维护过程中应始终贯穿过程检验，并记录二级维护作业过程或检验结果，维护项目的技术要求应符合技术标准和车辆维修资料等相关技术文件规定。

3. 二级维护竣工检验

二级维护竣工检验项目及技术要求见表5-3，二级维护竣工检验应填写二级维护竣工检验记录单。

二级维护竣工检验项目及技术要求　　表5-3

序号	检验部位	检验项目	技术要求	检验方法
1	整车	清洁	全车外部、车厢内部及各总成外部清洁	检视
2		紧固	各总成外部螺栓、螺母紧固，锁销齐全有效	检查
3		润滑	全车各个润滑部位的润滑装置齐全，润滑良好	检视
4		密封	全车密封良好，无漏油、无漏液和无漏气现象	检视
5		故障诊断	装有车载诊断系统(OBD)的车辆，无故障信息	检测
6		附属设施	后视镜、灭火器、客车安全锤、安全带、刮水器等齐全完好、功能正常	检视
7	发动机及其附件	发动机工作状况	在正常工作温度状态下，发动机起动三次，成功起动次数不少于两次，柴油机三次停机均应有效，发动机低、中、高速运转稳定、无异响	路试或检视
8		发动机装备	齐全有效	检视
9	制动系统	行车制动性能	符合GB 7258规定，道路运输车辆符合GB 18565规定	路试或检测
10		驻车制动性能	符合GB 7258规定	路试或检测
11	转向系统	转向机构	转向机构各部件连接可靠，锁止、限位功能正常，转向时无运动干涉，转向轻便、灵活，转向无卡滞	检视
			转向节臂、转向器摇臂及横直拉杆无变形、裂纹和拼焊现象，球销无裂纹、不松旷，转向器无裂损、无漏油现象	
12		转向盘最大自由转动量	最高设计车速不小于100km/h的车辆，其转向盘最大自由转动量不大于15°，其他车辆不大于25°	检测

续上表

序号	检验部位	检验项目	技术要求	检验方法
13	行驶系统	轮胎	同轴轮胎应为相同的规格和花纹，公路客车(客运班车)、旅游客车、校车和危险品运输车的所有车轮及其他车辆的转向轮不得装用翻新的轮胎。轮胎花纹深度及气压符合规定。轮胎的胎冠、胎壁不得有长度超过25mm或深度足以暴露出帘布层的破裂和割伤以及凸起、异物刺入等影响使用的缺陷	检查、检测
14	行驶系统	转向轮横向侧滑量	符合GB 7258规定，道路运输车辆符合GB 18565规定	检测
15		悬架	空气弹簧无泄漏、外观无损伤。钢板弹簧无断片、缺片、移位和变形，各部件连接可靠，U形螺栓螺母拧紧力矩符合规定	检查
16		减振器	减振器稳固有效，无漏油现象，橡胶垫无松减振器动、变形及分层	检查
17		车桥	无变形、表面无裂痕、密封良好	检视
18	传动系统	离合器	离合器接合平稳，分离彻底，操作轻便，无异响、打滑、抖动和沉重等现象	路试
19		变速器、传动轴、主减速器	变速器操纵轻便、挡位准确，无异响、打滑及乱挡等异常现象，传动轴、主减速器工作无异响	路试
20	牵引连接装置	牵引连接装置	汽车与挂车牵引连接装置连接可靠，锁止、释放机构工作可靠	检查
21	照明、信号指示装置和仪表	前照灯	完好、有效，工作正常，符合GB 7258规定	检视、检测
22		信号指示装置	转向灯、制动灯、示廓灯、危险报警闪光灯、雾灯、喇叭、标志灯及反射器等信号指示装置完好有效，表面清洁	检视
23		仪表	各类仪表工作正常	检视
24	排放	排气污染物	汽油车采用双怠速法，应符合GB 18285规定。柴油车采用自由加速法，应符合GB 3847规定	检测

注：GB 18565已被《机动车安全技术检验项目和方法》(GB 38900—2020)替代。

（三）与排放相关维护作业内容

与排放相关的维护作业即对排放控制系统相关故障进行的维护。与排放相关的故障现象及原因见表5-4。

与排放相关的故障现象及原因　　表5-4

与排放相关的故障现象	故障原因
发动机不能起动	催化转换器完全堵塞
发动机难起动	压缩比偏低，真空泄漏，EGR阀卡在打开位置
怠速不稳定	压缩比偏低，EGR阀卡在打开位置，真空泄漏
怠速偏高	真空泄漏
混合气偏浓，燃油经济性差；催化转换器臭气过多	压缩比偏低，点火有故障，PCV软管或阀受堵
爆燃	混合气偏稀，EGR阀未打开
发动机过载熄火	EGR阀卡在打开位置
在变矩器离合器锁止之后发动机喘振	EGR阀间断打开与关闭
汽缸缺火	压缩比偏低，真空泄漏
发动机功率损失	压缩比偏低，EGR阀不工作，催化转换器或排气堵塞
加速时喘停	EGR阀打开过快

三、维护作业双人作业法

（一）双人作业法的特点

汽车维护作业方法有单人作业法、双人作业法和多人作业法。本小节重点介绍双人作业法的内容。双人作业法以贯彻落实《汽车维护、检测、诊断技术规范》（GB/T 18344—2016）为宗旨，它的特点是：维修操作效率较高，移动路线比较合理，配件的领取时间少，查找工具的时间少，两名维修人员的设置缩短了车主等待的时间，服务流程规范标准，维修检查细致专业，提升了维修人员的水平，降低了车主的维修成本，检查项目周到细致，有专用的服务工具设备，训练有素的服务能力，通过专用的流程开展专项的服务，为车主提供专业、快捷、超值的维修服务，从而体现服务的价值，提高车主满意度。

（二）双人作业法实施内容

双人作业法是由多家整车制造厂（如通用、现代、丰田、本田、奥迪、斯巴鲁等）在长期实践中总结、归纳、提炼出的科学、规范、有效的作业方法，是通过维修人员A和维修人员B分工明确、协调一致、配合默契的操作，快速有效地对车辆进行维护的过程。双人作业法具体内容如图5-1所示，本小节只对现代车系中的维修人员A、B地面操作进行介绍。

（1）维修人员A地面操作。

红1（技术操作A1）：确认全部服务信息，领取所有的配件，引导车辆进入工位，检查车辆前部的灯光情况，检查玻璃清洗液的喷射位置，检查刮水器刮片橡胶条磨损情况。

红2（技术操作A2）：安装废气回收管，检查车辆后部的灯光情况，检查后刮水器情况，报告维修人员B已经准备就绪；协助维修人员B检查后部的灯光，打开行李舱，放置翼子板的保护垫，检查后悬架，取出行李舱的物品，检查备用轮胎，检查随车工具和行李舱照明灯，放回行李舱的物品，关闭行李舱，检查加油口盖的开关功能，协助检查车顶天窗的功能。

红3（技术操作A3）：协助维修人员B检查前部灯光，发出声音指示，检查前悬架，打开发动机舱盖，放置好翼子板保护垫，检查蓄电池，检查发动机冷却液的液位和渗漏情况，检查制动液的液位和渗漏情况，检查前风窗玻璃清洗液的液位和渗漏情况，检查动力转向液的液位和渗漏情况，检查发动机皮带张紧度，取下发动机机油加注盖。

红4（技术操作A4）：设置举升机垫块，操作举升机上升，将车辆升起至轮胎刚好离开地面时停止，确认车辆前部的稳定性，辅助操作举升机上升。

（2）维修人员B地面操作。

蓝1（技术操作B1）：确认全部服务信息，查看轮胎气压，进入车辆驾驶员位置移动车辆进入举升工位，关闭发动机，打开玻璃清洗液喷射开关，检查刮水器性能，降下所有车窗玻璃，打开发动机舱盖、加油口盖、行李舱盖开关，起动发动机，检查仪表各指示灯，检查转向盘，按喇叭通知维修人员A检查后部的灯光；检查后部灯光，同步检查仪表各指示灯情况，检查制动踏板和离合器踏板，检查驻车制动器，检查中央门锁的功能，检查后视镜的功能，检查音响的效果，检查空调的效果，检查点烟器功能，检查内部后视镜的功能，检查前部车顶灯的作用，检查天窗的作用，检查前部灯光同步，检查仪表各指示灯的指示情况，关闭发动机。

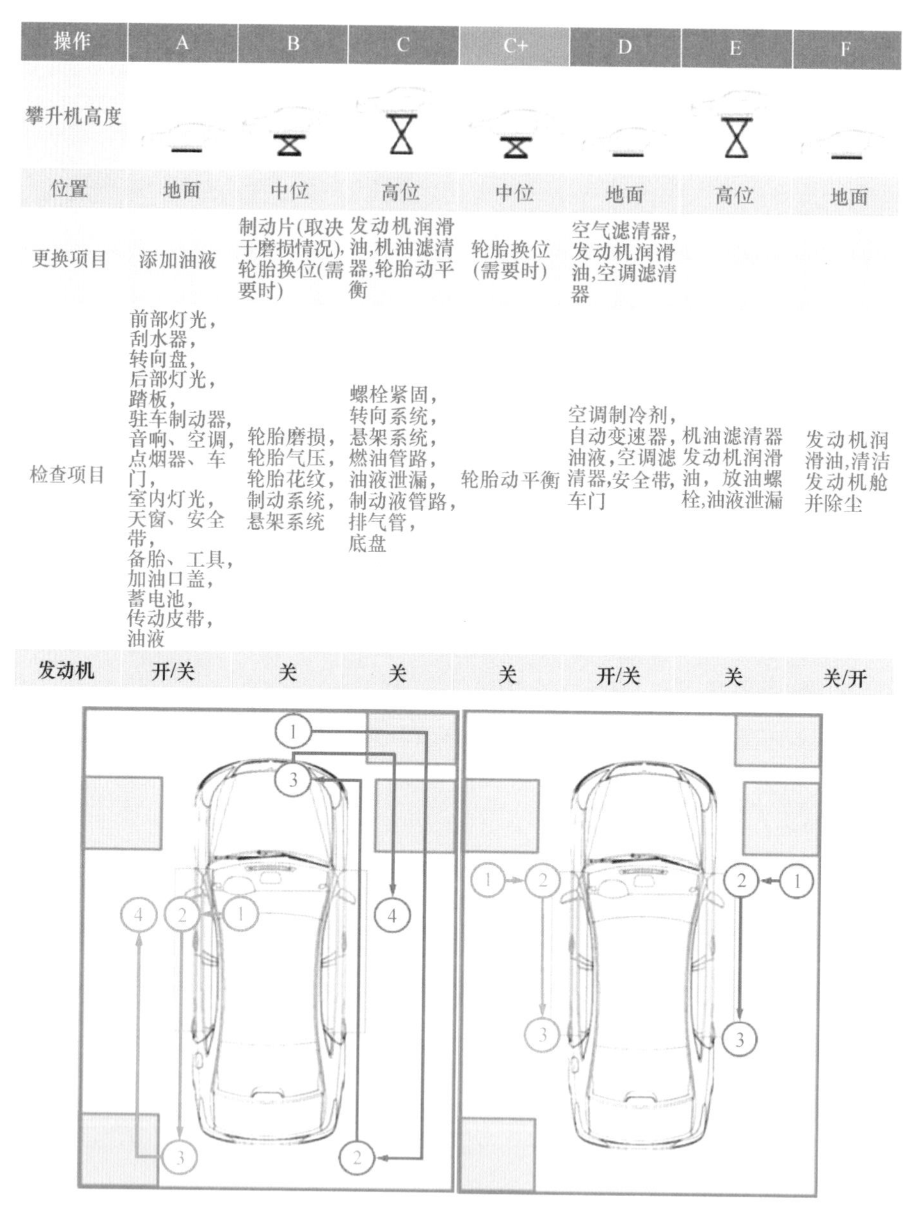

操作	A	B	C	C+	D	E	F
攀升机高度							
位置	地面	中位	高位	中位	地面	高位	地面
更换项目	添加油液	制动片(取决于磨损情况),轮胎换位(需要时)	发动机润滑油,机油滤清器,轮胎动平衡	轮胎换位(需要时)	空气滤清器,发动机润滑油,空调滤清器		
检查项目	前部灯光,刮水器,转向盘,后部灯光,踏板,驻车制动器,音响、空调,点烟器、车门,室内灯光,天窗、安全带,备胎、工具,加油口盖,蓄电池,传动皮带,油液	轮胎磨损,轮胎气压,轮胎花纹,制动系统,悬架系统	螺栓紧固,转向系统,悬架系统,燃油管路,油液泄漏,制动液管路,排气管,底盘	轮胎动平衡	空调制冷剂,自动变速器油液,空调滤清器,安全带,车门	机油滤清器发动机润滑油,放油螺栓,油液泄漏	发动机润滑油,清洁发动机舱并除尘
发动机	开/关	关	关	关	开/关	关	关/开

图5-1　双人作业区域划分图

蓝2(技术操作B2):打开左前门,离开车辆的驾驶员位置,取用听诊设备、手持诊断设备进入车辆的驾驶员位置,关闭点火开关,解除驻车制动,挂空挡,离开车

辆的驾驶员位置。

蓝3(技术操作B3):拆掉废气回收管。

蓝4(技术操作B4):设置举升机垫块,辅助操作举升机上升,确认车辆稳定后,继续操作举升机上升。

以上是对现代车系双人作业法中维修人员A和维修人员B地面操作的介绍,读者有兴趣的话可以学习其他操作方法,本小节不再赘述。

第二节 汽油发动机排放污染维修原理和方法

汽油发动机所产生的有害污染物有三个来源:一是燃油供给系统的蒸发污染;二是由于活塞环漏气和机油蒸气产生的曲轴箱蒸发污染;三是废气排放污染。废气排放量的多少,与发动机机械系统、进排气系统、燃油供给系统、点火系统及排放控制装置的运行状态有关。车辆的定期维护,对发动机的运行状态和废气排放有很大影响。本节主要介绍对影响排放的发动机机械、进排气、燃油、点火系统和排放控制装置及输入输出常见故障的维修,提倡先诊断后维修的科学维修方法,使车辆能够健康安全地正常运行。同时,也能恢复车辆的性能及使用寿命,并达到治理汽车排放污染的目的。

一、发动机机械系统故障影响排放的维修

发动机机械系统故障很多,但不是所有的发动机机械系统故障对排放污染物都会产生影响,最常见的影响排放的发动机典型故障如下,括号内为排放受影响的污染物:发动机温度过高(NO_x)、燃烧室积炭(NO_x)、汽缸盖密封泄漏(HC)、气门/导管密封不严(HC)、活塞/活塞环/汽缸壁泄漏(HC)、汽缸压力偏低(HC)、进气门积炭过多(NO_x)等。本小节分别对这些故障的维修过程进行介绍。

(一)发动机功率降低影响排放的维修

发动机功率不足,功率下降,除上面提到的温度高、积炭、密封性不严、泄漏、高温这些因素以外,还有很多能够导致此问题的原因,在此不一一赘述。本小节只介绍最常见的发动机机械系统故障对排放污染物的影响及维修治理:不解体维修发动机积炭,解体维修气门漏气。可以通过免拆清洗除积炭的方法,以及通过解体测

量气门导管间隙来判断和解决故障。这些积炭和气门漏气故障一旦出现，除影响发动机动力性能、降低功率外，还会导致HC和CO排放量增加，造成环境污染。因此，必须及时维修。

如果气门杆和气门导管之间的间隙超过规范值，可能需要更换气门导管或扩孔。但在更换或扩孔时，必须测量间隙是否符合原厂规定的标准值。常见的测量方法如图5-2所示。

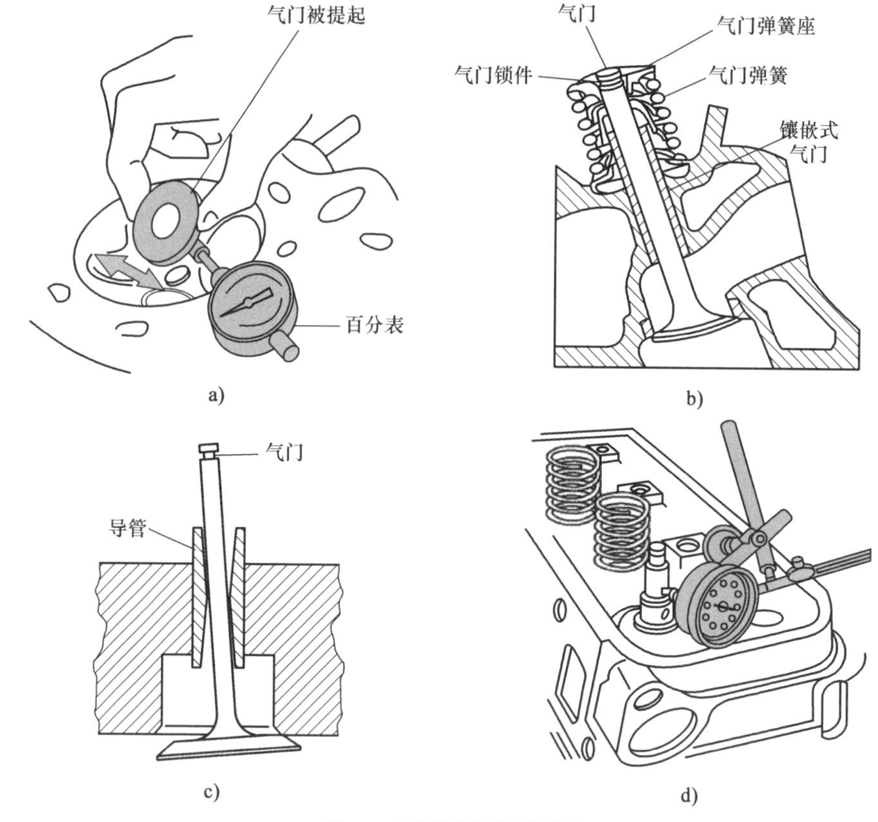

图5-2　气门导管间隙的测量

整车制造厂推荐的气门与导管的间隙如下：进气门为0.025～0.076mm，排气门为0.05～0.10mm，在进行维修时，一定要按技术规范进行检测。

发动机一旦产生积炭，将会对动力性和经济性及环境污染造成严重影响。过多的积炭能够使发动机产生高温、爆燃，同时也会使NO_x的排放量增加，因此，一旦发现发动机燃烧室或气门积炭，必须清除，使发动机能够维持正常工作状态。

首先,可以用内窥镜观察节气门、进气道、汽缸是否有积炭;其次是通过诊断仪查看数据流与原厂节气门开度进行对比,从而查找积炭;第三是通过拆下火花塞,把活塞转到上止点,用一把长螺丝刀轻轻在活塞顶端划一下,也可以判断积炭的多少。

当判断出发动机积炭部位后,剩下的工作就是怎么样来除掉这些积炭了。常见的方法有:免拆清洗(挂吊瓶法),浸泡(泡沫)式清洗,解体物理清除。总之,不管采用哪种方法,能够精准地去除积炭、保证密封性,就能使发动机恢复原来的动力和降低排放污染物。

(二)发动机汽缸压力不足与漏气影响排放的维修

活塞、活塞环及汽缸密封性不好,会直接导致混合气过稀,从而造成 HC、CO 排放增加。另外,还可能引起发动机温度过高,产生爆燃现象,温度过高还将引起排放增加。因此,活塞、活塞环和汽缸密封不好,要立即维修,否则,会影响发动机动力性和造成环境污染。

当发动机出现动力不足、起动困难、加速无力、排放超标等现象时,可以对发动机进行不解体检测。使用的工具就是汽缸压力表和汽缸漏气率表。

通过对缸压进行测试,能够判断出各缸的工作是否一致。同一台发动机各缸最低压力值不得低于平均缸压的 20%,否则,哪个汽缸缸压低了,哪个汽缸就有问题。单个汽缸最低缸压值不得低于 6.9kg/cm^2。

汽缸漏气的测量可以使用汽缸漏气率表(图 5-3)。测量后可对测量结果进行评估:泄漏量低于 10%,良好;泄漏量为 10%~20%,可以接受;泄漏量为 20%~30%,有问题;泄漏量高于 30%,问题严重。

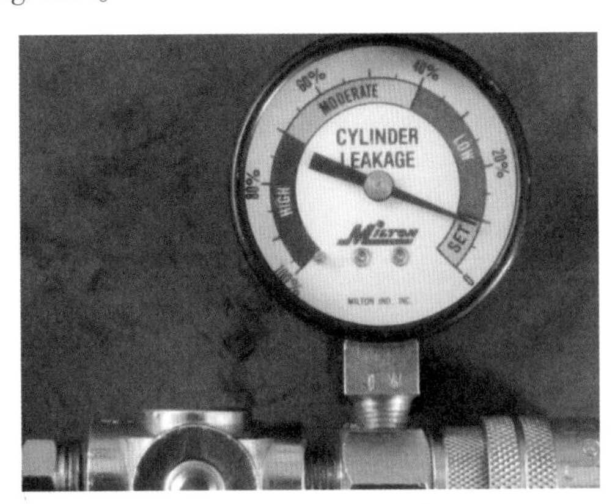

图 5-3　汽缸漏气率表

通过漏气率测试能够查找哪些故障呢?如果能够听见空气从机油加注口漏出,那么是活塞环磨损或者断裂;如果观察到空气是从散热器漏出,可能是汽缸垫破损或缸盖裂纹;如果空气从燃油喷射发动机的进气口漏出,那么是进气门出现了故障;如果听见空气从排气管漏出来,那么是排气门出现了故障。

二、进排气系统故障影响排放的维修

进气系统主要是监测和控制进入发动机燃烧室的进气量。进气控制系统使用传感器测量进气流量、压力和温度以精确控制进气量。有些发动机甚至通过控制进气道的长短和截面积的形状，控制旁通气道的开闭以及进气门的相位或升程等以匹配发动机的不同工况。

排气系统主要是为减少有害气体的排放。排气控制系统通过监测尾气成分，以优化空燃比，通过三元催化转换器、颗粒捕集器、控制燃烧室温度以及把燃油蒸气和曲轴箱废气引入燃烧室等，全面减少有害气体的排放量。同时由集成的车载诊断系统（OBD）时刻监测和诊断发动机的运行和排放情况。

（一）进气真空泄漏影响排放的维修

所谓“真空”，是指在给定的空间内，压强低于一个标准大气压的气体状态。进气歧管的真空度是与大气压力相对而言的，即与大气压力相比，缺少空气的程度即为真空度。发动机在运转过程中，进气歧管内将会产生一定的真空度，而这一真空度的大小、稳定与否将直接反映发动机的总体性能与故障部位。

如果发动机进气系统泄漏，会造成更多的空气不经过检测就进入汽缸中，这会导致混合气过浓或过稀现象。而混合气过浓或过稀又会导致发动机失火甚至不点火，这就使得排放物剧增，HC 排放严重超标；如果进气系统轻微泄漏，造成混合气微稀，这时又会使得 CO 的排放增加，并会引起发动机起动困难，怠速过高或过低。由此看来，真空泄漏对发动机性能和排放都会造成重大危害，一旦发现，应立即维修。

图 5-4　进气歧管真空度测试

真空泄漏检测，可以通过目视检查、声音检查或仪表测量来实现。测量发动机进气歧管真空度时（图 5-4），只要起动机能转动发动机或在发动机不同转速范围内，均可对发动机的真空度进行测量。

一台性能良好的发动机运转时的真空度比较高。国家标准规定的发动机怠速时真空度为 57 ~ 71kPa。真空度大于标准值，说明发动机点火提前，凸轮轴升程大；真空度小于标准值，说

明点火时间过迟,凸轮轴磨损而升程小,真空泄漏。一旦发现真空软管破裂或接头松动,可以直接更换软管或卡箍。

(二)排气背压问题维修

排气背压即所谓的发动机排气受到的阻力。当排气阻力大时,背压升高,造成发动机排气不畅,导致发动机的动力性下降。一般情况下,排气背压值增大将直接导致发动机燃油消耗量增加,致使发动机燃油经济性能恶化。在进行发动机维修时,发动机排气背压过高的常见原因有:发动机不缺油、不缺火,起动困难;加速性能不良,车辆无法高速行驶;加速时空气滤清器“回火”,急加速发动机熄火;用故障诊断仪检测电控系统,一般不会有故障代码,但当读取数据流时,就会发现有多项数据不正确。

有的车辆在低速行驶时会出现行驶无力,降速后重新再提速时这种现象会更加明显,这时,就要检测排气系统背压是否过高。这种现象与加速不畅、发动机提速迟缓、急加速时空气滤清器“回火”及发动机熄火相比较,可能只是排气系统堵塞的程度不同罢了。

正常情况下,排气系统有很低的背压,如果排气系统堵塞,则排气背压显著增加。在检测排气系统背压时,拆下氧传感器后可能会设置故障代码。在完成本诊断操作后,务必清除所有故障代码。使发动机工作到正常温度,接上排气背压表(图5-5),保持发动机转速在2000~2500r/min,观察排气背压表压力值。标准的排气背压值应当是怠速时为8.6kPa(1.25psi),高怠速时为20.7kPa(3psi)。当测量值超过标准值时,说明说三元催化转换器或排气系统堵塞。

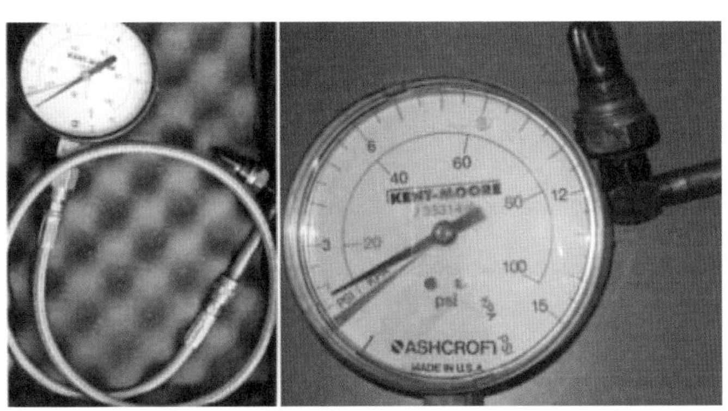

图5-5　排气背压表

三、燃油供给系统故障影响排放的维修

燃油供给系统的主要作用是给发动机工作提供燃料。系统负责把燃油送到燃油管道,经过压力调节后提供给喷油器,最后由发动机控制模块(ECM)控制喷油器定时地将燃油喷射到发动机进气道或燃烧室内。目前,燃油供给系统包括缸内喷射和缸外喷射两种类型。

汽油发动机燃油泵出现故障,将导致发动机性能下降,动力不足,CO 排放值超标,当混合气过浓/过稀时,HC 的排放也会超标,严重时会导致发动机熄火或无法起动车辆。

(一)燃油泵故障的维修

燃油供给系统维修时首先进行燃油箱外观变形检查、通气孔检查、加油口盖检查、线束插头检查、加油管检查等。常见故障原因是胶质堆积形成绝缘层、电动机损坏、机械磨损等。一经检查出燃油泵出现这些故障,则需要更换燃油泵总成。除此之外,还要进行以下检测。

1. 燃油泵压力测试

燃油供给系统压力测试内容有:供油压力、调节压力、最大压力、供油量、系统残压、油密封测试。

2. 燃油泵电阻电流测试

燃油泵线圈电阻值正常为 0.1~5Ω;燃油泵耗用的电流一般为 5A 左右,最大输出阻力时,应为 7A 以下。

(二)喷油器故障的维修

1. 喷油器电阻的测量

单点式喷油器的电阻值为 0.8~1.8Ω,多点式喷油器的电阻值为 12~17Ω,缸内直喷式喷油器的电阻值为 1~3Ω。

2. 喷油器的维修方法

当冷起动不稳,怠速抖动,加速性不良,高怠速在 2500r/min,HC 排放值太高时,故障维修方法为:正确清洗喷油嘴,进行燃油供给系统残余压力测试、冷喷嘴测试、喷油器平衡测试。

3. 喷油器电气检测维修

用万用表或示波器及试灯测试是否有12V电压，如果电压是12V，表示正常。否则应检测蓄电池电压电路是否存在短路，用示波器或LED测试灯检测喷油器信号线是否正常。如果不正常，检测线路和电脑是否有故障。

四、点火系统故障影响排放的维修

点火系统故障维修主要是对点火信号、火花塞、二次波形、基本点火正时、爆震传感器进行检测。点火系统的功能就是把汽车的低压电转变成高压电，并按照发动机点火顺序适时地引入火花塞上，产生电火花，点燃混合气，使发动机正常工作。点火系统出现故障，会使发动机点火困难或不点火、车辆行驶喘振、HC排放超标等。

（一）发动机缺火/点火能量低影响排放的维修

点火系统的主要作用是点燃发动机燃烧室内的混合气使其完全燃烧。点火系统监测曲轴和凸轮轴的转角、发动机温度、爆燃等各项参数，精确控制火花塞的点火提前角，确保发动机顺利起动并工作在最佳状态。

点火系统对发动机的排放性能有重要影响。点火时刻决定了点火脉冲传到火花塞，点燃可燃混合气的精确时刻。通过在燃烧前对点火时刻进行尽可能精确的控制，可以阻止有害的污染物产生，甚至可能不需要进行排放后处理控制。不恰当的点火时刻可能影响三种污染物的排放浓度。一方面，点火过早可能导致燃烧不完全，使CO排放增加，未燃烧燃油同样导致HC排放的增加。同时由于燃烧温度高，导致NO_x排放量大增。另一方面，如果点火过晚，同样由于燃烧不完全，将导致CO排放增加，未燃烧燃油同样也导致HC排放增加。

发动机缺火（失火）/点火能量低的维修方法：万用表测量电阻的方法，试灯测试法，示波器法。

（二）产生爆燃现象影响排放的维修

驾驶一辆发动机有爆燃问题的汽车行驶过长的里程，可能会造成活塞、活塞环和汽缸壁的损坏。如果爆震传感器不给ECM提供发动机爆燃的信号，特别是在加速的情况下，发动机就会发生爆燃。

当爆震传感器提供过量的点火延迟，燃油经济性和发动机性能就会下降。维修爆震传感器的第一步就是检查系统中的导线及其连接情况,查看导线连接是否松动、端子是否腐蚀和损坏。打开点火开关,确定爆震传感器有12V电压。按照要求修理或更换导线、端子和熔断丝。利用诊断仪检查系统是否有故障码,如果有故障码,分析产生这些故障码的原因。

五、曲轴箱强制通风系统故障影响排放的维修

曲轴箱强制通风(PCV)系统用于在燃烧过程中耗尽曲轴箱蒸气,而不是经通风孔将其排入大气。来自节气门体的新鲜空气进入曲轴箱,与汽油混合,然后通过一个正压曲轴箱强制通风阀进入进气歧管。初级控制通过正压曲轴箱强制通风阀进行,曲轴箱强制通风阀根据进口真空度计量流量。为保持怠速质量,当进口真空度较高时,曲轴箱强制通风阀限制流量。如果出现异常操作条件,系统设计允许过量汽油通过曲轴箱通风孔回流进入节气门体,经正常燃烧而消耗。

通风堵塞会导致发动机异响及机油消耗过高,而气管漏气会导致燃油混合气过稀,使发动机失火或点不着火,造成HC排放超标。

(一)曲轴箱强制通风系统的目视检查维修

如果软管漏气脱落或者出现裂缝,含有大量HC的有害气体就会排放到大气之中。因此,对漏气软管的安装状态以及软管的龟裂和损伤情况进行检查是曲轴箱强制通风系统维修的第一步。一旦检查发现存在软管安装不正确、损坏和破裂现象,就要立即对其进行更换。目视检查热怠速时是否机油尺或加机油口处存在“下排气”现象,一旦发现存在这种现象,说明汽缸、活塞、缸壁磨损,应该到4S店或修理厂拆解汽缸盖和活塞,并对其进行检查,确定维修方案。检查机油是否沉积脏污、颜色浑浊或稀释,如果出现上述任何一种或多种情况,更换机油及机油滤清器。再次检查如果现象依旧,需要进一步查明原因;如果正常,继续使用。

(二)机油进入空气滤清器的维修

如果空气滤清器很脏,灰尘会阻碍气流进入进气歧管,造成空气供给不足,发动机总是工作在较低的空燃比情况下,将导致机油消耗量增加,影响排放,污染环境,使发动机的动力性和经济性下降。

如果车辆经常持续工作在非常脏或极其恶劣的道路条件下,空气滤清器就需要更加频繁地更换。空气滤清器损坏会导致汽缸壁、活塞、活塞环等加剧磨损。空

气滤清器的维修主要是更换或用压缩空气吹洗，当检查发现空气滤清器轻微脏污时，应该用压缩空气逆着气流方向吹洗，当检查发现空气滤清器很脏时就要进行更换。

六、废气再循环系统故障影响排放的维修

废气再循环（EGR）系统由 EGR 阀、控制机构、连接管路及连接通道组成。EGR 系统是非常重要的，其一旦发生故障，直接影响发动机性能和导致 NO_x 排放超标。

因为 NO_x 产生于高温燃烧，最有效的解决措施是使发动机在足够低的温度下进行燃烧，以防止氮原子和氧原子发生反应。稀混合气能减少 HC 和 CO 排放，但却会使 NO_x 排放增加。

（一）废气再循环系统部件的维修

EGR 系统主要通过将燃烧室温度降低到 1300℃以下来控制 NO_x 排放，但是，如果 EGR 卡在开启的位置上，就会引起发动机的密集缺火现象，甚至有时会熄火，因此还会增加 HC 的排放量。

废气再循环电磁阀位置传感器的检测维修：很多废气再循环电磁阀都有一根 5V 参考电压线、电源线和搭铁线（图 5-6）。维修时可以通过测量 5V 参考电线和搭铁线之间的电压信号进行检测。将点火开关放在 ON 位置上，电压信号应该在 0.8V 左右，将一个手动真空泵连接到 EGR 阀的真空接头上，使真空度慢慢从 0 增加到 76kPa，在真空度为 76kPa 时，废气再循环电磁阀传感器电压信号应当慢慢接近 4.5V。如果废气再循环电磁阀传感器达不到上述电压，则需要更换传感器。

（二）废气再循环电磁阀造成发动机排放超标工作不稳的维修

一辆汽车发动机冷起动后熄火，减速后怠速熄火，巡航行驶时喘振，怠速不稳，NO_x 排放超标。这个问题属于发动机严重故障，采用以下方法排除该故障：

用诊断仪查看有无故障记忆，经检查有关于 EGR 电磁阀打开的故障码。这个信息可能说明上述的熄火、喘振、怠速不稳等发动机工作不稳定的情况都与 EGR 电磁阀工作不正常有关。故障症状表明 EGR 电磁阀使再循环的废气量过多。如果废气再循环量过小，发动机将产生爆燃，发动机过热以及排放超标。确认 EGR

电磁阀真空系统是否正常,使用真空泵检查膜片,测试前要先确认 EGR 管路内没有积炭堵塞。经用真空泵测试无法建立压力,证明 EGR 电磁阀膜片泄漏,更换后试车,以上发动机性能和排放现象都恢复正常。

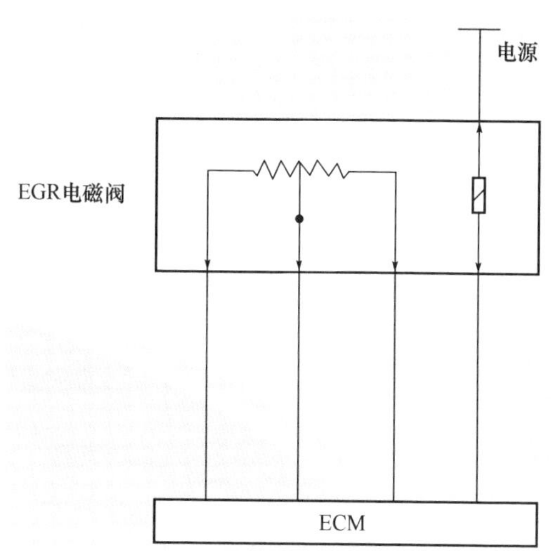

图 5-6　废气再循环电磁阀线路图

七、燃油蒸发排放控制系统故障影响排放的维修

燃油蒸发排放污染是由于燃油蒸气直接释放到大气中产生的污染。车辆在加油、驻车、发动机运行过程中都会产生燃油蒸发污染。如果在车内或车周围出现汽油气味,应该检查燃油蒸发排放控制(EVAP)系统是否损坏或软管断裂,并检查燃油供给系统是否出现泄漏现象。汽油泄漏或蒸气溢出可能导致火灾或爆炸,造成环境污染、人员伤害或财产损失。因此,燃油泄漏和蒸气逸出的故障应该立即维修。

(一)燃油蒸发排放控制系统的维修

EVAP 系统泄漏或失效,会导致汽油蒸气挥发到大气中,这些蒸气中含有 HC。在怠速或车速很低时,如果 EVAP 系统让蒸气挥发,发动机会产生毒素,工作不稳定。由于压缩压力偏低和进气真空泄漏会引起怠速不稳,因此应该检查这些项目。

维修 EVAP 系统，首先要检查软管是否泄漏、堵塞和连接松动。一旦发现有上述现象，应重新安装或更换软管。其次要检查 EVAP 系统的电气连接是否松动、腐蚀、绝缘磨损，如果出现这些现象应该打磨插头并涂导电胶或更换线束及插头。也可以使用诊断仪的特殊功能对电磁阀做功来检查其功能是否失效，如果发现电磁阀损坏，应该对其进行更换。

（二）燃油蒸发排放控制系统元件的维修

可以用万用表测量电磁铁绕组，来判断电磁阀的好坏。拆下油箱压力控制阀，在该阀的右相侧，用嘴尽力向该阀吹气。在吹气压力打开该阀之前，感觉到气流有些阻力。将手动真空泵连接到该阀的真空接头上，向该阀作用 34kPa 力，然后通过油箱用力向该阀吹气，在这种条件下应该对气流没有阻力。如果油箱压力控制阀工作不正常，则应更换该阀。

如果加油口盖上有一个压力阀与真空阀，应检查这两个阀是否有灰尘污染和损坏。可在清洁剂中清洗该盖。如果有卡滞现象或损坏，应更换该盖。如果活性炭罐有一个可以更换的过滤器，应检查过滤器是否有灰尘污染，视情况更换过滤器。

八、二次空气喷射系统故障影响排放的维修

最早控制 HC 和 CO 排放的后处理装置是二次空气喷射（AIR）系统，它使用发动机驱动的空气泵将环境空气强制喷入排气气流中。额外喷入的氧气使未燃燃料在排气管中继续燃烧，这个过程既可以氧化未燃 HC，也可以加热催化转换器，提高催化转换器的效率，提高了将 HC 和 CO 转化成无害的二氧化碳和水的反应效率。

（一）二次空气喷射系统的检测维修

在检查维修二次空气喷射系统时，首先应该检查系统上的真空软管和电路连接。许多 AIR 系统的气泵在带轮的后面有一个离心式滤清器，滤清器将灰尘留在气泵的外面。带轮与滤清器分别用螺栓连接在泵轴上，可以分解检修它们。如果带轮或滤清器出现弯曲、磨损及损坏，应对其进行更换。一般不建议检修泵轮。

使用诊断仪进行维修的方法：使用诊断仪检查 AIR 系统是否存在故障信息，如果出现一个或多个故障码，一定要按每个故障码的内容提示来进行维修。

（二）二次空气喷射系统元件的维修

起动发动机时，有经验的维修人员常会听一听短时间内是否有空气从旁通阀排出。如果没有发现空气排出，那么就从旁通阀上拆下真空软管，再起动发动机。若这时能够从旁通阀排出空气，应当检查分流电磁铁（阀）和连接导线。如果旁通阀仍无法排出空气，应检查从气泵到电磁铁（阀）的空气输送情况。若有空气被输送出，则需要更换旁通阀。

发动机温度升高过程中，应将从分流阀到排气口的软管拆下，并检查是否有来自这个软管的气流。如果软管有气流出现，说明系统在该模式下工作正常。若该软管没有空气流动现象，应当从分流阀上拆下分流软管，并将真空表连接到该软管上。如果软管真空度高于42kPa，就要更换分流阀。若真空度指示为0，应当检查至分流电磁铁的真空软管、旁通电磁铁（阀）和连接导线是否正常。

九、三元催化转换器故障影响排放的维修

三元催化转换器控制HC、CO和NO_x排放，如果催化转换器发生故障，能引起这三种有害污染物排放的增加。因此必须对其所有子系统的排放控制性能进行检查，并使它们处于良好的工作状态，以便催化转换器高效地工作。如果发动机缺火，催化转换器就不能将HC降低到可以接受的水平。EGR系统必须降低NO_x在燃烧室内的形成量，这样催化转换器才能将NO_x排放量控制在足以通过检查的水平。

（一）三元催化转换器功能失效的维修

三元催化转换器的作用是将刚从发动机产生的高温排气进行氧化或者还原以达到净化效果。由于三元催化转换器及其周围的温度非常高，因此用隔热板进行覆盖。同时，三元催化转换器安装于排气歧管与消声器之间，如果安装不牢固的话，不但会导致气体发生泄漏，还会因为振动而产生噪声并缩短三元催化转换器的寿命。因此，要十分注意高温，应以三元催化转换器的安装状态、排气的泄漏情况、隔热板的使用及安装是否松弛等情况为中心进行检查。

1. 排气泄漏的检测维修

较小的泄漏会使周围氧气进入排气系统中，可能导致维修人员误认为工作情况良好的三元催化转换器泄漏。检测时用厚厚的棉丝或抹布堵住排气尾管（注意

烫伤手)，查看是否有气体从三元催化转换器泄漏出去，如果有，应对其维修或更换。

2. 轻敲法检测维修

用橡胶锤轻轻地敲击三元催化转换器，如发出"哗啦、哗啦"的声音，三元催化转换器就需要更换。

3. 排气背压测试法检测维修

怠速时排气背压的标准读数应当小于 8.6kPa，高怠速读数不可超过 20.7kPa。如果超过标准值，需要更换三元催化转换器。

4. 真空表测试法检测维修

如果排气系统出现堵塞现象，发动机突然急加速时，真空表的指针会不能迅速归零。指示位置越高，堵塞得越严重。

5. 温度测试法检测维修

工作正常的三元催化转换器，出口温度应该比进口温度至少高 10%。如进口温度为 450℃，那么出口温度至少要达到 495℃才是正常的。

6. 内窥镜检测

拆掉前氧传感器，用内窥镜检测三元催化转换器内部是否破碎和堵塞，一旦发现异常，应清洗或更换。

7. 诊断仪检测

使用诊断仪查看三元催化转换器数据流，以及通过观察前后氧传感器的信号分析三元催化转换器的储氧能力。氧传感器的信号可以用来监测三元催化转换器的工作情况。如果这两个氧传感器信号相同，说明三元催化转换器工作不正常，仪表板上的故障指示灯(MIL)将会点亮。

8. 三元催化转换器效率测试

测试之前，充分预热三元催化转换器。将完全分析仪的探头插入排气管中，断开点火开关，然后盘动发动机 9s。同时，踩踏加速踏板，观察尾气分析仪上的读数。当 CO_2 的读数超过 11%，停止盘动，说明三元催化转换器完好。如果在发动机盘动过程中 HC 读数超过 1500×10^{-6}，则停止盘车，说明三元催化转换器没有工作。注意：这项测试不能连续重复做两次以上，在两次测试之间必须起动一次发动机。

如果发现三元催化转换器已经损坏,就要进行更换。

9. 氧存储量测试

完好的三元催化转换器可以存储氧气。测试时,如果装备了二次空气喷射系统,必须取消此功能。利用尾气分析仪,在三元催化转换器预热后,保持发动机以2000r/min 左右的转速运转,观察尾气分析仪的读数。氧气的读数应该为 0.5%~1%,这表明三元催化转换器正在消耗氧气。注意:一旦 CO 读数开始下降,应立即读取 O_2读数。如果三元催化转换器未通过这项测试,表明三元催化转换器工作不良或根本不工作。

10. 非原厂配件检测

非原厂配件与原厂的三元催化转换器性能不同,可能导致动力系统控制模块(PCM)判断错误,并设置诊断故障码。

(二)氧传感器的维修

1. 普通加热型氧传感器

普通加热型氧传感器具有 4 条导线。内部加热元件电源线,当打开点火开关时,就会有 12V 左右电压。加热元件搭铁,发动机控制模块就向加热型氧传感器的加热器控制电路提供脉宽调制的搭铁电压,来控制传感器的预热速度。这样,将减小传感器在特定条件下因加热过快而导致损坏的风险。当传感器达到规定的工作温度时,发动机控制模块就将监视并且继续使传感器保持这个温度,同时将其发送给发动机控制模块的传感器信号。

当燃油供给系统在闭环模式中正确工作时,氧传感器电压输出每秒变化数倍,在 100~900mV 之间波动,在 450~500mV 处出现由浓到稀的跃变。普通加热型氧传感器的维修方法包括电阻法、电压法、波形法、诊断仪法。

2. 宽带平面式加热型氧传感器

宽带平面式加热型氧传感器具有 6 条导线。内部加热元件电源线,只要点火开关接通,就会持续施加 12V 电压。加热元件搭铁,发动机控制模块向加热型氧传感器加热器控制电路提供脉宽调制的搭铁电压,以此控制传感器的预热速度。这将减小传感器在特定条件下(如极度寒冷温度下)因加热过快而导致损坏的风险。当传感器达到所需的工作温度时,发动机控制模块将监视并继续保持传感器温度、输出电压、传感器搭铁、调整电流、加压电流。

3. 宽带氧传感器的检测维修

各车系宽带氧传感器不同,应该按照原厂维修手册规定的方法进行维修;或者用专用诊断仪查看故障码,根据故障码含义进行检测维修;或者查看数据流分析故障的数据,解决故障问题。

十、输入/输出传感器故障影响排放的维修

(一)与排放相关的主要输入传感器维修

OBD-Ⅱ要求动力系统控制模块(PCM,PCM=ECM+TCM)监测汽车的排放系统和传感器。主要监测输入传感器的电路和数值,其中包括合理性测试。与排放系统监测相关的主要传感器包括发动机冷却液温度(ECT)传感器、进气歧管绝对压力(MAP)传感器、节气门位置(TPS)传感器、空气流量(MAF)传感器。本小节主要介绍这四个传感器的维修。

1. 发动机冷却液温度传感器维修

ECT传感器位于发动机汽缸体冷却水套中。是一个监测发动机冷却液温度的负温度系数(NTC)热敏电阻。温度在-40℃~120℃之间时传感器信号输出电压,在温度100℃时,传感器的读数为0.46V。

2. 进气歧管绝对压力传感器维修

MAP传感器监测进气歧管绝对压力。MAP传感器信号仅被PCM用来进行OBD-Ⅱ诊断。MAP传感器靠来自计算机的5V电压工作,并根据使用在其上的压力,向计算机返回一个电压(或频率)信号。在进行MAP测试时,要确保与发动机相连的真空管和接头连接良好。

3. 节气门位置传感器维修

TPS传感器安装在节气门体上,是一个监测节气门位置的不可调整的三线电位计。TPS传感器读数从节气门关闭时的0.5V到节气门全开的4.5V,PCM将节气门在开度80%和以上判读为节气门打开度(WOT),在80%的节气门开度时,TPS传感器的信号电压为3.7V。

4. 空气流量传感器维修

MAF传感器监测进入进气歧管的空气流量。MAF传感器的读数从点火时的

0. 2V(0g/s)到发动机最大流量时的0. 8V(175g/s)。在海平面、无负荷怠速(850r/min左右)运转时,MAF传感器的读数为0. 7V(2. 0g/s)。不同品牌不同车型的具体数据可能不同,要以整车制造厂的维修手册和维修信息为准,来维修MAF故障。

(二)与排放相关的主要输出执行器的维修

所有的点火线圈、喷油器、电磁阀和继电器均由蓄电池通过点火开关供给稳定的蓄电池正极电压。PCM对它们的搭铁进行控制。本小节只介绍汽车上的三大执行器:点火线圈、喷油器和怠速电动机(怠速空气控制阀)。

1. 点火线圈

安装在火花塞上的点火线圈(单缸独立点火)逐缸产生高压电,使每个汽缸产生电火花。点火正时和闭合角由PCM直接控制,没有采用单独的点火控制模块。点火线圈的初级绕组电阻规格为(1±0. 5)Ω,次级线圈的电阻规格为(10±2)kΩ。点火线圈的检测维修主要是用万用表测试点火线圈的阻值及电压,用示波器检测次级波形,包括火花线、中间部分和闭合角部分。

2. 喷油器

喷油器是用于将燃油输送到每个汽缸进气歧管处的一种电动机械装置。各个喷油器分别通电,凸轮轴转一圈,各个喷油器各通电一次。每个喷油器的通电时间都定在它所在汽缸的进气行程。喷油器线圈电阻的规格为(12±4)Ω,这种类型称为“饱和开关型”;缸内直喷式喷油器也称为“峰值保持型”喷油器,该喷油器驱动电路适用于低阻值喷油器,通常电阻为1~3Ω。ECM内部有DC/DC变压器将12V电压转换成65V,在开启瞬间ECM通过65V电压来驱动喷油器,随后,喷油器将利用12V脉冲电压来维持开启的状态。

3. 怠速电动机(怠速空气控制阀)

怠速空气控制(IAC)阀是一个步进电动机。在节气门关闭、发动机怠速期间,IAC阀对绕过节气门的空气量进行调节,从而控制发动机的怠速转速。数值0%表示PCM发出了完全关闭怠速空气气道的指令,数值100%表示PCM发出了完全打开怠速空气气道的指令(最大怠速转速补偿)。

十一、OBD-Ⅱ与排放法规

OBD主要用于监测车辆的排放状况以及能够对发动机进行标准化诊断。因

为有了OBD，车主才能及时监测自己车辆的状况，保证车辆运行的安全性与环保性。

1. OBD简介

OBD是On-Board Diagnostics（车载诊断系统）的英文缩写。自1996年起，相关法律要求汽车生产商所生产的汽车应满足OBD-Ⅱ的标准，并制定了一系列旨在减少汽车排放的法规。OBD-Ⅱ对车辆进行自诊断，以检测可能导致排放超标的状况。

OBD-Ⅱ设置了用于诊断、维修和其他维护相关的标准。部分国家对此制定了较为严格的法规，例如，汽车生产商要获得在美国市场上的汽车销售资质，则车辆必须通过联邦测试程序（FTP），此程序（FTP）规定了车辆允许的最高排放标准。

OBD-Ⅱ的标准如下：OBD-Ⅱ控制模块用于监控和诊断车辆的排放系统；车辆能够通过自诊断来检测可能导致排放超标的状况；车辆应满足标准的诊断、维修和其他维护相关的要求；满足联邦测试程序（FTP）的要求；若系统/元件出现故障或损坏，则故障指示灯（MIL）将会点亮，同时允许车辆的排放水平上升到联邦测试程序标准值的1.5倍。

汽油发动机OBD-Ⅱ的配置及功能包括：加热型氧传感器、线性废气再循环（EGR）系统、燃油修正、输入与输出的电气元件、三元催化转换器（效率监测功能）、发动机缺火监测、燃油蒸发系统（泄漏检测功能）、二次空气喷射系统。

柴油发动机OBD-Ⅱ的配置及功能包括：废气再循环系统、发动机缺火监测、针对系统元件的全方位监测。

OBD-Ⅱ的特点是：

（1）将各车种车型的诊断座形状统一为16针脚，如图5-7所示，各针脚功能见表5-5。

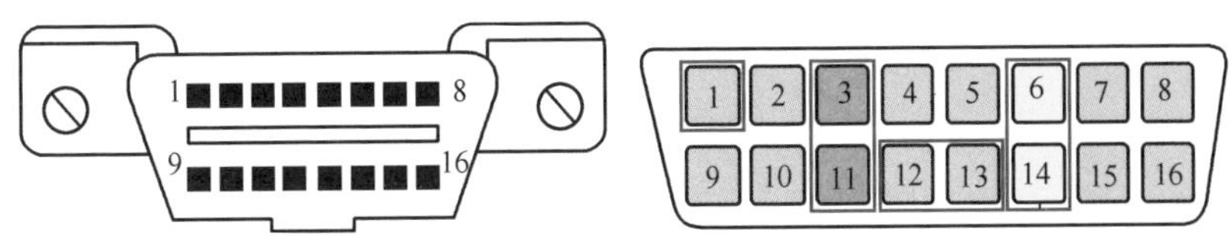

图5-7 OBD-Ⅱ诊断接口（插座）

（2）具有数据流分析功能和资料传输功能。

（3）统一各品牌车型，要求有相同的故障代码及意义。

（4）具有行驶记录仪功能。

（5）具有冻结数据帧功能和记忆故障码功能。

（6）具有可由仪器直接清除故障码和作动功能。

（7）具有对三元催化转换器、氧传感器、燃油供给系统、失火、EGR 等的工作情况进行监测的功能。

标准 16 针脚诊断座（插头）各脚功能　　表 5-5

针脚号	功　能	针脚号	功　能
1 号	提供制造厂应用	9 号	提供制造厂应用
2 号	SAEJ 1850 所制定的资料传输线	10 号	SAEJ 1850 所制定的资料传输线
3 号	提供制造厂应用	11 号	提供制造厂应用
4 号	蓄电池搭铁	12 号	提供制造厂应用
5 号	信号回馈搭铁	13 号	提供制造厂应用
6 号	提供制造厂应用	14 号	提供制造厂应用
7 号	ISO-9141-2 所制定的资料传输线	15 号	ISO-9141-2 所制定的资料传输线
8 号	提供制造厂应用	16 号	蓄电池正电源

2. OBD-Ⅱ与排放法规

OBD-Ⅱ的主要功能是监测汽车排放，OBD 灯如果没有点亮时，是否意味着能够通过排放法规？

在整个车辆的使用寿命期限内，车载诊断系统必须始终能够正常地工作。国家要求制造厂商必须确保至少在行驶里程 80000km，或 5 年内，车辆能够满足国家法规要求的尾气排放标准。OBD 监测标准值将略微高于国家标准所规定的数值，这样，如果发生微小的尾气超出标准的情况将不会引起尾气排放控制异常指示灯的点亮。车载诊断系统对每一个元件的监测都需要一定的条件，每个元件的监测条件和工况是不同的。只有当满足特定条件下的测试结果，才能确定故障码是否产生，并决定是否点亮故障灯。

十二、空燃比对排放污染物的影响

空燃比就是燃料与空气的比值，理论空燃比为 14.7∶1。大于理论空燃比值为混合气略稀，大约为 16∶1；小于理论空燃比为混合气略浓，大约为 12.5∶1，也称大功率空燃比。

1. 空燃比对一氧化碳(CO)排放的影响

当空燃比小于14.7∶1,即浓混合气时,由于空气中氧含量不足,引起不完全燃烧,CO的排放值将增大。

2. 空燃比对碳氢化合物(HC)排放的影响

HC与空燃比的关系不太大,因为HC的主要生成机理是未燃烧的燃油。当混合气极浓或极稀时,点燃不了混合气时的产物为HC,此时才会造成HC排放量增加。

3. 空燃比对氮氧化物(NO_x)排放的影响

NO_x是可燃混合气中氮和氧在燃烧室内通过高温、高压的火焰时化合而成的。混合气空燃比在15.5∶1附近燃烧效率最高时,NO_x生成量达到最大,当空燃比高于或低于此值,NO_x生成量都减小。发动机越接近完全燃烧,NO_x生成会越多。反之,在发动机接近不完全燃烧时,NO_x生成减少。

发动机控制模块(ECM)控制供至各汽缸的空气和燃油量。发动机控制模块根据各种输入,切换到如下空燃比控制系统模式,以便在所有发动机工况下都能达到最佳空燃比。这些模式包括:起动模式、运行模式(开环模式、闭环模式)、加速模式、减速模式、燃油切断模式、蓄电池电压校正模式、应急模式、发动机保护模式、清除溢油模式。

第三节　柴油发动机排放污染维修原理和方法

柴油发动机有一套与汽油发动机完全不同的标准。柴油发动机中的柴油不是被点燃的,而是靠高压缩比产生的高温压燃的。高达2800~4800kPa的压力使温度达到700~900℃,这会加速焰前反应,点燃喷入汽缸的燃料。

由于柴油发动机富氧燃烧的特点,发动机中一氧化碳(CO)、碳氢化合物(HC)的排放极低,也比较容易通过系统匹配的方法得到控制,因此也比较容易满足排放法规的要求。但是,氮氧化物(NO_x)和颗粒物(PM)的排放必须采取一定的措施才能得到有效的控制。柴油发动机NO_x和PM的排放控制技术路线,常见的主要包括两点:一是控制预混合燃烧以降低NO_x排放,二是加强扩散燃烧以降低PM排放。选择性催化还原(SCR)系统主要部件包括加热部件、传感器、尿素箱、尿素泵

及管路等。这些部件功能一旦失效,除对车辆动力性和经济性产生影响外,更重要的是对于大气环境产生污染。因此,发现问题应及时维修。

一、选择性催化还原加热系统部件故障的维修

SCR加热系统包括水加热和电加热两种,其中电加热系统由于继电器较多、线束较多、加热电阻丝较多,所以故障率较高。主要表现为继电器损坏、加热电阻丝开路及线束开路、短路等。

加热电阻丝的故障检测。正常情况下,ECU输出的电压约24V。如果测得某一根管路的电压不正常,就会报出相关管路"加热电阻丝无负载"或"加热电阻丝短路"等故障,需检查各加热电阻丝及相关插头是否出现开路、短路等故障。

继电器故障检测。ECU能够检测各继电器是否正确安装,如果继电器漏装、损坏或线路故障,就会报出"某尿素管路加热继电器开路、短路"等故障,这时就要检查相关继电器、线束及接插件是否正常。

水加热系统的故障主要有:水加热电磁阀线束、接插件故障;水加热电磁阀机械故障,例如磨损、卡滞等,可能会导致尿素箱加热失效、尿素箱温度过低,也有可能导致尿素箱持续加热、尿素温度过高,尿素挥发导致排放不达标;水加热管路弯曲、堵塞,管路及接口泄漏、堵塞等,会造成加热失效或冷却液泄漏。当检测出这些故障时,就应该对相关部件进行更换。

二、选择性催化还原相关传感器故障的维修

SCR传感器主要指上游排气温度传感器、环境温度传感器和NO_x传感器。上游排气温度传感器和环境温度传感器主要有两类故障:一类是传感器电压信号高于上限或者低于下限,高于上限一般是由于线束、接插件开路或与电源短路引起,低于下限一般是线束、接插件搭铁短路引起;另一类是温度示数不准,这时候就要考虑传感器安装是否到位,安装位置是否合适,或者传感器是否损坏。环境温度传感器有故障时,会影响尿素的加热功能,造成尿素结晶、尿素泵堵塞等,上游排气温度传感器出现故障时会造成尿素喷射控制失效、尾气排放不达标等。总之,所有造成排放不达标的故障,如果不及时修复,都将导致转矩输出受限。

NO_x传感器出现故障时,一般主要是由于接线问题引起。NO_x传感器有4根线连接整车线束,分别为电源正、电源负、通信CAN低、通信CAN高,应检查这4根线束及接插件的电压是否正常,线束、接插件是否有开路、短路等故障。在保证

线束、接插件没有故障的前提下，可以怀疑 NO_x 传感器是否损坏。尝试更换 NO_x 传感器进行确认是快速解决故障的一种方法，也可以用万用表测量或用示波器及诊断仪来检查，当发现某一部件出现问题，应及时对其更换处理，以免造成更大的损失和影响排放。

三、柴油机颗粒捕集器故障的维修

柴油机颗粒捕集器（DPF）属于封闭式颗粒捕集器。它将尾气在排气管中整体节流，也称穿墙式颗粒捕集器，过滤效率高达 90%，全球法规都接受此种装置，其缺点为增大排气阻力，容易堵塞。

1. DPF 外观检查

检查柴油机氧化催化器（DOC）+颗粒捕集器（DPF）装置是否有损坏，如有损坏则视情况进行修理或更换；根据产品说明书检查与（DOC+DPF）装置相连接的管路、电路及相关的部件安装和布置是否存在异常；应避免任何橡胶类部件及电线紧挨到（DOC+DPF）装置表面。

密封性检查：检查排气管各部分尤其是凸缘连接处有无排气泄漏。

电气系统连接性检查：检查发动机 ECU 及传感器等接插件部分的连接是否出现异常，如有须及时修理或更换。

传感器功能性检查：检查传感器功能是否出现异常，可根据 OBD 故障代码判别。

动力性检查：检查动力性是否出现异常，如有明显下降，应及时与发动机生产厂商联系。减少颗粒物排放的目的和方法，如图 5-8 所示。

2. DPF 的自动再生

车辆正常使用过程中，如果仪表有“正在自洁请稍候”提示，表明车辆正处于再生阶段，建议进行如下操作直至提示消失，若车主能够按照建议的驾驶方式驾驶车辆，将会非常有助于再生过程，有效避免再生不良的情况出现。

（1）在路况较好的路上应尽量保持发动机转速在 2000r/min 左右运行，保持车速平稳。

（2）尽量避免发动机怠速运行。

（3）尽量避免停车，避免发动机熄火。

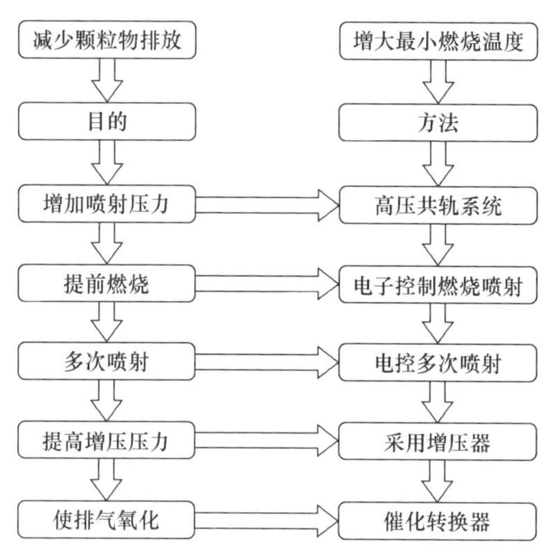

图 5-8　减少颗粒物排放的流程图

3. DPF 的手动再生

按动 DPF 开关进入手动再生的方法：

(1)选择平坦安全的地点停车，挂入空挡，关闭发动机并施加驻车制动。

(2)关闭发动机 10min 后，检查机油液面高度。若液面高度高于上限位置，应停止使用车辆并检查确定原因，排除此故障后再进行再生；若液面高度正常，起动发动机，使发动机冷却液温度达到 30～40℃。

(3)一些车辆保持怠速运行，开启空调(A/C 处于 ON)，长按手动再生开关 5s 以上后松开，DPF 即可进入再生过程，发动机转速会自动上升到 2500r/min，同时组合仪表出现文字提示“正在自洁请稍候”。

一些测量将点火开关切换至 LOCK 模式并保持不少于 20s。将点火开关切换至 ON 模式，长按手动再生按钮约 5s，直至仪表提示“请起动车辆并怠速”后松开。起动发动机，起动后立即松开离合器踏板，打开空调 A/C 开关，DPF 即可进入再生过程，此时发动机转速将自动上升到 2000r/min 左右，同时仪表提示“正在自洁请稍候”。

(4)等待 10～20min，再生过程结束后，组合仪表出现文字提示“自清洁完成，感谢等待”。此时，发动机转速会自动降低到怠速状态。

有的车型再生结束除文字提示外，发动机维修警告灯同时熄灭，发动机故障警告灯在三个驾驶循环后熄灭。

4. 柴油车行车可能遇到的情况及应对措施

(1)再生提示。当看到高排温指示灯亮起(图5-9),说明发动机正在主动再生。排气温度已经提升,此时,如果听到增压器出现轻微的"突突"声,这是由于发动机后喷引起的,属于正常现象,可以正常行驶。但这时要注意的是一定要远离易燃易爆品。

图5-9　高排温指示灯

(2)轻度堵塞。当看到DPF再生故障灯和OBD灯(图5-10)常亮时,说明DPF轻微堵塞,故障码2639。此时要提高车速,保持发动机转速在1500r/min以上运行,直至该故障灯熄灭或执行原地再生操作。

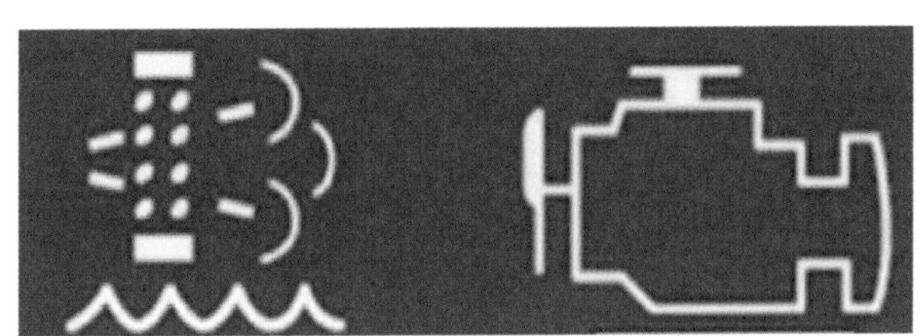

图5-10　DPF再生故障灯和OBD灯

(3)中度堵塞。当出现DPF再生故障灯闪亮(图5-11),OBD灯常亮时,说明DPF中度堵塞,故障码2639。此时DPF因为堵塞,已经可以明显感觉动力不足,需要执行原地再生操作,来消除堵塞。

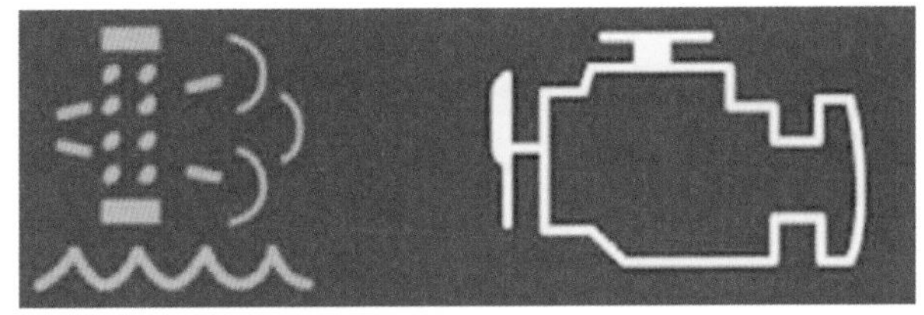

图5-11　DPF再生故障灯闪亮

(4)重度堵塞。当出现发动机故障灯亮起(图5-12)或OBD灯亮起,DPF再生故障灯闪烁,说明DPF已经重度堵塞,故障码1921。由于厂家不同,灯的形状可能不同。此时车辆因排气不畅,动力严重下降,应该立即执行原地再生操作。

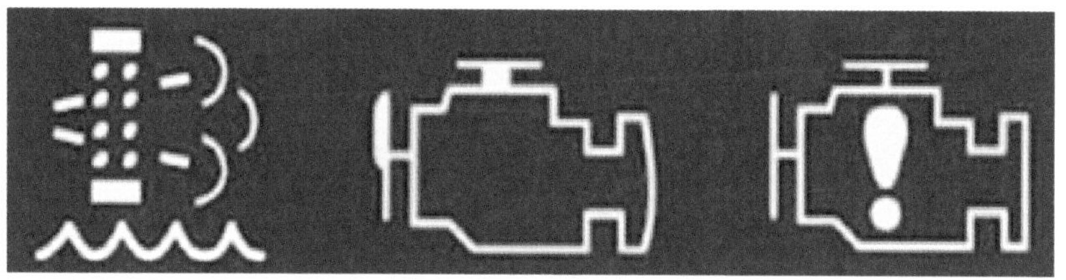

图5-12　DPF再生故障灯、OBD灯和发动机故障灯

(5)完全堵塞。当出现停机指示灯和OBD灯亮起(图5-13)时,说明DPF已经完全堵塞,故障码1922。此时发动机可能随时停机,不能继续行驶,需要联系4S店,处理故障。

图5-13　停机指示灯和OBD灯

四、选择性催化还原箱及排气管系统部件故障的维修

选择性催化还原(SCR)箱内有载体和催化剂,一旦发生故障可能会造成排放不达标,限制发动机转矩输出等,主要原因有以下几类。

1. 催化剂功能失效

如果SCR箱被撞击,或者被其他物质(例如黑烟中的颗粒)污染覆盖,造成催化还原效率降低,最终将会造成排放不达标,限制发动机转矩的输出。

2. SCR箱破裂或堵塞

如果SCR箱变形或因其他外力导致破裂或堵塞,并造成排气背压增高,严重时将会出现排气冒黑烟、发动机转速不稳抖动、动力不足等故障,同时,排放指标也

将会受到影响。

3. 排气管系统腐蚀弯曲

因为尿素溶液本身具有腐蚀性,所以要求排气管在生产时使用不锈钢材料,并且内表面光滑,尽量减少排气管焊接口。如果出现排气管不能满足以上要求时,有可能造成尿素溶液在排气管上残留、腐蚀等现象,甚至造成排气管损坏。

五、柴油机尿素箱相关故障维修

尿素箱主要包括箱体外壳和液位温度传感器总成,传感器比较容易出现故障,常见故障现象有:尿素液位显示不准确,温度显示异常,故障指示灯常亮并报出液位温度传感器故障等。引起这些故障的常见原因是:传感器本身的损坏,传感器接插头虚接、短路断路,以及线束故障。液位温度传感器与电器参数不匹配,例如,客户自主采购的尿素箱不符合厂家规定标准,也会造成液位、温度异常,甚至出现报出传感器故障等症状,此时可以重新标定尿素液位、温度传感器,或者将传感器换成生产厂家指定产品。

六、柴油机尿素泵相关故障维修

柴油机尿素泵的常见故障主要有两个方面:机械性能故障与电器性能故障两个方面。机械性能故障指尿素泵流通不畅、堵塞,尿素泵机械部件出现故障引起的建压失败等;电器性能故障一般指接插器件相关的电器插头松动等故障,概括起来有:尿素泵电动机、尿素压力传感器、换向阀及尿素泵加热电阻丝等出现的故障。总而言之,柴油发动机与SCR尿素压力相关的常见故障,维修时首先要检查尿素管路是否接错、裂纹、堵塞、泄漏,以及尿素泵体是否堵塞变形等。一旦检查出现这些故障,应视情况清洁或更换。

第四节　汽车排放超标典型故障维修治理方法

一、汽油发动机排放超标典型故障的维修治理

（一）一氧化碳(CO)排放值超标的维修

废气流中存在CO,表明在燃烧期间燃油相对于汽缸中的空气量过量。这主要

是混合气过浓的表现。CO 排放超标的常见原因有：MAP 传感器电压过高（真空泄漏或电气故障），喷油器漏油，燃油压力过高，发动机机油被汽油污染，曲轴箱窜气过重，发动机冷却液温控开关卡在打开的位置或者发动机连续在很低温度下工作等。这些都是导致 CO 在空载检测时表现出排放超标的原因。

加载检测 CO 排放超标原因的维修方法与加载检测 HC 排放超标的方法类似。例如，许多汽车直到它的 ECM 发现了车速输入，才会发出指令清污活性炭罐，使得在维修车间进行的废气排放检测可能会显示 CO 值正常，这将使维修人员误认为发动机工作正常。手提式废气分析仪能测量出来自活性炭罐清污的 CO 排放值过高，因为这样的测量是在正常的驾驶条件下进行的。维修人员必须清楚各种会导致故障出现的系统工况和驾驶条件。

（二）碳氢化合物（HC）排放值超标的维修

HC 是没有燃烧的燃油分子。空载检测 HC 排放超标表明燃烧效率有问题，废气中有过多的 HC 是由影响燃烧过程的某些因素所引起的。造成 HC 排放过高的原因有：汽缸压缩压力和进气状况、点火系统工作情况和点火正时、混合气浓度、发动机可能有不正常改装。

在加载检测 HC 排放时，HC 超标的原因与空载检测的原因相同，但发动机的工作条件不同，因而检测方案必须改变。在发动机静态试验中没有表现出来的故障，在发动机带负荷运转的条件下就可能产生。火花塞高压线漏电或喷油器漏油在发动机没有负荷时就不会要求缺火，这种类型的故障必须查清。氧传感器波形分析就是确定这种故障是否存在的一种好方法。对于查找需要在带负荷的条件下才能检测出来的排放故障，手提式废气分析仪可以提供更好的帮助。

（三）氮氧化物（NO_x）排放值超标的维修

加载模式检测 NO_x 排放超标是需要维修人员来解决的较为困难的排放检测问题之一。大多数以前的排放检测程序不能检测 NO_x 排放，因此许多维修人员在检测废气中 NO_x 过高时没有经验，不知如何处理。还有一个问题是许多维修站没有五气体分析仪，因此他们没办法测量 NO_x 排放量，无法确定所完成修理是否有效。而发动机许多系统都能造成 NO_x 排放过量。

虽然 EGR 是控制 NO_x 排放的最重要的系统，但一旦增加发动机工作温度使冷却系统出现故障，过度提前的点火正时和催化转换器失效现象出现，将会促成更多的 NO_x 的形成。有可能维修治理好另一种不同的排放问题，却造成 NO_x 排放值

过高。混合气过浓会造成燃烧室内形成积炭,将会导致汽缸压缩压力的提高。有时修理了混合气过浓的故障会导致混合气过稀,因此,遗留的积炭导致压缩压力过高会引起 NO_x 排放值的增加。这种情况下,需要在重新测试排放之前就对发动机进行清除积炭修理。开始检查时用五气体分析仪测出汽车的排放问题后,进行修理后需反复检测以便确认修理的效果,只有这样做,才能避免汽车重新测试仍排放不合格。

二、柴油发动机排放超标典型故障的维修治理

(一)柴油发动机排放颗粒物(PM)超标的维修

PM 由可溶性有机物(SOF)及干炭烟组成。可溶性有机物来源于燃料中的硫等有机物,含量约占 30%。炭烟是不完全燃烧的产物,柴油机混合气的形成极不均匀,导致过量空气系数常常会大于 1,这样不可避免产生局部空气不足,以至于燃烧温度较高,使燃料在高温缺氧情况下,出现裂解过程释放并经聚合形成干炭烟。治理 PM 排放常使用 DOC 和 DPF。DOC 对 PM 的控制作用取决于 PM 中 SOF 比例的多少,一般为 30%左右;DPF 对 PM 的捕集率在 90%以上。DOC、DPF 的结构与汽油车的三元催化转换器相似,维修时,可以用诊断仪查看故障码或 OBD 报警灯报警,这时需要检查排放治理装置,一旦内部或外部发现有损坏,就需要更换总成。

(二)柴油发动机氮氧化物(NO_x)超标的维修

柴油发动机排出的 NO_x 中,NO 约占 90%,NO_2 只占其中很少的一部分。NO 无色无味、毒性不大,但是,高浓度时能导致人神经中枢的瘫痪和痉挛,NO 排入大气后会逐渐被氧化 NO_2。NO_2是一种有刺激气味、毒性很强的红棕色气体,会对人的呼吸道及肺造成损害,严重时能引起肺气肿。当 NO_2 浓度达到 100×10^{-6}以上,会随时使人有生命危险。NO_x 和 HC 在太阳光作用下会生成光化学烟雾,NO_x 还会增加周围环境臭氧浓度,而臭氧又将会破坏植物生长。此外,NO_x 还对各种纤维、塑料、电子材料等具有不良影响。

治理 NO_x 的装置有 EGR、EGR+DOC、EGR+DOC、SCR 等。对这些装置的维修,一是通过 OBD 故障灯的闪码提示,二是通过诊断仪查看故障码,三是通过内窥镜检查内部是否损坏,四是通过声音和温度判断其是否损坏。无论通过哪种方法,只要能够确定其装置损坏,不用修理,应直接更换。

第五节 汽车排放超标维修治理案例分析

现代汽车的排气中,一般要检测以下五种成分:一氧化碳(CO)、碳氢化合物(HC)、氮氧化合物(NO_x)、二氧化碳(CO_2)、氧气(O_2)。这五种气体中,CO、HC 和 NO_x 为有害污染物。虽然 CO_2 和 O_2 不属于污染物,但是检测这两种物质的变化对于诊断车辆状态非常有帮助。

一、汽油发动机排放超标维修案例分析

(一)案例1:汽油车 CO 排放超标案例

1. 故障现象

CO 排放超标。

2. 故障检测分析

(1)根据入厂时的尾气检测结果(图 5-14),分析如下:λ = 1.780 显示混合气严重稀;CO 为 0.39%,已超标;O_2 为 9.80%,严重高。说明混合气有严重泄漏问题。

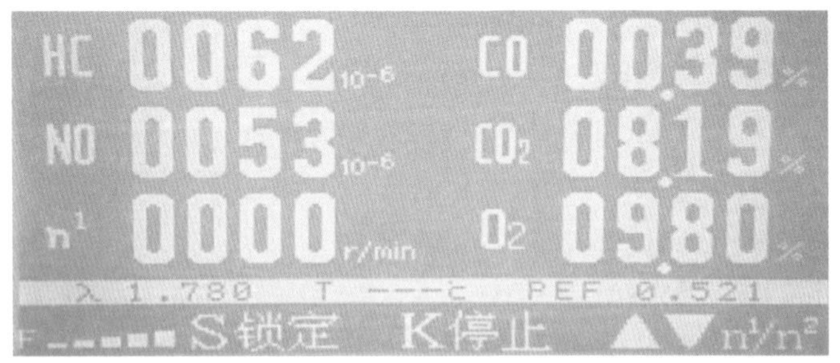

图 5-14 入厂时尾气数据

(2)三元催化转换器温度检测:用红外激光测温仪测量三元催化转换器,进口温度为 164℃,出口温度为 88℃;内窥镜检测,三元催化转换器无陶瓷芯。

(3)检测火花塞:火花塞老化。

(4)电脑检测:有氧传感器加热器断路故障码(P1116),氧传感器失效;万用表

检测:加热电阻断路。

(5)诊断仪检测:怠速时进气流量为 3.25g/s,进气歧管压力为 3.2MPa,流量过大。

(6)发动机冷却液温度检测:95℃,正常。

(7)发动机运转状况检查:发动机抖动。

(8)目视检查发动机排气尾管:尾气严重使人呼吸不畅。

(9)拆掉火花塞目视检查燃烧室积炭:燃烧室严重积炭。

3. 解决方法

(1)更换三元催化转换器。

(2)更换氧传感器。

(3)更换空气流量传感器。

(4)燃烧室积炭清理(泡沫彻底清洗),喷油嘴清洗。

(5)更换火花塞。

4. 结果验证

(1)更换三元催化转换器、空气流量传感器和氧传感器后,λ 值为 1.040(图 5-15),混合气稀。CO_2 为 14.62%,CO 为 0.02%,基本正常。

图 5-15　维修后尾气数据

(2)清洗积炭、喷油嘴后,λ 值为 1.010(图 5-16),混合气正常。CO_2 为 17.49%,CO 为 0.03%,正常。

(3)O_2 减少,CO_2 上升,说明燃烧进行得很充分。

(4)发动机工作稳定,噪声很小,进气压力达到 2.9MPa,非常好。

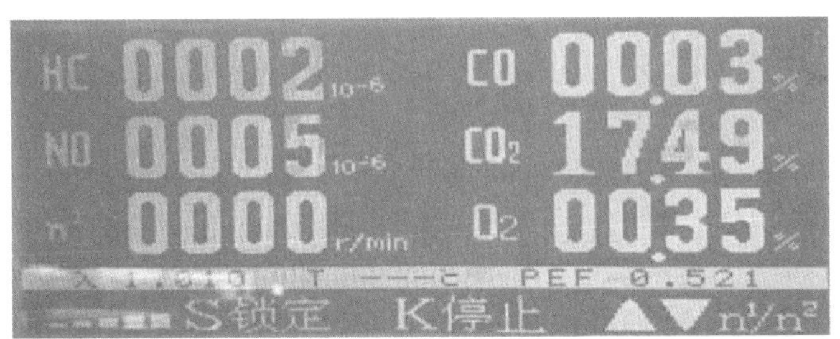

图 5-16　清洗积炭、喷油嘴后尾气数据

5. 经验总结

(1)牢牢掌握 CO 超标的原因,根据尾气数据、电脑检测的故障码和数据流全面分析,找到主要矛盾和次要矛盾,制订维修治理方案。

(2)要根据所有数据的相关性,综合分析。

(二)案例 2:汽油车 HC、CO 排放超标案例

1. 故障现象

一辆装有 OBD-Ⅱ的汽油车,测得尾气排放数值见表 5-6,没有通过排放检测。

故障排放数值　　表 5-6

排放物	HC	CO	NO_x
允许值	0.9	14	1.9
实测值	1.0	21	1.8

2. 故障分析

维修人员对 HC 和 CO 排放超标的故障进行了修理。维修后测量的尾气排放值读数见表 5-7。

维修后测量排放数值　　表 5-7

排放物	HC	CO	NO_x
允许值	0.9	14	1.9
实测值	0.6	11	2.5

3. 案例分析

为什么 NO_x 排放读数值高于允许值？可能原因是以下哪项？

A. 稀混合气的加热作用掩盖了 NO_x 排放过高问题；

B. 稀混合气的冷却作用掩盖了 NO_x 排放过高问题；

C. 浓混合气的加热作用掩盖了 NO_x 排放过高问题；

D. 浓混合气的冷却作用掩盖了 NO_x 排放过高问题。

答案：D 正确。

4. 分析释义

A 项中，燃烧温度高和混合气稀能提高 NO_x 排放量，不会掩盖 NO_x 排放过高问题，所以 A 错误。

B 项中，混合气稀能提高 NO_x 排放量，不会掩盖 NO_x 排放过高问题，所以 B 错误。

C 项中，浓混合气不会对燃烧室产生加热作用，所以 C 错误。

D 项中，混合气过浓常常会增加 CO 排放值，但其冷却作用能掩盖 NO_x 排放问题。校正空燃比能降低 CO 排放，但是 NO_x 排放问题就会暴露出来，所以 D 是正确的。

（三）案例 3：汽油车 CO、NO_x 排放超标案例

1. 故障检查

车辆进维修站初步检查，该车发动机工况较为恶劣，气门室罩盖等多处有渗油情况。通过与车主沟通，该车维护周期一般在 1 万～2 万 km 之间，而且未进行系统维护。起动发动机并热车后，发动机运行比较平稳，但是排出的尾气有非常浓烈的刺激性味道。该车刚进行了尾气环保检验，检验报告见表 5-8。

环保检验报告　　表 5-8

排放物	HC(g/km)	CO(g/km)	NO_x(g/km)
实测值	0.77	26.43	1.87
限值	1.6	8.0	1.3

从尾气检验报告来看，该车 CO（26.43g/km）和 NO_x（1.87g/km）超标，且 HC 含量也接近限值的 50%。

2. 故障诊断

根据汽油车尾气后处理装置的工作原理，在三元催化转换器的催化反应中，尾气 HC、CO 属于氧化物，NO_x 属于还原物，在正常工作温度下（>350℃），它们之间能产生一系列的化学反应，最终生成 H_2O、CO_2 和 N_2，且在反应过程中会产生一定的热量。

报告中显示 CO 和 NO_x 超标，且 HC 也较高。初步判断，该车三元催化转换器失效或效率过低。且结合该车行驶里程（12 万 km）和出厂日期（2008 年），该车的尾气后处理装置——三元催化转换器已超过了设计使用寿命，所以维修方案首先考虑更换三元催化转换器。

对该车原车三元催化转换器进行拆卸，安装新件后进行热车 5min，此时发动机冷却液温度 90℃。使用尾气分析仪对尾气进行进一步测试，显示结果如图 5-17 所示。

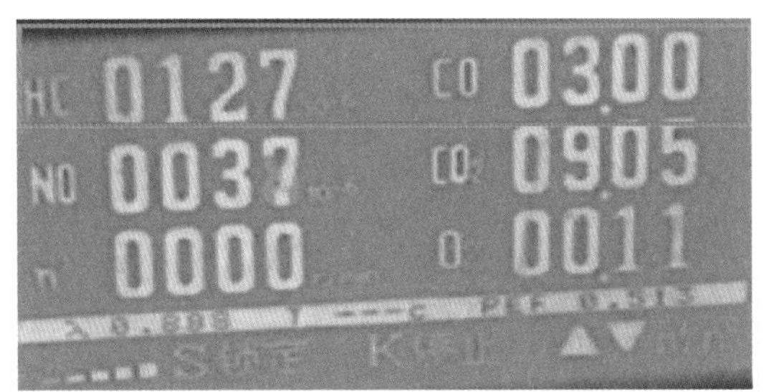

图 5-17 更换三元催化转换器后尾气检测数据

以上测试结果显示，该车尾气 HC 和 CO 偏高，且 CO 超标严重。结合 CO_2 和 O_2 数据分析，发动机因混合气过浓而燃烧不充分，且此时由于发动机空燃比不正确（混合气偏浓），过量排放的 CO 已不能被三元催化转换器完全转换，导致超标。此时，将故障诊断的重点转移到发动机上。首先检查发动机空燃比控制状态为闭环控制，且长期燃油修正数值为-31. 3%（图 5-18），说明前氧传感器能正确监控到混合气过浓状态，且发动机 ECU 进行了减少喷油的响应调整。

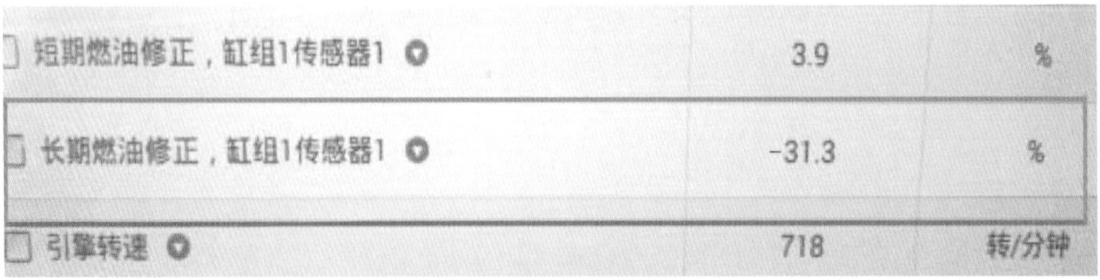

参数	数值	单位
短期燃油修正，缸组1传感器1	3.9	%
长期燃油修正，缸组1传感器1	-31.3	%
引擎转速	718	转/分钟

图 5-18 燃油修正值检测情况

通过以上分析,发动机混合气过浓的故障方向为进气信号或喷油实际控制出现了问题。

通过进一步诊断,读取发动机数据流,进气压力为怠速 38kPa,高怠速 40kPa,数据显示该车进气压力偏大,反之在怠速和高怠速情况下进气歧管真空度偏小。为了验证进气压力传感器数据是否正确,连接真空表到进气歧管位置进行真空度测试,测试结果如图 5-19 所示。

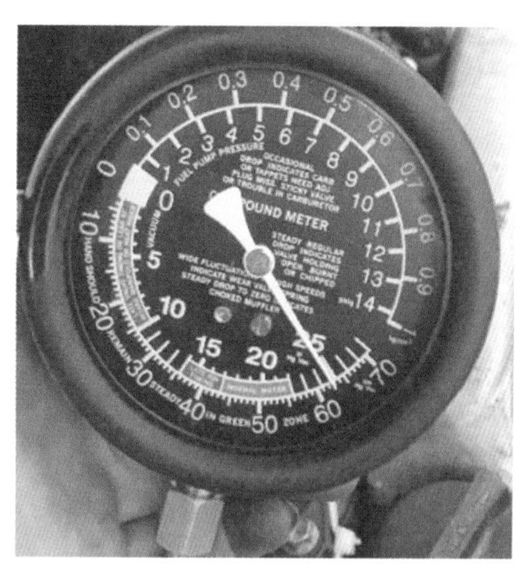

图 5-19　进气歧管真空度测试结果

测试结果显示,发动机进气歧管真空度在怠速状态时为 63kPa,对比正常车的 70~75kPa 偏低,正好验证了发动机数据流显示的进气压力数据偏大的情况。由此说明进气压力传感器正常。

为探寻导致进气歧管真空度变小的原因,首先应分析进气歧管真空度产生的过程:发动机在正常运转时,活塞在进气行程由上止点向下运动,此时排气门关闭,进气门打开。活塞下行产生的“吸力”将进气歧管内的空气或混合气吸入汽缸,由于节气门关闭或部分关闭,此时在进气歧管内部就产生了一定的真空度。

一般通过对进气歧管真空度的检查,可以得知发动机的机械气密性及排气系统、进气系统的密封情况。因此,造成真空度偏低的原因可能为燃烧室或汽缸的机械气密性过低、排气系统堵塞、进气系统漏气等。

由于该车已更换三元催化转换器,结合该车日常维护不良,首先检查汽缸压力。经过检查发现,1~4 汽缸压力分别为 720kPa、720kPa、780kPa、690kPa,检查结果说明汽缸压力过低。汽缸压力低的原因有多种,例如活塞环磨损、汽缸壁磨损、气门座圈磨损、配气正时不准确等,这些均需要对发动机进行拆解检查。经对发动机拆解发现,该车气门座圈磨损严重。

对该车发动机进行了维修,更换了气门座圈、气门、活塞环及其他密封件。装车测试,尾气排放合格,且进气压力为 28kPa,正常。

3. 故障总结

此类混合气过浓的故障,应该首先读取发动机数据流,判断发动机混合气控制状态。在进行检测维修时充分利用各种检测设备、仪器。例如对真空表的使用在

本案例中非常关键。最后,通过分析尾气数据、检测过程数据,结合车辆使用维护状况综合判断问题点。

二、柴油发动机排放超标维修案例分析

(一)案例1:柴油车NO排放超标案例

1. 故障现象

柴油发动机尾气NO排放超标。

2. 故障描述

车载诊断系统报排放超标,发动机原始排放性能劣化,SCR箱劣化,尿素喷射剂量误差太大,油品不好,标定数据错误。没有其他任何历史或当前故障,首次读取留存故障码截图,不要直接清除故障码。

3. 故障排除方法

首先查看故障灯是否点亮,经查看,故障灯点亮。用诊断仪调取故障码,有故障码P01FA,表示SCR实际平均转换效率低于阈值,排放超标。故障排除步骤如下:

(1)检查尿素品质,有条件的维修站可以使用尿素浓度测试计测试,没条件的维修站可以与客户沟通,以客户采购尿素来源和采购价格综合判断尿素品质,市场上多数30元/10L的尿素基本符合要求。

(2)检查油品,询问客户燃油来源,是否为正规国四标准柴油,是否为正规加油站加注。

(3)喷射系统测试,取下喷嘴对地喷射,查看喷嘴的喷射状态是否正常,喷射系统有问题一般会报"SCR尿素压力建立错误"。

(4)喷嘴拆下后,顺着SCR箱喷嘴安装孔处,查看SCR催化消声器内部有无明显结晶异常状态。

(5)询问客户,排放超标故障前,是否更换过燃油、尿素,是否进行过车辆改装,尿素消耗是否异常等。

注:只报超标的故障,车辆故障灯亮但不限制转矩输出。

4. 解决措施

对于尿素结晶引起的SCR箱老化问题,应更换SCR箱,重新激活SCR箱;更

换尿素喷嘴、尿素泵；更换更好的柴油；检查标定数据。

（二）案例2：CAN 接收帧 AT101 超时错误（氮氧化物浓度传感器接线错误）案例

1. 故障现象

闪码灯、OBD 灯常亮，并报出故障码 421（CAN 接收帧 AT101 超时错误）。

2. 故障机理

氮氧化物浓度传感器测得 NO_x 浓度后，不断地将测量结果通过 CAN 总线中的 AT101 报文发送给 ECU，如果 ECU 接收不到 AT101 报文，就会报出此故障。

3. 可能原因

（1）氮氧化物浓度传感器接线故障，导致 AT101 没有发送出去。

（2）氮氧化物浓度传感器损坏。

（3）CAN 总线网络故障。

4. 实际解决方法与步骤

（1）检查氮氧化物浓度传感器中 4 根针脚电压（1、2、3、4 号针脚电压应分别为 24V、0V、2. 2V、2. 8V），判断是否存在接错、开路、短路等故障。

（2）发现接插件中，1 号电源针脚电压为 0，不正常。

（3）将 1 号电源接好后，故障消除。

5. 结论

遇到这样的故障，首先检查氮氧化物浓度传感器各接线是否正常。如果接线正常，可尝试更换氮氧化物浓度传感器，检查氮氧化物浓度传感器是否损坏。

第六章 国外I/M制度理论与方法

欧盟、美国、日本等发达国家和地区率先实现了以化石燃料为动力的汽车的普及应用,人们在享受汽车出行带来便利的同时,也逐渐意识到汽车带来的空气污染问题,通过综合运用法律、行政、财税、市场手段,在汽车生产、使用直至报废的各个环节治理汽车排放。尤其是针对在用车排放治理上,确保汽车排放达标成为每一位车主的法定义务,可谓是举全民之力治理在用车排放污染。经过几十年的严格要求和监督执行,上述发达国家和地区早已摆脱了普及汽车与保护大气环境的矛盾,走出了一条汽车社会与大气环境协同发展的道路。国外经验表明,汽车排放检验与维护制度(I/M 制度)是治理在用车排放最经济、最有效的手段之一。本章基于政策比较研究的方法,从政策法规、技术应用、实施效果等角度分析国外开展 I/M 制度的有关情况,其中更以美国加利福尼亚州(State of California,以下简称"加州")的实践经验为重点,为我国加快建立和实施在用汽车排放检验与维护制度提供借鉴。

第一节 国外实施 I/M 制度条件

一、美国 I/M 制度的实施背景

(一)起源

美国实施汽车排放检验与维护制度(I/M 制度),是在汽车快速和大量普及造

成大气质量恶化、严重危害人民身心健康的背景下所作出的主动选择。20世纪40年代,美国的工业和交通发展迅猛,空气质量每况愈下。而加州由于特殊的地理位置和气候条件,空气污染更是异常严重,1943年洛杉矶的毒化学烟雾导致不少人死亡和患病,且这种严峻情况持续了十余年,据美国国家环境保护局(EPA,以下简称美国环保局)数据显示,1952年总计死亡3000多人。在此期间,对于大气污染来源的确认及治理一直没有停止。美国成立了加州空气资源管理局(CARB),并允许加州探索实施更为严厉的治理措施。当地陆续关停了污染严重的化工厂、炼油厂、发电厂等工厂,但加州的烟雾污染依旧持续。直到20世纪50年代,一名有机化学专家对加州空气污染来源解析表明,来自汽油中的碳氢化合物(HC)以及内燃机燃烧产生的氮氧化物(NO_x)是产生光化学烟雾的主要原因,进而确认汽车排放是导致加州空气污染的"罪魁祸首"。由此,加州政府开始将汽车排放污染作为治理重点。

加州为治理机动车污染排放和改善空气质量,发布实施了一系列法律法规,主要措施包括提高新车排放标准、提高燃油标准、建立汽车排放检验与维护制度(I/M制度)、限制高污染排放车辆进入特殊区域、推广电动汽车等。其中I/M制度是要求对在用车定期进行排放检验,发现排放超标车辆或篡改排放控制装置的车辆,责令车主限期维修并重新达标,使在用车发挥自身排放控制能力。

I/M制度逐步纳入美国国家法律。尽管1978年美国环保局就制定了类似I/M制度的指导文件,希望各地实施以改善空气质量,但由于缺乏法律强制力以及受制于各地对I/M制度的不同认识,一直没有得到全面有效施行。直到1990年修订的《清洁空气法》(Clean Air Act),授权美国环保局制定I/M制度的最低要求,包括凡空气质量达不到国家环境空气标准的,必须实施I/M制度等一系列项目。2004年,美国环保局进一步要求,凡空气质量达不到8h臭氧标准[1]的地区,也应执行上述项目。根据1990年《清洁空气法》授权,美国环保局于1992年发布了《车辆检测与维护规定》(Inspection/Maintenance Program Requirements),规定了I/M制度框架,包括不同制度类型、适用车辆范围、检验步骤及要求、检验设备、数据收集与分析、实施路检等,并要求有关地方制定地方实施细则(State Implementation Plan, SIP)且按时实施。1996年修订的I/M管理条例中将车载诊断系统(On-Board Diagnostic,OBD)纳入要求。此后历经十余次修订,最新版本为2006年版。美国32个州以及首都华盛顿特区已依法实施了在用车I/M制度。

---

[1] 8h臭氧标准即以一天中最大的连续8h臭氧浓度均值作为评价这一天臭氧污染水平的标准。

（二）美国 I/M 制度实施效果

美国已经建立了较为完善的机动车污染防治管控体系，I/M 制度在机动车污染排放控制方面取得了显著成效，实现了汽车普及与大气环境的可持续发展。来自美国环保局的评估报告数据显示，I/M 制度实施 8 年时间里（1992—2000 年），执行强化型 I/M 制度的地区，挥发性有机化合物（VOCs）减排量达到 28%，一氧化碳（CO）减排量达到 31%，NO_x减排量达到 9%；执行基本型 I/M 制度的地区，其 VOCs 减排量达到 5%，CO 减排量达到 16%。客观上，I/M 制度为美国空气质量改善作出了重要贡献。1992 年到 2015 年实施 I/M 制度期间，美国空气质量标准规定的主要污染物 NO_x减少了 44.55%，CO 减少了 75.30%，铅（Pb）减少了 93.23%，臭氧（O_3）减少了 17.98%，PM10 减少了 30.36%。另外，劳伦斯伯克利国家实验室（LBNL）基于加州 2000 年监测数据研究发现，实施 I/M 制度的车辆单车 HC、CO 和 NO_x排放分别降低了 17%、28%和 9%，检测频率为两年一次的强化型烟雾检查计划，每天约减少来自机动车排放的 HC 86t、CO 1686t 和 NO_x 83t，相当于 2015 年京津冀地区机动车排放总量的 15%，机动车污染排放控制效果十分显著。

二、欧盟和日本在用车排放治理经验

（一）欧盟

为了治理机动车排放带来的污染，欧盟相继对各类大气污染物提出控制要求，制定相关强制性排放标准，以控制在用汽车污染物的排放量。欧盟地区施行 I/M 制度较晚，而且初期的标准要求也较为宽松。20 世纪 90 年代，欧盟开始注重在用车尾气排放治理工作，通过发布一系列在用车管理技术指令不断完善在用车尾气排放治理的规章制度。

欧盟（及其前身欧洲共同体）对在用车统一的年检制度主要依靠指令 77/143/EEC 和修订后的 88/449 /EEC，其规定了在用车的年检中要检测噪声和排放。1992 年发布的 92/55/EEC 号指令增加了包括小客车在内所有汽车的检测方法和排放限值的规定。1996 年，欧盟发布的新的在用车管理技术指令 96/96/EEC 取代了 77/143/EEC 及其所有修订版本，将欧盟统一的年检向其他车型扩展。至此，欧盟对在用车尾气排放的统一年检制度基本包括市场中绝大部分产品。随后，1999 年发布的指令 1999/52/EC（96/96/EEC 的修订版）主要针对柴油车的排放对原指令中的试验规程和限值作出了修改。欧盟 2008 年颁布的《欧洲环境空气质量和更加清洁空

气》指令中，主要分六大部分对空气污染防治和维护空气环境质量作出规制，分为一般条款、空气质量评估、空气质量管理、空气质量规划、空气质量和污染信息报告制度等。在空气质量评估一章中，第一部分是对二氧化硫（SO_2）、二氧化氮（NO_2）和 NO_x、微粒物、铅、苯和 CO 等作出规制。2009 年欧盟发布的《机动车辆及其挂车道路运行适宜性试验的欧盟议会及理事会指令》（2009/40/EC）对在用车的年检法规作了进一步完善，包括欧盟各国对各自境内注册的在用车按照该技术指令进行定期检验，对通过检验的车辆颁发道路运行适宜性证书，欧盟各国相互承认此证书，以保证车辆在欧洲联盟各国间自由流动。2010 年，欧盟委员会在 2009/40/EC 的基础上进行修订，发布了指令 2010/48/EU，目的是适应车辆和检验技术的进步，增加了部分强制检验项目。目前，该指令最新修订本为 2014/45/EU。

欧盟对商用车的路检制度主要基于指令 2000/30/EC，该技术相关的指令主要针对在欧盟范围内运输旅客或货物的商用车辆的路检法规，欧盟 I/M 制度主要指令见表 6-1。

欧盟 I/M 制度主要指令❶　　表 6-1

序号	年份(年)	指　令　号	主 要 内 容
1	1977	77/143/EEC	规定在用车的年检中要检测噪声和排放，车型包括公共汽车及其他大型客车、轻型和重型载货汽车、超过 3.5 t 的挂车和半挂车、出租汽车及急救车
2	1988	88/449 /EEC	
3	1992	92/55/EEC	规定了包括小型客车在内的所有汽车的检测方法和排放限值
4	1996	96/96/EEC	将欧盟统一的年检向其他车型扩展
5	1999	99/52/EC	针对柴油车的排放对原指令中的试验规程和限值作出修改
6	2000	2000/30/EC	针对在欧盟范围内运输旅客或货物的商用车辆的路检法规
7	2009	2009/40/EC	规定对机动车辆及其挂车道路运行施行适宜性检测，对通过检验的车辆颁发道路运行适宜性证书
8	2010	2010/48/EU	对 2009/40/EC 进行修订，更新了强制检验项目
9	2014	2014/45/EU	第二次检测应该在第一次检测之后的两个月之内进行； 建立全欧盟的电子车辆信息平台； 规定了测试项目和测试的方法； 规定了认证证书至少要包含的内容； 对检测人员的能力要求进行了规范； 对监管机构的监管内容进行了规定

❶ 包括欧盟前身欧洲共和体时制定的指令。

（二）日本

日本从20世纪60年代开始对汽车尾气排放进行管理和控制。针对汽车尾气污染，日本政府制定了严格的、切实可行的汽车尾气排放检验的标准法规，之后又陆续制定了与之相关的法律法规用以遏制汽车尾气污染。1993年日本发布的《环境保护法》进一步明确，在治理机动车尾气污染的过程中，日本环境省拥有推进和调整环保政策的综合权限，而对于治理机动车尾气污染的具体控制政策由地方政府负责。日本《道路运输车辆法》规定了车主有义务对车辆进行及时检修、维护，确保车辆安全、防止污染、节约能源。针对污染排放严重的柴油车辆，在2000年东京会议第四次例会上，东京市政府出台了《市民健康与安全确保环境条例》，规定了较国家标准更为严格的地方柴油车排放标准，并要求柴油车必须安装尾气净化装置。2002年，东京开始禁止排放标准不达标的柴油车在市内行驶，违者处以50万日元以下的罚款。随后，千叶、琦玉、神奈川等城市纷纷效仿，出台了相关规定。

对于机动车尾气排放标准而言，日本几乎每年都会对其作出适当更新，在修改尾气排放标准的过程中，日本并不是盲目地提高标准，而是结合当时的社会经济发展和科技进步水平，以及在能够完成的范围内逐步提高排放标准要求，保证更新后的机动车尾气排放标准能够顺利实施。2002年开始实施的尾气排放标准，和欧三排放标准基本一样，但到了2005年，日本实施的排放标准却比同一时期的欧四排放标准更为严格，是当时世界上最严格的尾气排放标准。正是由于实施更为严格的标准，才使日本汽车产业致力于研发、生产环保产品，从源头杜绝机动车尾气排放超标。

第二节　美国I/M制度的管理及技术

一、构建制度体系

1. 国家法律授权实施

《清洁空气法》(Clean Air Act)是美国关于固定和移动污染源的国家法规，该法授权美国环保局牵头制定专项规定并组织实施汽车排放检验与维护制度(I/M制度)等一系列项目，凡空气质量不达标、人口集中、臭氧传输带等类型的区域，均

应按美国环保局的规定制定实施细则(SIP)并负责具体实施。

2. 美国环保局发布专门部门法规

1992年10月,美国环保局发布《在用车检测/维修(I/M)规定》,对I/M制度进行了系统的顶层设计,规定了各州实施I/M制度时的适用范围、绩效评估标准,检测人员的培训要求,检测设备的认证、质量控制、数据采集及分析、质量监督体系等内容,指导各州在此基础上制订具体的执行方案。

自发布至今,《在用车检测/维修(I/M)规定》经历过十余次重要修订。其中2002年各州陆续开始将OBD检测要求纳入I/M制度。

3. 有关各州制定实施细则

各州制订的实施I/M制度的执行方案,经美国环保局批准后执行。以加州为例,在加州地方法典的《健康与环保法》部分规定了I/M制度实施细则。

4. 制定相关配套操作指南

美国环保局以及州管理部门对外公布政策法规汇总、操作指南,如:美国环保局2001年发布的《引入OBD检测的I/M制度的实施》《加州机动车烟雾检测指南》,并以问答形式供公众了解政策要点。

5. 各地定期向联邦提交评估报告

各州和地区按照美国环保局政策的规定,都有减少机动车污染物排放量的标准,需要对美国环保局提交评估报告。定期提交减排"达标"的评估报告,用来详细说明I/M制度实施情况,以此作为评估州实施I/M制度的绩效标准。加州实施细则(SIP)包括实施I/M制度详细预算计划、检测车辆数量、质量控制记录等内容,如《加州烟雾检测评估报告》《曼彻斯特与新罕布什尔I/M计划》《加州强化型I/M计划项目评估》等。如果有州政府没有完成计划,美国环保局将采取强制性措施,确保污染物排放量达标。美国I/M制度相关法规政策见表6-2。

美国I/M制度相关法规政策　　表6-2

年份(年)	部　门	法规规章、报告名称	简　介
1990	美国国会	《清洁空气法》(Clean Air Act)	实施I/M制度的上位法,授权美国环保局组织实施I/M制度,要求有关地方必须予以落实

续上表

年份(年)	部　门	法规规章、报告名称	简　介
1992	美国环保局	《在用车检验与维修规定》(Inspection/Maintenance Program Requirements)	落实清洁空气法,明确了制度框架,提出了对各州的基本要求,是 I/M 制度的总纲领。其后,在 2002 年、2006 年、2015 年等陆续修订完善
1992 年	美国环保局	《IM240/ASM 检验流程》	规范了各类在用车检验方法的操作要求
1999 年	美国环保局	《清洁空气法案的收益与成本(1990—2010)》	全面评估《清洁空气法》10 年(1990—2000 年)的实施效果并展望至 2010 年,认为 I/M 制度实施对发现超排车辆和促进其及时治理具有明显效果
2013 年	加州消费者事务部机动车维修管理局(BAR)	《烟雾检测指南》(2013 年版)	加州实施 I/M 制度的操作指南
2016 年	加州消费者事务部机动车维修管理局(BAR)	《烟雾检测 OBD 指南》(2016 年版)	提供关于 OBD 检查的具体指导
2017 年	加州消费者事务部机动车维修管理局(BAR)	《检测师及维修师考试指南》(2017 修订版)	介绍考试内容、知识点、考试形式、时长,参考书目等

二、明确部门职责分工

(一)联邦政府层面

根据法律授权,联邦政府层面 I/M 制度的主管部门是美国环保局,牵头负责开展整体 I/M 制度的顶层设计,制定法规、标准、监督管理和效果评估等工作,指导各地如何达到清洁空气法要求的各项空气指标,批准各地执行 I/M 制度的计划。同时,美国环保局与美国运输部的公路管理局等政府部门之间相互协调配合,

对各地实施情况进行监督,搭建联防联控管理机制;美国下设几个大区的空气资源局(ARB)负责指导和监督各大区内的州政府的项目执行。交通运输部门全程参与规划管理过程,明确而细化的分工保证了I/M制度的实施成效。

(二)州政府层面

在地方,由州机动车维修管理局或州环保局牵头制订州实施方案,包括站点、设备、人员的许可及监督管理等,机动车管理局(DMV)则配合环保局实施路检,并在车辆登记环节进行把关。有安全检测的州基本由DMV主管,与环保局合作进行;没有安全检测的州基本上以环保局为主体,DMV配合实施。以加州为例,环保部门参与空气质量监测及相关机动车尾气排放技术标准选择等;1972年成立的加州消费者事务部机动车维修管理局(BAR)的主要职责是:保护消费者的权益、促进机动车维修行业公平竞争、全面负责实施I/M制度,包括I站和M站的管理、检测与维修技师的认定及设备认定等。例如机动车维修管理局有工程研究部,其主要负责对检测设备和检测方法进行研究和认定,如图6-1~图6-4所示。

图6-1　检测设备温度测试

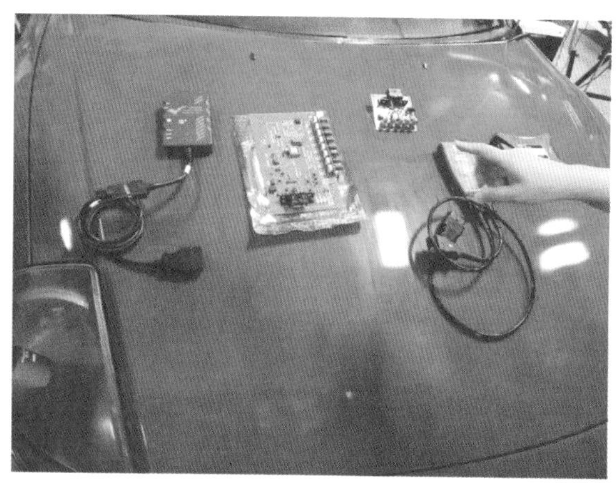

图 6-2　机动车维修管理局工程研究部对 OBD 检测方法进行“打假”研究

图 6-3　机动车维修管理局工程研究部的 OBD 检测研究与应用

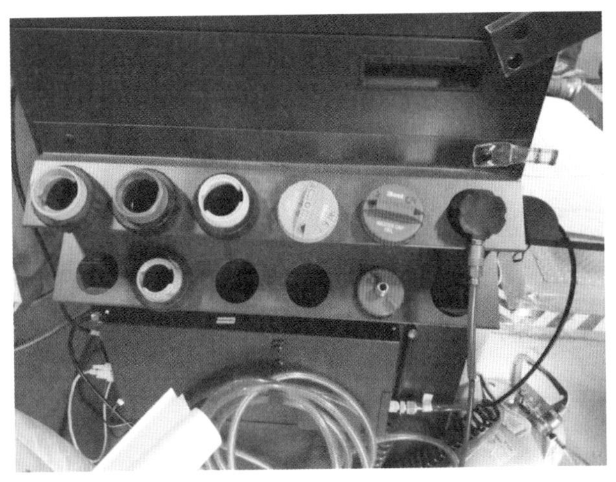

图 6-4　燃油蒸发的研究与应用

三、I/M 制度类型

美国 I/M 制度在实施中不断细化，根据空气质量治理目标要求，在强化型检验、基本型检验、仅转移登记检验三种不同强度的基础上，进一步细化形成 6 种区域类型。其中，基本型分为 2 类，分别为基本 I/M 制度、8h 臭氧标准的基本I/M 制度；强化型分为 4 类，分别为高强化 I/M 制度、低强化 I/M 制度、臭氧传输带低强化型 I/M 制度和 8h 臭氧标准的地区强化 I/M 制度。

对于空气质量中等的地区可以执行基本 I/M 制度，对于空气质量较差的地区要求执行高强化 I/M 制度。另外，对于本地空气质量达标，但地理位置位于空气污染严重地区上风地带的地区，如美国的东北部（统称臭氧传输区域），也要对在用车执行高强化 I/M 制度。以亚利桑那州为例，截至 2016 年 5 月 1 日，亚利桑那州菲尼克斯城区未被分类为 8h 臭氧标准区域，其 CO 通过车辆维护可达标，但颗粒物（PM）严重超标，故该地区执行高强化 I/M 制度。

各州可根据划分不同区域类型配备所需的人员、设备、站点类型和数量。I/M 制度的差异化实施可以合理配置资源，在保障空气质量达标的情况下节省成本。各类别 I/M 计划绩效标准见表 6-3。

基本型和强化型 I/M 制度的绩效指标　　表 6-3

计划类型	强化型				基本型	
	高强化 I/M 制度	低强化 I/M 制度	臭氧传输带低强化 I/M 制度	强化 I/M 制度（8h 臭氧标准）	基本 I/M 制度	基本 I/M 制度（8h 臭氧标准）
网络类型	集中检测					
开始日期	已经拥有 I/M 制度的地区，开始日期为 1983 年；新执行 I/M 制度的地区，开始日期为 1995 年	已经拥有 I/M 制度的地区，开始日期为 1983 年；新执行 I/M 制度的地区，开始日期为 1995 年	1991 年 1 月 1 日	被分类为 8h 臭氧标准地区有效后 4 年	已经拥有 I/M 制度的地区，开始日期为 1983 年；新执行 I/M 制度的地区，开始日期为 1994 年	被分类为 8h 臭氧标准地区有效后 4 年
检测频率	1 年检测 1 次					
涵盖的车型	1968 年及之后生产的车辆					
涵盖的车辆类型	轻型乘用车和轻型货车，车辆总质量额定值为 8500lb（约合 3.86t）				轻型汽车	
尾气排放检测类型	1981 年之前生产的车辆：怠速检测； 1981—1985 年生产的车辆：IM240 行驶工况双速检测； 1986 年及之后生产的车辆：瞬态质量排放量检测	涵盖的所有车辆：怠速检测	1968—1995 年生产的车辆：采用遥感检测； 1996 年及之后生产的车辆：OBD 检测	1968—2000 年生产的车辆：怠速检测； 2001 年及之后生产的车辆：OBD 检测	涵盖的所有车辆：怠速检测	1968—2000 年生产的车辆：怠速检测； 2001 年及之后生产的车辆：OBD 检测
排放标准	不同年份不同车型的排放限值（HC、CO、NO_x）	详见联邦规章典籍（CFR）第 40 篇第 85 部分 W 子部分的要求	遥感检测标准：CO 不超过 7.5%	详见联邦规章典籍（CFR）第 40 篇第 85 部分 W 子部分的要求	不得低于联邦规章典籍（CFR）第 40 篇第 85 部分 W 子部分的要求	详见联邦规章典籍（CFR）第 40 篇第 85 部分 W 子部分的要求

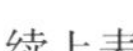

续上表

计划类型	强化型				基本型	
	高强化 I/M 制度	低强化 I/M 制度	臭氧传输带低强化 I/M 制度	强化 I/M 制度（8h 臭氧标准）	基本 I/M 制度	基本 I/M 制度（8h 臭氧标准）
排放控制设备检查	目视检查。 1968—1971年生产的车辆：曲轴箱通风阀； 1972—1983年生产的车辆：废气再循环阀； 1984年及之后生产的车辆：催化剂和燃油入口限制器	目视检查。 1968—1971年生产的车辆：曲轴箱通风阀； 1972年及之后生产的车辆：废气再循环阀	目视检查。 1968—1974年生产的车辆：曲轴箱通风阀； 1975年及之后生产的车辆：催化转换器	目视检查。 1968—1971年生产的车辆：曲轴箱通风阀； 1972年及之后生产的车辆：废气再循环阀	无	无
蒸发系统功能检查	1983年及之后生产的车辆：燃油蒸发系统完整性（压力）检测； 1986年及之后生产的车辆：燃油蒸发系统瞬态净化检测	无	无	2001年及之后生产的车辆：通过OBD进行检查	无	2001年及之后生产的车辆：通过OBD进行检查
严密性	1981年及之前生产的车辆：20%排放检测失败率		无	1981年及之前生产的车辆：20%排放检测失败率		
豁免率	未通过检测的车辆数的3%				0	
符合率	96%				100%	
路查	进行路查，检测车辆数不少于同类车型保有量的0.5%或2万辆（取较小值）				自行决定是否进行路查	

续上表

<table>
<tr><th rowspan="2">计划类型</th><th colspan="4">强化型</th><th colspan="2">基本型</th></tr>
<tr><th>高强化
I/M 制度</th><th>低强化
I/M 制度</th><th>臭氧传输带低强化 I/M 制度</th><th>强化
I/M 制度
(8h 臭氧标准)</th><th>基本
I/M 制度</th><th>基本
I/M 制度
(8h 臭氧标准)</th></tr>
<tr><td>评估日期</td><td colspan="3">2002 年 1 月 1 日</td><td>地区被分类为 8h 臭氧标准有效后 6 年</td><td>臭氧未达标地区为 1997 年;CO 未达标地区为 1996 年;此后,对于臭氧未达标情况严重地区,在每个适用时间节点进行评估</td><td>地区被分类为 8h 臭氧标准有效后 6 年</td></tr>
</table>

根据地区空气质量情况实施差异化 I/M 制度。以加州为例,根据是否达到联邦空气质量标准的情况将全州划分成了 3 个区域,分别是执行强化 I/M 制度区域、执行基本 I/M 制度区域和车辆所有权变更区域。通常情况下,检查站所在的地区决定了检查站许可证类型和检查站设备要求。美国加州三类区域的车辆检验要求具体见表 6-4。

美国加州三类区域的车辆检验要求　　表 6-4

区域类型	区域特点	检验要求	检验方法
强化型地区(Enhanced)	O_3 和 CO 不满足联邦或州空气质量标准	(1)每两年进行一次排放检验; (2)变更登记或迁入加州时也检验	(1)1976—1996 年生产的车辆适用稳态工况法 ASM; (2)1996—1999 年生产的车辆,适用 OBD 和 ASM; (3)2000 年以后生产的车辆,仅适用 OBD
基本型地区(Basic)	空气质量处于临界值	(1)每两年进行一次排放检验; (2)变更登记或迁入加州时也检验	(1)1976—1999 年生产的车辆,适用双怠速法(TSI); (2)1996—1999 年生产的车辆,适用 OBD 和 TSI; (3)2000 年以后车辆,仅适用 OBD

续上表

区域类型	区域特点	检验要求	检验方法
所有权变更地区(Change of ownership)	空气质量良好	变更登记时候检验	(1)1976—1999年生产的车辆,适用TSI; (2)1996—1999年生产的车辆,适用OBD和TSI; (3)2000年以后生产的车辆,仅适用OBD

四、服务站点类型及其管理

美国加州将站点分为机动车排放检验机构(I站)、机动车排放污染维修治理站(M站)、机动车检验与维修治理站(I/M站)、州仲裁机构和STAR认证站。不同的站点要满足不同的许可条件和业务范围,加州不同类型站点的服务内容见表6-5。

加州不同类型站点服务内容　　表6-5

类　型	服务内容
I站	I站只能进行尾气排放检验,不能对车辆进行维修或诊断,但可以免费进行一些微小的调整。I站并不只限于测试受指示或重污染车辆。任何车辆所有人都可以选择到I站进行车辆检验
M站	M站获准诊断和维修检测的排放超标车辆。M站不进行正式的汽车尾气排放检验
I/M站	I/M站获准进行检验,并且可在需要时对须接受尾气排放检验的车辆进行诊断、调整和维修。到STAR认证站的受指示车辆可以不在普通的I/M站进行认证测试
州仲裁机构	州仲裁机构提供特殊的测试服务,包括在传统的I站未提供的特有服务。通常情况下,BAR仲裁为常规车辆或常规检查站不常遇见的排放检查情况提供服务。仲裁检验服务适用下列情况: (1)汽车驾驶人认为其车辆检验或维修不当,导致尾气排放检测不合格; (2)汽车驾驶人申请维修费用豁免证书; (3)汽车驾驶人不能确定所需排放控制零件的位置,并且有资格获得有限的零件豁免; (4)车辆被豁免,但是在DMV登记更新通知上收到了"要求尾气排放认证"的说明。仲裁可以提供豁免车辆验证,一起与DMV解决问题
STAR认证站	STAR认证站是从I站和I/M站中筛选出来的,满足更高设备和人员要求,主要用于重污染车辆或抽检车辆检测认定,以及得到州补贴的维修站点。BAR会指示一部分强化地区内的车队车辆到STAR认证的I站进行检验和认证。此外,所认定的重污染车辆只能接受STAR认证的测试站或BAR仲裁机构的认证

（一）美国的站点许可

美国联邦政府规定，执行 I/M 制度的管理部门对承担 I/M 任务的 I 站和 M 站进行认定并签订合同。在加州，只有获得 BAR 许可的站点才可以运营 I/M 制度中的检验、维护业务，在 BAR 登记的汽车维修商须满足下述要求，才可申请成为 I 站、M 站或 I/M 站：

（1）雇用至少 1 名持证检验员或维修人员，并且被雇用人员应满足相应的站点对其的要求。

（2）根据相应的检查站类型，配备相应的检验和维修设备，以便对其站点内接受检验和/或维修的车辆进行检验或维修。除此之外，STAR 认证的检查站必须拥有供需要接受检验的所有类型车辆（包括指定车辆）使用的检验设备；STAR 测试 M 站还必须拥有供需要接受检验的所有类型车辆使用的必备维修工具。

（3）通过 BAR 的检验，满足站点持证标准。

（4）向 BAR 递交申请和站点许可证费用（年许可证费用为 100 美元）。

许可证期限为颁发许可证开始之后的一年时间，过期后需要在 60 日内重新向 BAR 申请。加州 I 站、I/M 站标识如图 6-5 所示，I 站、I/M 站实景分别如图 6-6 和图 6-7所示。

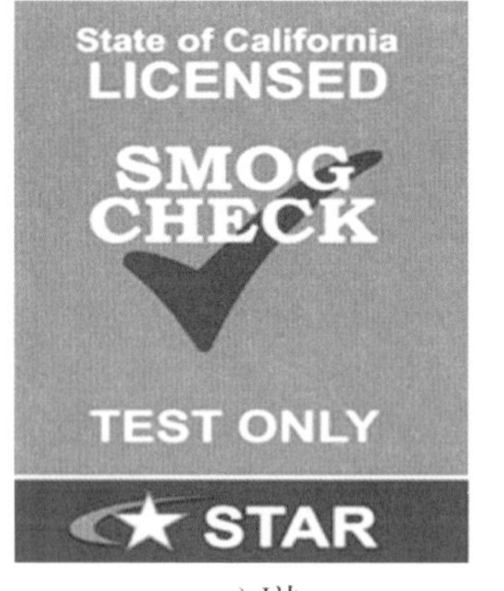

a) I站

b) I/M站

图 6-5　加州 I 站、I/M 站标识

维修企业申请成为 M 站的，首先根据 BAR 公布的要求对照自身企业条件，检查是否具备合法的汽车维修资质、维修牌照标识及规范的站点标识、必要的场所及

人员、具备必要的设备,以及其他维修必需的技术资料、BAR 发布的指南等。其次,提交申请表后,经 BAR 组织的现场考核(时长约 2h)合格的,实现与 BAR 的数据系统对接(可上传维修记录),方可正式成为 M 站。加州有烟雾检查资质的汽车维修企业站点如图 6-8 所示。

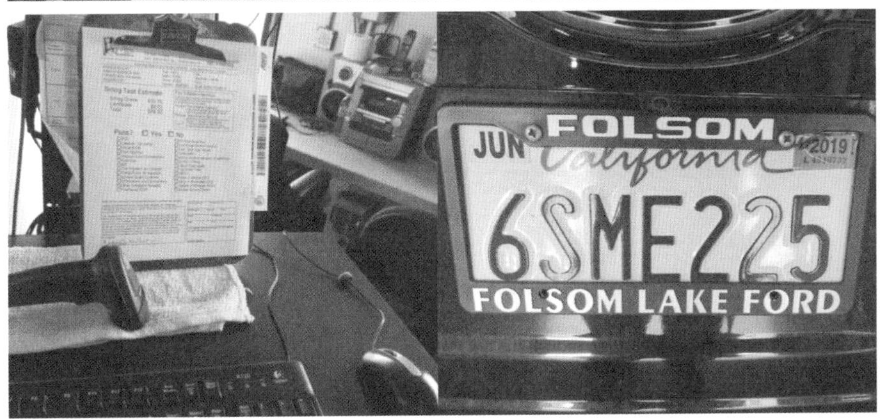

图 6-6　加州 I 站实景

(二)从业技术人员资格要求

从业人员可以仅专门从事检验,也可既从事检验并同时从事维修,但相应资质要求有所差异。根据美国环保局的规定,所有从业人员应接受正式培训并应获得执行检查的执照或证书(有效期不超过两年)。加州的技术资质授予要求如下。

1. 汽车排放检验员

获得汽车检验许可证之后,只允许在站点进行车辆检验,但不能从事与排放检验相关的车辆的调整、诊断、维修等。在加州，汽车排放检验员可对加州各地需要接受排放检查的车辆进行检验和认证。要成为一名排放检验员，申请人在完成一级培训（发动机和排放控制系统）和二级培训（车辆检验程序及法规）后，需要通过由加州监管的考试，方可获得排放检验员许可证，后续更新许可证还需进行更新培训。汽车排放检验员的培训体系见表6-6。

图6-7 加州I/M站实景

图 6-8　加州有烟雾检查资质的汽车维修企业站点

汽车排放检验员的培训体系　　表 6-6

培训级别	培训内容
一级培训(发动机和排放控制系统)	具有较少经验或无经验的检验员申请人需要参加一级培训。本培训为学员提供必需的发动机和排放控制系统知识,以便使他们能进行准确的车辆检验。本培训时长最少为 68h,而且必须在 BAR 认证的培训机构完成。 有经验的申请人(拥有 ASE A6、A8 和 L1 证书),或拥有文学副学士学位①(AA)/理学副学士学位(AS)或汽车技术证书,具有至少 1 年经验,并且已经完成 BAR 指定的培训,则可以跳过一级培训
二级培训(车辆检验程序及法规)	所有申请人都必须完成二级培训。本培训包含 I/M 规则、法规和操作程序。本培训时长最少为 28h,而且必须在 BAR 认证的培训机构完成

注:① 美国的副学士学位是指两年制社会大学所授予的学位。

2. 汽车检验维修人员

汽车检验维修人员是指既可以从事检测又能从事相应维修作业的从业人员。考试申请人必须满足下列四个标准之一,并通过加州的考试。

(1)拥有美国 ASE 颁发的电气/电子系统(A6)、发动机性能(A8)和发动机性能高级专家(L1)类证书;

(2)拥有文学副学士学位、理学副学士学位或在加州认可或承认的大学、公立学校或职业学校取得的更高级别的汽车技术学位,并且在发动机性能领域内具有

1 年的维修经验；

(3)拥有在加州认可或承认的大学、公立学校或职业学校取得的汽车技术证书，完成的课程作业至少为 720h(包括发动机性能领域内的至少 280h)，并且在发动机性能领域内具有 1 年的维修经验；

(4)在发动机性能领域内具有至少两年的维修经验，并且在近 5 年中成功完成了 BAR 指定的诊断和维修培训。

美国非营利性组织 ASE 的认证标识如图 6-9 所示，其认证等级如图 6-10 所示。

图 6-9　美国非营利性组织 ASE 的认证标识

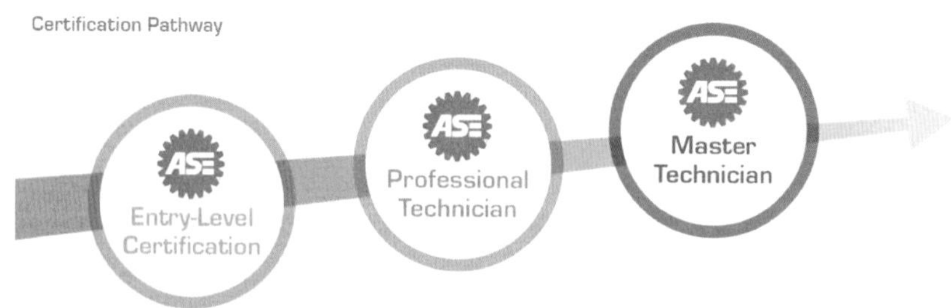

图 6-10　美国非营利性组织 ASE 的认证等级(入门、专业、高级专家)

汽车检验维修人员须持证上岗，且每两年接受培训并更新许可证。实施相关培训的培训机构，需获得机动车维修管理局认证，方可提供相应培训课程。加州

BAR 颁发的从业资格证如图 6-11 所示。加州汽车职业培训学校尾气检测培训室如图 6-12 所示。

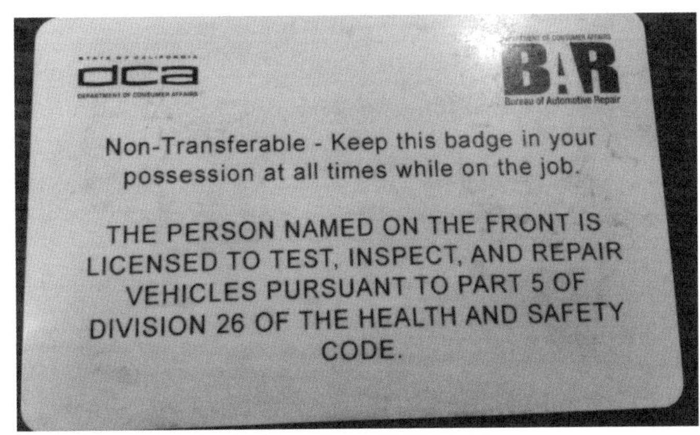

图 6-11　加州 BAR 颁发的从业资格证

图 6-12　加州汽车职业培训学校尾气检测培训室

3. 站内设备的要求

I/M 制度的质量控制体系是保证排放检测精度和准确性的根本，它包括严格地执行排放测试方法规定的程序，对废气分析仪、底盘测功机等设备的功能、精度和使用要求都有明确规定。站点运营方应对检测仪器进行定期的计量检定和气体标定，并保存检定和标定记录；检测过程实行自动化，严禁人为篡改检测数据；对相关文件严加保密；实施设备认证，所用测试仪器必须经机动车维修管理局认证（符合 BAR97 标准，且仪器上注明经 BAR 认可），保证测试仪器的准确度和精度。

对于M站的设备,须符合州主管部门的要求,如加州的M站须符合BAR的要求(表6-7)。

加州M站设备要求　　表6-7

序号	加州规定M站需配备的设备
1	针对各类车型的点火系统、燃油供给系统、排放控制系统、发动机控制系统和其他相关部件的诊断设备和维修工具。设备或维修工具可以是单一功能的,也可以是多功能的
2	点火分析仪/示波器(至少可以显示点火系统初级电压和线圈振荡以及点火系统次级电压和点火时间),对于具有分电器的车辆,设备应可以同时显示所有汽缸的上述信息(柴油车M站不需要)
3	点火正时灯
4	手动真空泵和压力表
5	压缩测试仪
6	转速/闭合角测试仪(柴油车M站不需要)
7	能够测量高压力的燃油压力表
8	丙烷浓缩套件(柴油车M站不需要)
9	精确度为毫安级的电流表
10	高阻抗数字电压/欧姆表
11	调整、维护和修理车辆点火、燃油供给和排放控制系统所需的手动工具
12	具备车辆故障码读取装置,并附有其操作说明。该装置应显示和存储实时流式OBD数据,并应具有双向功能。设备的硬件和软件应更新至当前最新版本
13	能够访问加州BAR网站并输入维修数据的设备

五、严格站点监督管理

各站点的公平规范是保证I/M制度有效实施的重要保障。美国环保局规定各州需设立专门的行政审计部门对站点、设备、人员等定期进行审计,包括暗访审计和公开审计,并按规定向联邦提交审计报告。

首先是公开检查。行业管理部门对各类站点每年至少进行两次公开检查。检查内容包括站点营业执照、检测/维修记录、检测数据显示以及检测、维修人员完成检测和判断排除故障的能力等。站点管理者每月要检查本站检验员的工作和检测记录的保存情况。

其次,行业管理部门对各类站点每年进行一次暗访。检查内容包括超标车是否复检、检测操作是否符合标准、检测维修质量及收费是否合理、是否有受贿行为等。暗访的实施是由熟悉汽车排放的技术人员以用户身份出现,事先在车上设定

故障使排放不合格，全面考察检测/维修人员的工作能力。暗访人员同样经过培训并取得相应执照。

最后，在站点周边对经检验的车辆进行抽查。对站点检验车辆结果与抽查结果进行对比分析，进而判断站点或技术人员是否存在作弊行为。当发现有违规操作时，视情形对违规站点处以暂停营业，对检测或维修人员处以停职、强制培训、撤销从业资格等处罚。

六、共享汽车检验与维修治理数据

准确的数据采集对 I/M 计划管理、评估和执行极其重要。联邦层面建立中央数据系统，并要求各州建立集中式数据库与中央数据系统联网，各州按美国环保局规定的数据收集范围、传输格式和频率采集数据，形成数据分析报告提交给美国环保局。

I 站要定期向环保部门提供上一年度的检测计划基本统计信息，包括：

(1)检测的车辆数量；

(2)不同类型车辆的数量和百分数：

(3)初始检测量；

(4)初始检测失败率；

(5)受检车辆修理后车辆排放水平的平均增长或减少量。

上述信息汇总之后，各州定期向环保部门提供上一年度的质量保证计划基本统计信息，包括：

(1)检查站的数量；

(2)该年度全年运营的检查站的数量；

(3)暗访审计的数量；

(4)检查员和站点的数量；

(5)获得从事检测活动的执照或认证的检查员人数；

(6)向检查员和站点收取的罚款总额(按违规类型)；

(7)该年度暗访审计的车辆总数；

(8)暗访审计的审计师人数。

七、实施路查和抽检与处罚

美国环保局规定，实施强化型 I/M 制度的地区必须进行路查，实施基本型 I/M

制度的地区自定是否进行行驶检测。实施路查目的是检查汽车的 HC、CO、NO_x 和 CO_2 排放是否达标。路查分为行驶中检查或路边检查，具体手段包括遥感、路边尾气或蒸发排放测试、OBD 检查等。根据规定，路查要达到一定比例，被抽查车辆不得低于同类型车辆保有量的 0.5%或不少于 2 万辆，以较低者为准。对于符合条件的地区，对路查项目可实行排污削减信用的支持。

加州政府通过上述手段实施路查，及时发现 10%~15%的高排放车辆，并要求限期到相关站点进行维修，否则处以最高 500 美元的罚款。在加州，路查不合格的车辆，应于收到通知后 30 日内到有关 I 站进行检测，否则每天应支付 5 美元的管理费（实质为罚款），但最高不超过 500 美元。此外，法律还规定 OBD 报警灯亮起后，驾驶人必须及时将车送去维修，驾驶排放不达标车辆上路的应承担相应责任。

八、设立专项基金及维修豁免机制

根据美国环保局《在用车检测维护（I/M）规定》，各州应收取部分检测费并存入专用基金。基金专门用于 I/M 制度实施、监督和管理支出。但若有的州能够证明可按其他方式筹得足够的资金，也可采用替代方案。

加州 I/M 法律要求设立 I/M 制度专项基金，用途包括对政府设立的站点和中低收入车主车辆维修治理费用进行补贴，以及为发放检验合格证书、豁免低收入群体检验费用等。基金主要有 5 种来源：①车辆登记附加费（4 美元，于车辆初次登记时收取）；②BAR 向测试站和具有裁判功能的站点等排放检查站收取一定费用；③发放车辆合格证书和不合格证书的收入；④个人捐款；⑤行政罚款等其他收入。

车辆维修金额达到一定金额，即可被豁免。加州法律规定两年一次的尾气排放检测所需的维修费用超过 650 美元，其车辆仍不能符合在用车排放标准，则车主可以申请维修费用豁免证书。维修费用豁免证书只能由仲裁机构颁发。

九、轻型车生产企业提供的产品质保期

美国联邦政府要求对轻型汽车提供两年或 2.4 万 mile（约合 3.8 万 km）的质保期限，质保期内汽车持续符合排放标准，其中环保关键部件质保期为 8 年或 8 万 mile（约合 12.9 万 km）。质保期内尾气不合格由汽车企业承担维修成本。消费者可自主选择独立的维修企业维修质保范围的零部件，而不得限定在生产企业的授权经销商内。

针对加州认证的车辆，制造商必须保证车辆在前 3 年或前 5 万 mile（约合 8 万

km)期间通过所有烟雾检测检验。这意味着前3年或5万mile期间导致烟雾检测检验不合格的任何部件故障必须在保修期内免费维修,除非存在影响不合格的滥用、疏忽或篡改(按保修的规定)。针对性能优异的排放控制零件,排放控制保修期延长至7年或7万mile(约合11万km)。在车辆认证时确定高价值零件,并且列在车辆制造商提供的所有人信息包内的保修声明中。对于加州排放要求更严厉的"部分零排放汽车"(Partial Zero Emission Vehicle,PZEV),所有排放相关部件的保修期延长至15年或15万mile(约合24万km);混合动力电动汽车电池保修期延长至10年。

第三节　欧盟和日本实施I/M制度技术方法

一、欧盟在用车排放监管手段

欧盟各成员国汽车的技术管理由各国交通运输主管部门负责。在用车的年检是车辆技术管理的内容之一,欧盟对在用车排放控制措施主要是实行年检制度,由交通运输主管部门授权有条件的I站具体执行,检测项目包括排放、制动、灯光、侧滑、悬架振动等。其中,汽车排放检测是年检的一个重要项目,检测内容包括排气装置的外观检测及发动机运行中的排放检测。检验合格的车辆可获得年检合格标识,张贴于车辆牌照上(图6-13)。

图6-13　德国汽车年检合格标识

自2007年1月1日起，所有新注册车辆均应进行OBD检测，目的是监控车辆中与废气有关的元器件；立即识别和显示导致排放提高的故障；保护受损原件，例如催化转换器等；存储和处理所出现的故障信息。OBD对下列装置或功能进行监控❶：

(1)汽油机进气量探测器、内燃断续器、可监控或可调节加油口盖、催化转换器、燃油容器通风设备、连接控制器且与排放有关部件的电路故障、对减少排气量产生影响的其他子系统或元件(如废气再循环系统、二次空气喷射系统、空气流量传感器、加速踏板位置传感器)。

(2)柴油机颗粒捕集器及催化转换器、可监控或可调节加油口盖、出现电路故障或全部停机时的燃料量和喷油调节器、对排放有影响的其他部件或子系统。

法国汽车检测实行国家统一法规，政府制定价格。车辆检测中心(站)的设置是由政府根据区域需求量批准，并由经过认证的、相对独立的第三方来执行。法国约有5500家检测机构，96%是网络化经营的，由5家大的检测网控制，并且均与法国交通运输主管部门联网。各省均有检测管理机构，负责从技术标准方面进行监管和认定，并提供技术支持，所有的检测信息及检测数据自动汇总到交通部信息中心，实现检测信息及检测数据共享。

德国的机动车年检并不通过国家官方机构进行，而是由数家私人企业进行。通常情况下，由国家监督协会来管理这些社会检测机构。所委托的汽车检测机构对交通部负责，并有一套完整的管理办法和管理手段，包括对人员培训、设备准入、检测规范等管理内容和具体要求。德国交通部有抽查检测质量的权力，但政府部门不直接管理机动车排放检验机构。德国交通部负责制定汽车排放检测设备的测试标准和市场准入条件，并负责管理，对其他汽车维修和检测设备则完全由其委托的汽车检测机构(TÜV、DERKA)控制市场准入。德国汽车年检机构的检测线分别如图6-14和图6-15所示。

德国汽车检测分为技术性能指标检测和尾气排放检测，每次检测结果自动录入计算机数据库，并与国家颁布的标准作比对，显示合格即可通过。如果检测不合格，根据车主意愿可分为一个月内维修和复检(MD)、一周内维修复检(SD)，如果最终没通过检测，那就要强制报废(DP)。这种检测的价格(在德国，乘用车一般两年检测一次)，技术和性能的检测费用每次53欧元，尾气排放检测费用则根据不同车型而有一定差别，价格在20~50欧元不等。

---

❶ 菲舍尔·理查德，等，著．汽车技术图表手册[M].周正安，黎亚龙，译.长沙：湖南科技出版社，2012.

图 6-14　德国某小型汽车检验机构的检测线

图 6-15　德国某大型汽车检验机构的检测线

汽车年检时采用的排放标准根据汽车生产年代不同而有差异,即老车老标准、新车新标准。当前对几乎所有类型车辆排放的 NO_x、HC、CO 和 PM 均有限制,对每一种车辆类型,汽车废气排放标准有所不同。

法国交通法规规定,对在用汽车进行安全技术检测,公共交通车辆每 6 个月检测一次,重型汽车每年检测一次,其他在用汽车每两年检测一次。在德国,汽车联邦管理机构负责管理和监督认证单位。对家用小汽车来说,一般新车前三年只需进行一次检测,之后会根据情况区别对待,大约是每两年进行一次检测,内容不仅包括制动系统、节气门等的检测，还包括像尾气排放、燃油效率等环保项目的检测。欧盟在用车排放检验周期见表 6-8。

欧盟在用车排放检验周期　　表 6-8

车辆种类	检验周期
小汽车	新车：3 年。 旧车（G 形三元催化转换器，柴油车）：2 年。 旧车（无三元催化转换器或带 U 形三元催化转换器）：1 年
摩托车	不检测尾气排放
载货汽车（≤3.5t）	G 形三元催化转换器，柴油车：2 年。 无三元催化转换器或带 U 形三元催化转换器：1 年
轻型客车、出租汽车、载货汽车（>3.5t）	1 年

欧盟实施商用车辆路检抽查。欧盟各成员国政府根据指令 2000/30/EC，可在道路、港口或其他任何合适地方对境内运行的商用车进行未通知的路检，检查内容包括目测车辆维护状况、以前技术性路检中的合格文件及相关路检报告等。若车辆通过路检抽查，记载检测结果的证书应交给驾驶人。若路检中发现车辆维护较差，需对车辆进行更详细的检查，要求车辆到由政府认可的 I 站做进一步检测，若检测结果显示不符合排放标准，可立即禁止该车辆在道路行驶。目前，欧盟地区对商用车的路检主要依据技术指令 2010/47/EU（2000/30/EC 的修订版本）进行。

对于排放不达标的车辆，要到由政府认可的 M 站进行修理，车辆在修理后的一个月后进行复检，复检仍不合格的车辆必须执行报废。若检测不合格车辆没有按规定进行修理，警察将对其实施罚款。例如在德国，检测不合格的车辆如果超过两个月既不修理也不复检，警察会对车主实施 30 欧元的罚款。此外，经机动车排放检验机构检测合格的车辆在车牌中间位置更换检测标志牌。欧盟不仅对各类汽车产品逐步建立了统一的定期检验制度（年检制度），后来又专门针对重型商用车辆建立了统一的路边检验制度（路检制度）。通过对汽车定期的检查、维护，使其经常处于良好的工作状态，保证各尾气净化装置工作正常，而不是通过对在用车进行技术改造或加装排放控制装置来降低在用车的排放。

2000 年，我国交通部为了研究推广 I/M 制度，组织汽车检测维修赴欧考察团对欧洲汽车检测维修行业进行实地考察，参观德国 M 站尾气维修治理项目，如

图 6-16 和图 6-17 所示。

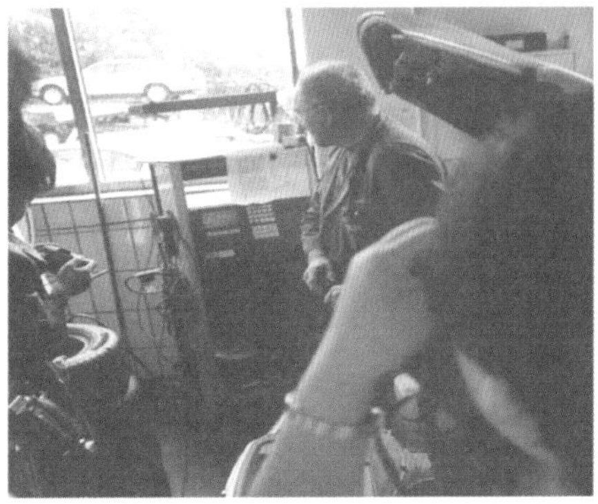

图 6-16　德国博世 M 站

图 6-17　汽车维修企业内的 TÜV 检测[1]

[1] TÜV 是德语 Technischer Überwachungs-Verein 缩写，意为德国技术监督协会。

二、日本在用车排放监管手段

日本对在用车排放的监管主要包括制定更为严格的国家和地方排放标准、针对污染严重区域重点控制、实时监测机动车尾气排放等，这些制度与日本对机动车采取的定期检查和日常检查等检查方式配合进行。

基于《大气污染防治法》的规定，为了实时掌握空气质量，各都府县应设立大气测定局，并将所得到结果报告环境大臣。日本在全国范围内设立了一般环境大气测定局和机动车尾气测定局。一般环境大气测定局对包括机动车排放在内的大气环境进行监测，而机动车尾气测定局专门监测机动车尾气的排放。机动车尾气测定局通常设立在道路两侧、十字路口、交通阻塞严重路段等容易受到机动车尾气污染的地区，全天候监测机动车尾气的排放。

根据日本《道路运输车辆法》规定，交通运输主管部门可授权符合一定条件的汽车维修企业开展汽车定期检验，并出向车主具有效的检验合格证明。而对于检验不合格的车辆，也可以方便地进行必要的维修，从而极大方便车主。

对在用车的定期检验，在各地陆运署的287检测线上进行，法规限值可分为平均值与最高值，一个季度平均数不能超过平均值，而每辆产品车不能超过最高限值。

第四节 国外实施I/M制度成功经验总结

I/M制度是一项系统工程，需要汽车检验、维修行业以及机动车管理部门之间的相互配合，需要根据地区空气污染水平、汽车的发展及在用车排放水平随时进行调整修订，需要争取广大车主的支持。欧盟、美国、日本在进行机动车尾气污染防治工作中，摸索、构建了一套较为完善的机动车尾气污染防治法律体系，成功地完成了从机动车尾气污染受害国(地区)到机动车尾气污染防治先进国家(地区)的过渡，有几点经验值得借鉴，见表6-9。

欧盟、美国、日本实施I/M制度基本情况　　表6-9

国家和地区		时　间	法规制度完善度	技术成熟度	实施效果
欧盟	评价	◐	○	◐	◐
	备注	20世纪90年代	非明确、非闭环的法规体系	检验、维修、监督的技术体系成熟	运转良好，减排效果显著

续上表

国家市地区		时　　间	法规制度完善度	技术成熟度	实 施 效 果
美国	评价	◉	◉	◉	◉
	内容	20 世纪 60 年代(加州)	I/M 制度明确、系统化的法规体系	检验、维修、监督的技术体系成熟	运转良好,减排效果显著
日本	评价	◐	○	◐	◐
	备注	20 世纪 90 年代	非明确、非闭环的法规体系	检验、维修、监督的技术体系成熟	运转良好,减排效果显著

注:◉表示领先,◐表示中等,○表示弱(或时间迟)。

一、健全法律法规体系保证执行力

美国的 I/M 制度不是与生俱来的,也不是发布之后就立竿见影的,也经历了先行探索效果不佳,转而诉诸法律且强制有关地方实施的过程。法律赋予行政主管部门的权力使该制度得到较好的贯彻执行。

美国完善的法规顶层设计,使制度建立和实施有法可依,同时法律法规的制定要形成体系,即中央制定上位法,地方制定实施文件、配套指南,明确检测标准、维护规范、数据规范、评估制度等要求,以确保制度有效贯彻实施。美国 I/M 制度的实施得益于美国环保局的大力推行,国家《清洁空气法》对部门和地方政府进行了充分授权,同时美国环保局牵头制定 I/M 的制度框架,各地方制订具体实施方案。在保障制度执行方面,美国环保局及各地牵头部门还制定了相应的技术指南、管理手册等,为宣贯制度要求和制度的普遍推行打下了良好的基础。其中,各地实施在用车环保检测的实施细则,也纳入地方立法。每一层次的法律法规都明确规定了各级政府在治理空气上的权限和职责,各有侧重,层层衔接,形成了一套完整、全面、适用于机动车尾气治理的法律体系。

二、相关部门分工协作形成闭环管理

美国在国家层面由美国环保局牵头,地方层面也明确由机动车管理或环保部门牵头。部门分工较为明确,牵头部门负责站点的许可、开展路上车辆监督、制度实施效果评估等。

我国建立实施该制度应涉及生态环境、交通运输、公安、市场监管等多个部门,只有部门间密切配合,建立数据采集和数据分析系统,检测、维修等相关主体共享数据,才能实现对车辆的有效监管。同时负责机动车登记管理的部门与 I/M 主管部门密切配合,实施路检,限期维修,违规处罚,才能保障闭环管理。

三、严格把关站点能力建设

美国实施 I/M 制度对站点、设备、人员制定了规范的认定标准,定期开展有关培训,使制度具有较强的可操作性。一是对站点类型作出划分,除了一般的 I 站、M 站外,还设置了代表能力更齐全、操作最规范的 STAR 认证站,以及处理争议和难题的仲裁站。二是对 I/M 项目所用到的检测设备提出严格要求,并要求取得相应认证。三是从业技术人员要求较高,除了必须具备相应经验外,还要参加相应课程、通过相关考试,取得资质证书才能从事具体业务。执业期间,也还要定期参加技术和管理等方面内容的培训,确保将制度最新要求落到实处。

除了在法规中明确要求外,有关部门也制定了操作指南、问答资料等,为管理者、从业人员、车主提供指导。完备、具体的管理和操作规范,有力地确保了制度贯彻实施。

四、强化检验监督体系

美国非常注重运用技术手段加强监管。例如对车辆进行定期检验、OBD 检验,针对路上车辆开展远程监测、抽查等,从而加强对车辆的监督。对于站点的运营,要求开展站点的明察暗访,并规定了抽查的频次要求。此外,美国环保局制定了一系列的评估模型,各地站点作业数据按评估模型开展制度运行效果评估,实现了中央对地方的监督。

这一系列完善的监督措施,促进了 I/M 制度公平、公正开展。因此,我国实施 I/M 制度也应对站点进行严格的认定,确保其具备相应能力,对站点、人员进行持续监管、培训,不断提升行业服务能力和水平,综合运用路检、遥测、OBD 等多元化的手段对车辆进行监测。

五、建立必要的基金及维修豁免等配套机制

美国检测、复检的价格实行市场定价,但第一次复检免费较为常见。美国法规不仅要求轻型车生产企业要公开环保部件技术信息、提供较长期限的质保,而且要求维修市场替换用配件均需符合相关认证。这既保证了质量,又促进了市场竞争,对于保证维修质量、降低车主维修成本具有重要作用。此外对于低收入群体,或维

修成本达到一定金额的,制度也安排了相应的救济措施。

可见,要平衡车主、I 站、M 站、主机厂等各方利益,检测、维护收费应公开透明。要减少车主复检、维修的时间和资金成本,如实施维修费用最高限值和豁免、低收入群体维修费用豁免,推广经认证的非原厂排放控制配件等。同时应充分发挥主机厂技术优势,进一步落实维修技术信息公开,保障 M 站和车主的权益。

六、定期评估制度效果并持续改进

美国要求各地利用相关检验、维修数据,对车辆合格率、维修经济性等效果进行评估。自 2018 年以来,加州已进行新的评估,进一步丰富制度覆盖的车型范围。可见,正是由于制度对于市场作出适时的反应、作出修正,才能不断提升制度运行的效果。

第七章 我国I/M制度设计研究

I/M 制度在欧盟、美国、日本等国家和地区已实施多年，行之有效，我国部分地区也试点实施了 I/M 制度，积累了不少经验。总体来看，对于治理在用汽车排放污染，实施 I/M 制度费用少、效果好、见效快，因此，在我国实施的 I/M 制度是一个能够落地的长效机制。但从试点实施情况和广泛调研实践发现，我国全面实施 I/M制度仍面临部门协作不畅、行业市场不成熟、数据共享不畅通、相关技术规范缺失等问题。本章主要介绍我国部分地区实施 I/M 制度的主要成效及存在的主要问题，同时充分借鉴国外经验做法，结合我国实际，从顶层设计我国全面实施 I/M制度的路线图，同时给出实操层面上的实施方案。

第一节 我国 I/M 制度实施条件

一、前期探索与进展

随着机动车排放污染的日益严重，我国从 20 世纪 80 年代后期开始对在用车排放进行较为全面的监督管理，我国 I/M 制度研究也是从这个时期开始的。经过三十多年的建设，初步形成了多部门管理体系。2014 年，交通运输部、环境保护部、公安部等 10 部委共同发布了《关于促进汽车维修业转型升级　提升服务质量的指导意见》（交运发〔2014〕186 号），明确提出实施 I/M 制度，促进行业生态文明

建设。近年来,广东、江苏、广西等地开展探索,试点实施了在用车 I/M 制度,取得了较好成效。2016 年,为贯彻《中华人民共和国环境保护法》和《中华人民共和国大气污染防治法》等法律法规,改善环境质量,促进机动车污染防治技术进步,环境保护部组织修订了《机动车污染防治技术政策》。

(一)通过地方性法规明确实施汽车 I/M 制度

研究发现,近年来我国 I/M 制度实施效果较好的地区均有地方性法规支撑,并在法规中明确了实施责任部门与分工。如 2007 年修订实施的《广州市机动车排气污染防治规定》率先明确对在用机动车实施排放检验与维修制度,2014 年实施的《江苏省机动车排气污染防治条例》提出建立机动车环保检验与维修制度,具体办法由生态环境部门会同交通运输部门制定。地方性法规支撑为推行 I/M 制度奠定了政策基础。

(二)生态环境、交通运输等多部门协同联动落实 I/M 制度

江苏省于 2016 年印发了《关于建立和实施汽车检测与维护(I/M)制度的指导意见》,对有关部门工作职责、信息化管理平台、业务流程、M 站认定标准等方面进行了进一步规范。张家港市于 2016 年 10 月成立了“张家港市机动车尾气治理工作领导小组”,领导小组组长由市领导担任,成员涉及交通运输、生态环境、公安、财政、市场监管、城管等部门,在交通运输局下设办公室。2010 年,广州市环保局联合市交通委员会、市场监管局、公安局四部门联合印发了《关于实施机动车排气污染定期检查与强制维护制度的通告》,制定了广州市 I/M 制度实施细则,从 2011 年 6 月起正式实施;广州市在 2015 年对该通告进行了修订完善,补充和强化了数据联网交换机制、维修复检程序、有关职能部门的监管职责等工作要求。2015 年以来,南宁、钦州、桂林三地分别由各市环保局会同公安、交通运输、市场监管、物价五部门联合印发《关于对在用机动车实施环保定期检验与强制维护制度的通告》,陆续对在三地进行年度安全技术检验的在用车同步实施环保定期检验与强制维护制度。2016 年,焦作市由环境保护部门牵头联合交通运输、公安部门开展针对重型柴油车的尾气超标排放治理工作,但管理主体是环境保护部门,机动车维修管理部门参与实施。

目前,广州市、南京市、张家港市交通运输部门通过信息化管理平台,已实现了对尾气排放超标车辆的闭环管理;焦作市生态环境部门也通过信息化手段实现了营运机动车尾气检测与维修的闭环管理。但目前仅广州市、张家港市生态环境部

门和交通运输部门之间实现了机动车排放污染检验与维修治理数据的联网共享，其他地区仅通过打印检测单及维修合格证的方式实现 HC、CO 和 NO_x 等检测指标的数据共享。

（三）建立配套性管理制度，制定相关标准规范

通过完善配套制度强化市场监管，制定技术规范和标准化工作流程，明确试点示范企业，提高机动车排放污染维修治理技术水平，为有效落实 I/M 制度提供了有力保障。2016 年，为适应汽车技术的进步、汽车使用环境的变化以及使用现行标准的需要，突出安全、环保和节能的要求，国家有关部门修订了《汽车维护、检测、诊断技术规范》（GB/T 18344—2016）。与此同时，各省、市也开展了大量的地方管理制度、标准规范制定工作，如江苏省制定出台了地方标准《在用汽车尾气排放相关维护技术规范》，制定了《汽车尾气排放性能维护企业（M 站）技术服务要求》等标准，并开展了《在用汽车尾气排放相关维护技术规范》的编制；广州市交通委员会制定了《广州市机动车排气污染维修管理办法》，广州市维修行业协会编制了《机动车排气污染维修工作指引》，并组织对相关技术人员进行专项培训，通过环保资金补贴形式在 6 家维修企业开展了工况法检测试点示范；张家港市交通运输部门陆续发布了《汽车尾气排放治理维护站（M 站）认定标准》《汽车检测与维护（I/M）制度尾气超标治理业务流程》《汽车尾气排放治理维护站（M 站）统一标识》，要求 M 站实现“三统一”，即统一排放污染治理作业规范、统一标识、统一工作制度；南京市汽车维修行业协会、南京环保产业协会联合印发《关于印发南京市机动车排气超标治理维护站（M 站）建设实施方案的通知》，明确了南京市 M 站认定标准与维修治理工作流程。特别是中国汽车维修行业协会联合交通运输部规划研究院制定发布了团体标准《汽车排放污染维修治理站（M 站）建站技术条件》（T/CAMRA 010—2018），这是 I/M 制度的第一个全国性标准。

（四）依托维修企业服务升级，充分发挥市场调节作用

通过有效的市场监管与技术培训，各地依托现有维修企业进行技术与设备升级，使得企业投入成本大幅缩减，通过政策引导，进一步激发企业积极性，发挥市场主导作用。自 2013 年 10 月广州市全面实施 I/M 制度以来，开展机动车排放污染维修治理的一、二类机动车维修企业已达 800 多家，截至 2016 年 11 月底，治理尾气排放超标车辆约 48.9 万台次，日均维修车辆 400 多台次。张家港市自 2015 年 6 月实施 I/M 制度试点工作以来，截至 2016 年底，已建成 3 家 I 站和 6 家 M 站，建设

了机动车环保治理智慧诊断平台，累计受理1400多辆汽车进行尾气系统的检测和维修，不合格车辆尾气维修治理达标率100%。南京市自2016年2月正式实施I/M制度以来，进行M站认定的维修企业共192家，治理尾气排放超标车辆1万多台次，日均维修车辆60多台次。长远来看，随着国家在用车排放污染治理力度加大，送检及送修车辆将持续增长，维修企业的积极性也会得到极大提升，市场前景广阔。

二、当前遇到的困境

2014年，交通运输部等部门印发《关于促进汽车维修业转型升级　提升服务质量的指导意见》（交运发〔2014〕186号），推动了相关省、市的I/M制度试点工作，但由于在用汽车排放检验与维修治理独立存在并分属不同部门管理，涉及部门较多，发现主要存在缺少法律法规支撑、部门协作不畅、行业市场不成熟、数据共享不畅通、相关技术不规范等问题。

（一）上位法要求实施I/M制度强制性不足

我国I/M制度实施缺少上位法支持，排放性能检测目前虽有《中华人民共和国大气污染防治法》作为法律基础，但是对于排放超标车辆是否必须到M站进行规范维修却未在《中华人民共和国大气污染防治法》中作出明确规定，只能依靠地方性法规实现局部突破。在当下依法行政的大环境下，机动车排放污染维修治理的上位法缺失是造成此项工作开展困难的重要原因。

（二）生态环境、交通运输、公安等部门的联动监管机制不健全

全国除江苏、广州等个别省、市外，绝大部分地区有关I/M制度的部门职责尚未理顺，目前I站由生态环境部门监管，维修企业由交通运输部门主管，但M站的认定未确定由谁落实。另外，部门间的协同监管尚未形成，没有形成“检验—维修治理—检验”的闭环监管链条，使得车主对排放超标车辆的送修缺乏主动性，或不选择正规有资质的维修企业进行维修治理，给一些弄虚作假、妨碍排放管理的违法行为留下了空子。

（三）在用车排放污染维修治理市场不成熟

在排放检验方面，存在许多人为因素影响排放检测结果，如在排放检验之前进行临时维护，导致排放超标车辆蒙混过关；同时检测方面的“黄牛”“走后门”现象

较为严重，弱化了正常市场的形成。机动车尾气检测作弊软件泛滥，检测数据不实问题依然严峻。

在维修治理方面，非法中介（“黄牛”）问题由来已久，目前以临时更换尾气处理装置来作弊过检的弄虚作假现象依然普遍存在，交通运输、生态环境部门缺乏有效的法律授权整治手段，公安、城市管理等其他部门共同参与治理的机制无章可循。一些汽车维修企业还存在治理能力水平低，相关配件质量低劣、乱加价，作业项目不透明，收费事先沟通机制不完善等问题。

在公众层面，公众对机动车尾气排放超标治理认识不到位，在没有 I/M 制度约束的情况下，送修主动性不够、积极性不高，汽车排放污染维修治理消费市场尚不成熟。例如，北京市房山区在 I/M 制度试点期间，良乡机动车检测场共对排放检测不合格车辆发放维修告知书 410 份，最终实际进厂车辆为 25 辆，正式进行维修的汽车仅 8 辆。

（四）排放检验与维修治理数据共享不畅通

从国外和实际工作经验来看，排放检验与维修治理的数据互联交换是I/M制度落实非常重要的前提条件，是 I/M 制度实现闭环控制的关键所在。目前我国除极个别地区外，机动车排放检验与维修大多采用人工报表或单独计算机出表，排放检验与维修治理数据相对独立。而完善的 I/M 制度中检测数据应自动存入数据库，检测人员不能随意改动，排放检验与维修治理数据传输通过网络联机实现，管理部门可以得到任何一个 I 站和 M 站的实时数据，数据传输与共享实现自动化。

（五）在用车尾气排放检验与维修还存在短板

在检测技术方面，目前生态环境部门主导的排放性能检测采用的是简易工况法。实际工作中，以“黄牛”等方式通过排放检验的情况还比较多。

在维修治理技术方面，目前还主要集中在对尾气处理装置进行更换上，缺少与发动机数据相关联的精细化维修诊断技术。点火系统维护、燃油供给系统维护、配气系统维护、汽缸压缩压力的要求、发动机功率的检测以及对三元催化转换装置、废气再循环（EGR）装置、燃油蒸发排放控制（EVAP）系统和曲轴箱强制通风阀（PCV 阀）等维修均与机动车尾气排放有紧密联系，但目前精准、深入的排放性能维修技术人才较为缺乏，“以换代修”的情况还比较普遍。

第二节　我国 I/M 制度设计路径

一、建立信息管理系统

（一）建立数据信息管理系统，形成车辆排放检验与维修治理结果的数据闭环

在生态环境部门三级联网的机动车排污监控平台基础上，结合交通运输部门汽车维修电子健康档案系统，以及公安部门车辆登记信息系统，协调进行数据系统对接，实现车辆登记、强制性安全检测、维修、道路抽检、交通管理的数据交互共享，合理设置管理部门、I 站和 M 站以及车主不同的功能权限。尾气排放超标的车辆须到 M 站进行维修，完成维修后再到 I 站复检，合格后方可上路行驶；I 站接收到车辆维修信息后，才能对车辆进行复检；对经检验不符合排放标准的车辆，I 站不得出具尾气检测合格的报告；确保数据实时、准确上传，实现对超标车辆的全流程、动态精准监管，确保 I/M 制度闭环管理。定期对数据进行分析、识别，并向社会发布超标车辆较多的车型。

（二）加强多部门联动监管，形成车辆排放检验与维修治理的闭环管理

生态环境、交通运输、公安、市场监管等管理部门应协同联动，明确各方职责要求。交通运输部门负责组织对 M 站的认定、联网监管工作以及组织和管理营运车辆的综合性能检测工作。生态环境部门负责车辆排放性能检测的监督管理工作以及在用汽车尾气检验机构联网监管工作。公安部门停止对排放超标车辆进行安全性能检测，并应依法对排放检验不合格车辆进行处罚。市场监管部门负责 I 站和 M 站的技术能力认定工作。

二、建立法律标准体系

建立健全 I/M 制度相关的法规政策、标准规范体系，定期推进 I/M 制度落实的财政、宣传等方面的配套政策。明确 I/M 制度的法律地位，并且规范相应的管理机构、检测标准、检测方法、人员考核、网络信息传输及质量保证体系和反馈评价系统。

（一）体系建立思路

首先，法律层面需要对 I/M 制度中 I 站标准、M 站标准进行明确规定；其次，制定或修订 I/M 制度相关认证、服务及技术标准，加大财政投入，适当引入资金开展 I/M 制度的示范与试点工作，探寻实施 I/M 政策的最佳方案；最后，在政策实施过程中研究完善现有检测与维修相关政策标准存在的短板，优化健全政策标准体系。

（二）I/M 制度主要政策标准

(1)加快完善机动车排放测量设备与测量技术认证标准体系，明确各类设备规格、功能和性能的技术要求及测试方法，明确测量数据质量控制要求。

(2)制定 M 站建设标准，明确 M 站建设和运营中场地设施、仪器设备、人员、管理流程等方面的要求。明确认定 M 站设备条件要求，如需要拥有专用机动车排放污染维修治理车间，拥有完善的机动车排放性能维护信息管理系统，以及拥有完整的机动车排放性能诊断与维修的专业工具（如具有故障诊断仪、示波器、喷油器清洗检测设备和免拆环保除碳设备等机动车维修所需设备工具等）。除此之外，在人员、制度、规范、流程等方面都对其进行标准化要求。定期对 M 站的经营行为进行评价并向社会公布，建立客户使用评价监督体系，督促 M 站良性竞争。

(3)制定 M 站技术服务标准，明确 M 站机动车维修治理服务流程和服务质量管理要求，统一 M 站服务内容。

(4)制定 M 站维修技术规范，明确车辆维修流程和维修项目，针对各类维修项目统一技术术语和技术要求。

(5)制定 I/M 站信息化标准，明确 I 站与 M 站各自需要采集输入的数据类型，建立统一的数据接口和传输格式，明确数据交互共享的具体要求，使 I 站的检测数据能够被规范化的 M 站查看验证，I 站也能够对 M 站维修车辆的状况信息进行提取查询，在维修检测上实现数据的全过程监测和闭环联系，实现真正意义上的 I 站与 M 站的数据互联共享。

(6)制定机动车产品排放控制件三包制、后市场产品认证、检测和维修前中后的质量技术监管标准。在机动车总成三包制法规下，补充汽车排放主要控制系统（如三元催化转换器、车载诊断系统、柴油机颗粒捕集器等）三包制，从汽车生产源头管理机动车排放污染，对后市场汽车排放主要控制系统的同质件，需要实施认证、三包和编码制度。

三、营造良好市场环境

（一）加强市场引导和培育，充分发挥协会、机构的桥梁纽带作用

一是要充分发挥协会、市场机构的优势，在行业基础研究、服务质量提升、人才队伍建设、技术装备推广等方面发挥积极作用。二是要深入开展调查研究，及时掌握行业和企业的动态，积极回应在用汽车 I/M 企业和消费者的诉求，提供优质、便捷、经济的服务，在 I 站实施超标车引导至 M 站的措施，让超标车辆“病有所医、医有所选、选有所助”。三是要引导上下游产业延伸价值链条，促进在用汽车检测与维修后市场的创新融合发展。四是加强 I/M 制度实施效果的宣传和教育，开展多渠道网络化推介，营造积极健康的舆论环境，以得到车主的认知理解与支持。从实际情况看，M 站数量过多会导致恶性竞争，不利于行业发展；M 站数量过少，会导致治理尾气污染能力不足，造成垄断经营，不利于机动车排放污染治理工作，因此应确定规模适当的 M 站的数量，促进 I/M 制度有序健康落地实施。

（二）规范 I/M 制度流程，充分调动市场主体参与的积极性和能动性

一是规定技术条件，规范 I 站、M 站设施设备条件和人员专业技术水平认定。二是建立客户使用评价监督体系，督促 I 站和 M 站的良性竞争。三是倡导科技创新，发挥企业在技术设备升级、信息系统建设、科技创新应用等方面的主体作用。

（三）积极营造良性的资金筹集环境，探索创新资金筹集渠道

一是在有条件的地方，成立财政专项资金，对在用汽车 I/M 企业进行补贴，促进在用汽车 I/M 制度的市场化发展。二是结合各地区实际，根据各地产业股权投资基金设立要求，成立在用汽车 I/M 股权投资子基金，股权基金按一定比例注资子基金，按照市场化方式独立运作。三是探索政府购买服务的建设模式，在试点城市率先探索在用汽车检测维修的特许经营，引入社会资本，实现市场化运营。四是探索将在用汽车排放污染维修治理保障纳入车辆保险中的可能性。

四、提高联合执法力度

在实施在用车 I/M 制度的进程中，政府全链条监管尤为重要。交通运输、生态环境、公安、市场监管等多部门分工合作，强化节点配合，保证 I/M 制度的闭环

控制。

交通运输部门负责组织对 M 站进行认定,对 M 站进行监督管理;负责组织和管理营运车辆的综合性能检测工作,监督营运车辆年审时的排放性能检测工作。

生态环境部门负责车辆排放性能检测的监督管理工作,参与 M 站的认定以及日常监督。

公安部门负责车辆安全性能年检的组织与管理,对排放检验不合格车辆禁止其进行安全性能检测。

生态环境部门和公安部门共同组织路检。

市场监管部门负责对 I 站和 M 站设备等技术能力认定工作。

五、建设专业人才队伍

开展机动车排放维修技术培训,加快相关管理人才、技术人才队伍建设。编制维修检测技术手册,指导技术人员开展维修工作。

(1)定期开展机动车排放维修技术培训:组织专业培训机构定期开展机动车排放维修技术培训。针对常见的排放故障,如与发动机系统相关的故障,组织维修企业技术骨干参加培训。

(2)编制维修检测技术手册:组织编制《机动车维修检测技术指南》,发放给 I 站和 M 站的技术人员学习使用,并根据技术人员的反馈和调研情况,以及市场上新型车辆和维修技术及时进行调整、更新。

(3)组织维修竞赛:组织汽车排放检验、维修技术竞赛,并设置相关奖项鼓励在维修行业表现突出的企业或者技术人员代表,在行业形成示范带头作用。

六、加强宣传教育,提升全民环保参与意识

(一)加大在用汽车 I/M 的宣传教育,做好舆论引导

加强与社会公众的信息互动,强化与媒体、企业、中介组织的沟通交流,增强公民与行业的环保意识;积极利用政府网站、报刊、广播电视、微博、微信等多渠道宣传,营造积极健康的舆论环境,提升全社会对在用汽车尾气排放治理的认识,促进机动车排放污染社会共治,保护公众利益。

(二)提升全民环保参与意识,做好行业引导

通过设立、开通在用汽车尾气维修治理服务监督、投诉电话或网站,及时准确

为群众解疑释惑,听取社会公众意见建议,接受咨询投诉,做好行业引导。

第三节　我国 I/M 制度的运行研究

I/M 制度实施是一个系统工程,在管理层面主要涉及交通运输、生态环境、公安及市场监管等多个政府管理部门。因此,在政策保障方面应明确各部门的监管职责,各司其职。在具体运行上主要涉及 I 站的建立运行、M 站的建立运行、数据联网、人员培训等多个环节,需要管理部门之间的密切配合,做到无缝连接,确保 I/M 制度的有效实施。

一、部门职责

(一)生态环境部门

(1)制定 I 站建站标准及管理规定,对 I 站进行监管,对伪造机动车排放检验结果或出具虚假检验报告的 I 站予以处罚。

(2)制定机动车排放标准、机动车排放污染控制计划,定期向公众公布机动车污染排放状况,进行环保宣传。

(3)组织开展机动车排放污染执法工作,建立和管理机动车排放污染监管系统。

(4)协调推广车用低污染燃油和清洁燃料。

(二)交通运输部门

(1)制定 M 站建设标准,对 M 站经营行为等进行日常监管,查处违反有关法律法规、不规范的经营行为。

(2)定期公示发布 M 站信息。

(三)公安部门

协助生态环境部门进行路检,并对超标排放机动车进行处罚;对于依托安全检测机构设置的 I 站,进行协调与管理。

（四）市场监管部门

(1)定期对检测设备进行标定。

(2)对检测机构进行计量认证。

二、I站建立

目前,I站在全国已基本形成网络化布局,检测设备、检测技术及运行程序日趋成熟,但需要进一步规范和完善。I站的建立主要应满足以下基本条件:

(1)需通过汽车排放检验计量认证。计量认证是由国家授权的实验室资源认定机构依法对机动车检测机构的服务功能、管理能力和技术能力按照约定的标准进行评定,并将评价结果向社会公告以正式承认其能力的活动。通过计量认证,可有效规范相关检测项目、标准和方法,使机动车检测机构对检测项目能力设定、检测标准判定、检测方法使用、质量管理体系要求做到有法可依。因此,为确保检测结果的公平公正、科学准确、合法有效,尾气排放检验机构必须开展并通过市场监管部门组织的计量认证。

(2)安全环境应符合《在用机动车排放污染物检测机构技术规范》的相关要求。

(3)检验检测设备应当符合《在用机动车排放污染物检测机构技术规范》的相关要求。

(4)技术人员应当符合《在用机动车排放污染物检测机构技术规范》和《机动车运行安全技术条件》(GB 7258—2017)中与检测相关的人员要求:技术负责人、质量负责人、检测人员、质量监督员和仪器设备管理员应经过生态环境部门组织的培训;从事排放污染物检测的检测人员必须具有相应工作岗位的上岗证。检测机构中与检测相关的人员,包括检测机构负责人、技术负责人、质量负责人、检测人员(包括仪器设备操作员和驾驶操作员)、质量监督员、仪器设备管理员等人员应符合下列基本要求:

①检测机构负责人。

负责本机构贯彻执行国家及生态环境部门对在用机动车排放管理的有关的法律、法规、标准和技术规范;负责本检测机构的管理工作。

②检测机构技术负责人。

a. 遵守和执行国家对在用机动车排放管理的有关的法律、法规、标准和技术规范;负责检测机构质量体系建立及改进,督促和促进质量体系的正常有效运行;

组织实施新的检测技术和方法；组织实施检测、人员培训、技术考核、学习交流等技术工作。

b. 熟悉检测机构质量管理体系，熟悉检测机构中所使用的排放测试仪器的工作原理、性能及操作，能组织解决检测工作中出现的重大技术问题。

c. 具有机动车排放检测工作的管理知识，从事机动车排放检测工作或相关检测工作5年以上。

d. 具备中级及以上技术职务任职资格。

③检测机构质量负责人。

a. 负责组织运行检测机构质量体系，组织实施内部审核工作，落实纠正措施；负责处理检测工作中发生的质量问题；负责处理客户对检测工作的投诉和意见；负责质量监督人员管理，处理质量监督人员反馈意见和信息。

b. 熟悉检测机构质量管理体系，熟悉检测机构中所使用的测试仪器的工作原理、性能及操作，能解决检测中出现的质量与技术问题。

c. 具有机动车排放检测工作的管理知识，熟悉国家对在用机动车排放管理有关的法律、法规、标准和技术规范；从事机动车排放检测工作或相关检测工作5年以上。

d. 具备中级及以上技术职务任职资格。

④检测人员。

a. 了解专业技术知识，掌握操作技能，严格执行各项规章制度；认真控制检测条件，做好记录，对数据的真实性、准确性负责。

b. 仪器设备操作员应参加相关生态环境部门组织的培训，通过规定的专业技术理论和实际操作考核，考核合格，持证上岗。

c. 驾驶操作员应按其所持驾驶证的准驾范围驾驶车辆。

d. 仪器设备操作员应具有高中及以上学历。

⑤质量监督员。

a. 负责质量信息的收集和分析工作，定期向质量负责人汇报质量情况，及时反映问题；对检测工作质量进行日常监督，发现有不符合规定的情况，有权终止检测，并向质量负责人汇报，协助质量负责人进行客户投诉和意见调查分析工作，参加质量问题的分析工作和内部质量审核工作。

b. 熟悉检测机构中所使用的测试仪器的工作原理、性能及操作；熟悉国家及上级主管部门对在用机动车排放管理的有关法律、法规、标准和技术规范；具备发现检测中出现的技术问题的能力。

c. 具有机动车排放检测经验,从事机动车排放检测工作或相关检测工作 2 年以上。

d. 具备初级及以上技术职务任职资格。

⑥仪器设备管理员。

a. 负责仪器设备的检定/校准、维修、报废等相关的管理工作。

b. 了解仪器设备,参加相关培训,取得培训合格证。

c. 应具有高中及以上学历。

(5)质量管理应当符合《在用机动车排放污染物检测机构技术规范》的相关要求,编制质量手册及相关文件,包括规定和规程等,建立并实施有效的质量管理体系及检测工作运行程序,实现各项工作规范化运行,确保检测工作的科学性、公正性和准确性;定期或不定期组织质量体系内部审核和管理评审,对质量体系和程序运行的有效性进行审核,判定质量体系是否持续有效,必要时对质量手册和质量体系文件进行修订,提高管理水平。

(6)进出机制。

I 站的建设与运行由生态环境部门负责审核批准和监管。

①准入机制。

a. 申请开展在用机动车环保定期检验的机构,应具备以下基本条件:

(a)具有法人资格;

(b)通过省级市场监管部门的计量认证,取得计量认证证书,并在认证合格有效期内;

(c)检测设备符合有关标准和规范要求,并具备与城市生态环境部门联网的条件;

(d)质量负责人和技术负责人各 1 名,每条检测线至少配备 3 名专职检测人员,与检测相关的人员应满足《在用机动车排放污染物检测机构技术规范》的规定;

(e)满足《在用机动车排放污染物检测机构技术规范》的其他规定。

b. 依照《机动车环保检验机构管理规定》的相关规定,申请人应向省级生态环境部门提出机动车环保定期检验委托申请,并提交以下材料:

(a)机动车环保定期检验申请书;

(b)工商营业执照复印件;

(c)环评报告书(表)及批复复印件;

(d)计量认证合格证书、检测设备检定证书复印件;

(e)检测工位设置平面示意图;

(f)工作岗位设置及相关职责文件;

(g)《在用机动车排放污染物检测机构技术规范》规定的其他证明材料。

c. 生态环境部门接到申请材料后,会同申请人所在地生态环境部门组织专家,按照《在用机动车排放污染物检测机构技术规范》的要求对申请人进行评审,对通过评审的申请人在当地媒体上予以公示。

②退出机制。

对违反《机动车环保检验机构管理规定》的机构,生态环境部门可视情况对其进行警告、通报批评和限期整改;情节严重的,生态环境部门取消其承担机动车环保定期检验的委托关系,收回委托证书,并向社会公告。

三、M 站建立

M 站主要负责各类尾气超标车辆的维护与修理工作,确保维修车辆达到国家尾气排放标准;提供各类机动车的尾气常规检测服务,预防机动车尾气超标;对进站机动车进行尾气维修治理,保证维修信息和数据的真实性,并做到信息联网;依照主管部门的要求,严格按照技术规范作业,不得采用违规手段使车辆尾气达标。

机动车排放污染维修治理站有能力对尾气不合格车辆进行治理,使机动车的排放性能达到或接近原车技术要求。按照规模的大小,机动车排放污染维修治理站分为 A 类站和 B 类站;依据发动机所用燃料的不同,可细分为汽油机 A 类站、柴油机 A 类站、汽油机 B 类站和柴油机 B 类站。

(一)汽车维修企业资质

汽车尾气维修治理作为汽车维修的一部分,依靠一、二类维修企业建立 M 站较为合适,既能有效利用、整合社会资源,也能为尽快提高 M 站的治理能力提供坚实的保障。

(二)场地及设施设备要求

1. 场地要求

(1)应符合《汽车维修业开业条件》(GB/T 16739—2014)中场地相关规定要求。

(2)汽油机 A 类站专用治理场地不少于 80 m^2,汽油机 B 类站专用治理场地不少于 60 m^2,柴油机 A 类站专用治理场地不少于 120 m^2,柴油机 B 类站专用治理场地不少于 100 m^2。

(3)按尾气维修治理规范要求设置专用检修工位。

(4)在经营场所显著位置悬挂、张贴统一标识;排放检测标准、安全操作规程、检测诊断流程、管理制度等相关上墙公示齐备。

2. 设施设备要求

主要检测及维修设备应符合《汽车维修业开业条件》(GB/T 16739—2014)和《汽车排放污染维修治理站(M 站)建站技术条件》相关规定要求。

(三)技术人员要求

(1)人员配备应符合《汽车维修业开业条件》(GB/T 16739—2014)的相关规定要求。

(2)尾气维修治理人员应当经过专业培训,通过尾气检测、诊断、维修专业培训课程认证,取得相应的从业资格证书,持证上岗。

(3)A 类站至少配备尾气维修治理人员 3 人,B 类站尾气维修治理人员至少 2 人。其他人员可由维修企业相关人员兼职。

(四)M 站管理制度要求

M 站应根据《机动车维修管理规定》的要求,建立健全的管理制度,主要包括质量管理制度、安全生产管理制度、车辆维修档案管理制度、人员培训制度、设备管理制度、配件管理制度、质量"三检"制度、质量保证期制度、抱怨受理制度等,并按《机动车维修服务规范》的要求,将主要维修项目收费价格、维修工时定额、工时单价报所在地道路运输管理机构备案,发生变动时,应在变动实施前重新报备。

在业务接待室等场所醒目位置公示以下信息:

(1)机动车维修经营许可证、工商营业执照、税务登记证明;

(2)尾气维修治理业务受理程序;

(3)服务质量承诺;

(4)客户抱怨受理程序和受理电话(邮箱);

(5)所在地道路运输管理机构监督投诉电话;

(6)经过备案的主要维修项目收费价格、维修工时定额、工时单价;

(7)维修质量保证期。

（五）安全环境要求

符合《汽车维修业开业条件》（GB/T 16739—2014）的相关要求，制定安全保护制度，配备相应的安全保护设施和环保设备。

（六）M 站质量管理要求

M 站应根据维修车型种类、服务能力和经营项目，具备相应的人员、组织管理、安全生产、环境保护、设施、设备等条件，并取得机动车维修经营许可等相关证件。

M 站应该建立完备的运营管理体系和质量管理体系，并有效运行，同时按照《机动车维修管理规定》《机动车维修服务规范》要求，M 站应建立规范维修业务服务工作流程，并采用信息化维修管理系统，维修管理系统和检测诊断设备联网，建立完整的车辆尾气维修治理电子档案。M 站和主管部门联网，上传电子档案信息。

（七）M 站进退机制

1. 进入机制

（1）M 站符合团体标准《汽车排放污染维修治理站（M 站）建站技术条件》。

（2）M 站符合《汽车维修业开业条件　第 1 部分：汽车整车维修企业》（GB/T 16739.1—2014）对汽车整车维修企业的要求，并经所在地的县级道路运输管理机构进行备案。

（3）M 站具备二类以上汽车维修经营业务能力，或经第三方机构技术评定或专家评审等方式认定。

（4）M 站应配备技术负责人、诊断人员和维修人员等，上述人员应经过机动车排放检验与维修治理专项培训，并取得培训证书。

（5）M 站应具有满足开展相应业务的设施条件，并配备相应的设备条件。

（6）M 站应建立信息系统，并通过汽车维修电子健康档案系统将机动车排放维修信息及时上传到当地交通运输主管部门。

（7）从业人员必须按要求参加并通过相关主管部门授权尾气检测、诊断、维修专业培训及考核认证。

（8）M 站所用检测设备必须满足对应 A、B 类站的要求，并通过市场监管部门的标定。

(9)A、B类维修治理站应符合场地条件和设备配置要求。

(10)M站管理体系必须满足《机动车维修服务规范》要求。

(11)M站经营活动必须满足《机动车维修管理规定》条件。

2. 退出机制

M站应依法运营,若有违规行为则给予相应处罚,情节严重者由相关主管部门撤销资格,并向社会公布。

四、I站和M站数据联网

数据信息中心是加强I站与M站信息共享,通过数据专线相互传输车辆首检不合格数据、车辆维修治理数据和复检结果数据等,实现I/M制度闭环管理的关键环节,I站和M站必须与数据信息中心有效连接,通过数据信息中心相互关联,从而实现I/M制度的封闭运行流程。

(一)I站与数据信息中心的连接

I站应建立计算机使用管理制度,内容包括计算机数据采集、处理、运算、记录、报告、储存和检索检测数据等。计算机实行专职操作,应设立分级使用密码,禁止非本岗位人员使用,禁止修改计算机记录。计算机应配备必要的防病毒保护措施。应有计算机运行使用状况的记录。

(1)应具备网络数据传输功能,每个检测场所均应建立数据服务器,并与所在地区机动车检测数据管理中心相连,可以在数据管理中心与检测场所间实现实时的检测数据传输。数据内容应符合相关要求规定,检测场所数据应至少保存2年。

(2)检测设备应具备通过实时数据传输系统获得车辆信息的功能。对数据中心未包含的车辆信息可以手工方式输入,并自动发送至数据管理中心。

(3)检测设备的操作控制程序必须具备数据安全保护功能,防止人为改动。检测设备必须设置网络连接密码,每一名持证上岗检测人员确定唯一操作密码,只有在输入正确密码后才能进行检测。对被取消检测资格的检测人员的操作密码要进行锁定,终止其操作权限。

(4)检测设备应按照标准和有关技术规范定期标定,不标定或标定不合格则自动锁定设备,暂停测试直到标定合格。标定结果至少应保存2年。

（二）M 站与数据信息中心的连接

M 站治理服务全过程采用信息化管理，车辆信息、进厂检测、合格证、结算单需要按照软件和系统的操作规范要求提交数据至数据信息控中心，系统建立完整的车辆维修治理电子档案。

（三）I/M 制度闭环运行流程

I 站、M 站与数据信息中心实现无障碍连接，数据实时传输后，M 站可凭 I 站过程检测数据进行初步故障分析，并结合自身进厂检测数据进行进一步的确认；I 站可凭 M 站的维修数据确认不合格车辆的复检资格，如果数据信息中心没有相关维修资料，则无法登录复检，从而形成 I/M 制度的闭环运行（图 7-1）。

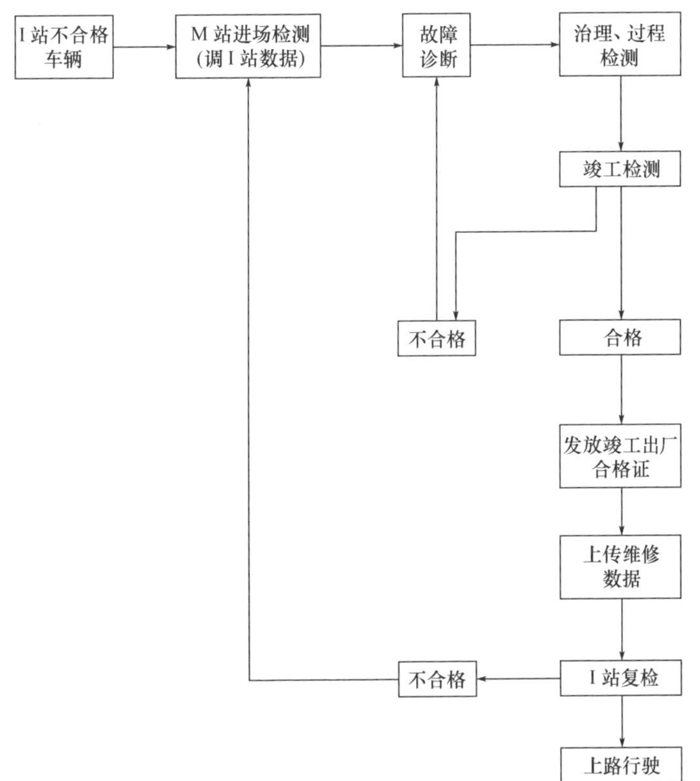

图 7-1　I/M 制度闭环管理流程图

五、人员培训

目前,国内 I/M 制度尚处于起步阶段,相关从业人员的素质和态度是保障 I/M 制度顺利实施的关键,检测诊断和维修技能尤为重要。

(一)职能部门管理人员

交通运输、生态环境等相关职能管理部门的工作人员应熟知 I/M 制度管理体系及相关法律法规,及时协调解决在 I/M 制度实施过程中出现的问题和矛盾。

(二)I 站人员

根据《在用机动车排放污染物检测机构技术规范》的要求,相关人员应经过生态环境部门组织的培训与考核;从事排放污染物检测的检测人员必须具有相应工作岗位的上岗证,并严格执行 I/M 制度闭环运行的相关规定。

(三)M 站人员

M 站工作人员除符合《机动车维修企业开业条件》(GB/T 16739—2014)的规定外,还必须接受尾气维修治理专项培训。

(1)了解汽车发动机燃烧及尾气生成机理,能够对一些常见尾气超标车辆进行初步的分析判断。

(2)掌握 M 站所有的设备及工具的使用方法,并能够利用设备及工具检测出车辆尾气超标的原因及进行治理。

(3)了解 M 站的整体组成及业务流程,能够开展对外业务工作。

六、监督管理

I/M 制度是一个涉及多部门、跨行业的系统工程,而且目前处于起步阶段,相应的法律法规还不完善,汽车排放检验与维修治理的作弊现象也较为严重,很容易导致 I/M 制度流于形式。因此,各政府职能部门应切实履行监管职能,为 I/M 制度的有效实施奠定坚实的基础。

(一)交通运输部门

(1)M 站进退市场。审核 M 站进入市场是否符合相关条件和要求;对 M 站日

常经营行为进行监管，查处违反法律法规、规章的经营行为，对情节严重、屡教不改的坚决取消其资格。

(2)M站质量监管。M站的质量监管内容主要包括业务流程规范情况、资料档案的建立和保存情况、三检制度和合格证制度的落实情况等。

(3)营运车辆技术管理。对营运车辆技术等级评定检测中尾气不合格的车辆要强制进行维修治理。

(二)生态环境部门

(1)I站进退市场。审核I站进入市场是否符合相关条件和要求；对I站日常经营行为进行监管，查处I站的违法经营行为，对情节严重、屡教不改的坚决取消其资格。

(2)I站质量监管。I站质量监管内容主要包括质量管理体系运行情况、信息管理系统应用情况、业务流程规范情况、资料档案的建立和保存情况、复检车辆《机动车维修竣工出厂合格证》查验存档情况等。

(3)车辆排放的动态监管。应建立车辆排放动态抽查制度，不定期地进行车辆排放抽查，对上路机动车进行排放污染超标检查，以减少弄虚作假、作弊的行为。

(三)公安部门

(1)对依托车辆安全性能检测机构设置的I站进行协调与管理。

(2)协助生态环境部门进行路检。

(四)市场监管部门

(1)对I站检测设备的有效性和检测技术能力进行监督检查。

(2)对I站质量管理体系的执行情况进行监管。

第八章 我国I/M制度运行机制研究

汽车排放检验与维护制度（I/M 制度）的有效运行，是一个复杂的系统工程，需要有完整的顶层设计和闭环的政策法规，需要有符合规定、守法经营的机动车排放检验机构（I 站），需要有技术过硬、诚信经营的机动车排放污染维修治理站（M 站），需要有跨部门衔接、高效运行的信息平台，需要有分工协作、齐抓共管的政府部门监管，还需要公众的积极参与和监督。在我国汽车检测相关的法律和法规已经比较完善，而相应的汽车维护体系还比较薄弱。本章探讨了 I 站技术体系，重点对 M 站体系的营运管理服务、M 站运行、监管、公众参与以及信息化建设方面进行介绍。

第一节 汽车排放检验

汽车排放检验的任务就是将排放超标车辆检出，即将排放污染超标的车辆识别出来。我国目前汽车排放检测方式以 I 站检测为主，辅以抽检、路检（遥测法）等方式，随着交通信息化大数据的应用，还可以通过对营运车辆实时动态数据监测来识别出排放污染超标的车辆。有效地将排放超标车辆识别出来，是 I/M 制度体系顺利运行的首要要求。

一、I 站运行

汽车环保年检是我国目前识别超标排放车辆的主要手段。根据《中华人民共

和国道路交通安全法实施条例》有关规定,对登记后在道路上行驶的机动车,应当依照法律、行政法规的规定,根据车辆用途、载客载货数量、使用年限等不同情况,定期进行安全技术检验,其中包括汽车排放污染检测。排放污染检测不合格的车辆需要进行排放污染维修治理,维修治理后上线复检合格,才允许发放检验合格证。

我国已经建立比较完善的检验机构管理制度,当前使用的是《检验检测机构资质认定能力评价　机动车检验机构要求》(RB/T 218—2017)。其中第4.5.6条明确规定:"应具有数据通信接口,计算机联网和互联网应用,并应满足与主管部门数据传输接口要求""机动车排放检验机构应按照环境保护主管部门制定的联网规范要求进行联网,实现检验数据实时共享"。这些要求的落实,对I/M制度体系的运行至关重要。通过数据共享,实现闭环运行。

(1)对于I站初检不合格车辆,要求到有资质、技术过硬、诚信经营的M站进行维修治理,M站通过检测数据的共享,降低检测诊断成本,更有效地维修治理超标车辆,完成维修治理的车辆凭上传的完善的治理数据资料到I站进行复检。

(2)同一行政区域内,近期在任一个I站有不合格检测记录的,凭完善的治理数据和合格证才可在原I站进行排放污染检测。避免超标车辆逃避维修治理,弄虚作假,蒙混过关。

二、路检路查

对于汽车排放污染的检测,在污染严重地区,光靠定期检验的方式已经不能满足治理要求,需要通过路检的方式,对在道路上行驶的汽车进行快速检测,将排放超标的汽车检出。

在路检中,汽车排放污染物遥测法凭借其快速、灵敏、便利和监测面广的优点,越来越受到人们的关注和信赖。遥测法是利用光学原理远距离感应测量行驶中汽车排放污染物的方法。采用遥测法对在道路上行驶的汽车进行测量,测量结果高于排放限值的,判定为不合格。车辆所有人对测量结果有疑义的,在规定期限内到I站按照当地规定的检测方法进行复检,最后判定结果以I站检测结果为准。

对路检中发现的排放超标汽车,要求其到有资质、技术过硬、诚信经营的M站进行维修治理。对不能在限期内提供汽车排放检验合格证明的汽车,按当地相关法规进行处罚。对拒不接受处罚的车辆,在汽车年审时不予发放年检合格证。

三、营运车辆实时监测

营运车辆虽然总量远小于乘用车，但是多为柴油车，发动机排量大，排放污染物总量分担率大。据测算，一辆国三排放标准重型柴油车一年排放的 NO_x 相当于一辆国五排放标准小汽车 NO_x 排放总量的 90 倍，在排放超标的情况下则为 100 ~ 200 倍。我国柴油货车排放超标现象比较普遍，颗粒物与 NO_x 的排放超标尤为严重。2011—2015 年，全国机动车 NO_x 排放占比由 26%上升到 31%，其中柴油货车的排放占比过半。2016 年我国柴油车总数为 1878 万辆，仅占机动车保有量的 6.4%，但其 NO_x 排放量为 367.3 万 t，占比高达 63.6%，柴油车排放的颗粒物更是占到机动车颗粒物排放的 99%以上。

2018 年 3 月 5 日，李克强总理向中华人民共和国第十三届全国人民代表大会第一次会议所作政府工作报告中指出："将开展柴油货车超标排放专项治理，提高污染排放标准，实行限期达标，巩固蓝天保卫战成果，提高污染排放标准，实行限期达标。"

目前全国已经建立了联网联控系统，为营运车辆（特别是"两客一危"车辆）提供车辆运营服务，在 BDS（BeiDou Navigation System，北斗卫星导航系统）、GPS（Global Positioning System，全球定位系统）监控基础上，应用车载视频监控、CAN 数据采集等先进技术，掌握车辆技术状态，实现对道路运输企业营运车辆安全行驶的有效监控。通过对营运车辆的动态数据分析，可以实时发现发动机排放控制中可能已经存在故障的车辆。对于发现的疑似排放超标的营运车辆，要求其在限定时间内提供排放检验合格证明。对于排放检验结果为不合格的车辆，要在规定时间内到 M 站进行维修治理，有效避免了这些车辆在排放超标情况下继续行驶，至定期检验时才发现处理，达到"前置治理"的目的，有别于现在车辆在定期检验时发现排放超标后才治理的"后置治理"模式。对营运车辆的动态数据分析能有效地降低超标车辆对环境的排放污染。

第二节 汽车排放维修

汽车排放污染维修治理的运行，主要就是依靠 M 站的运营。目前国内对 M 站的运营并没有很多成熟的经验，其主要存在的短板如下：

(1)适合 M 站的机动车排放检测、诊断的设备比较少；

（2）汽车排放污染治理理论和经验不足，缺少汽车排放污染治理高级技术人才；

（3）影响汽车污染物排放的主要配件种类繁多、良莠不齐，配件品质无法保证；

（4）缺乏专业客户服务技术，车主服务引导不到位；

（5）对 I/M 制度体系政策理解不深等。

要解决以上问题，需要在政策引导和市场调控的模式下，对 M 站提供专业的运营管理，使得 I/M 制度快速推行，实现各方共赢。

一、M 站运营管理

交通运输部门与生态环境部门协调，制定管理办法、政策，成立专项办公室，与中国汽车维修行业协会对汽车排放污染维修治理进行总体指导和管理，制定 M 站建设要求、技术规范、服务要求，建立 M 站的准入机制和退出机制，建立系统化、标准化的 M 站技术服务体系。通过第三方认证机构，对 M 站进行标准认证。

鼓励引导 M 站连锁经营企业创新发展，用连锁经营的思路来建立健康、有活力的 M 站，发挥联盟总部的运营管理服务优势，提高 M 站运营管理能力。

依托地方协会，为 M 站提供检查指导、调研服务。成立地方仲裁机构，保障 I/M 制度的落地实施。建设地方运营机构，为 M 站提供物流配送、售后服务。

从信息化联网、运营管理、汽车排放诊断维修技术、人员培训、政策法规、配件供应等方面对 M 站提供服务，提高 M 站的技术装备、营运管理能力，从而提高汽车排放污染治理的服务能力。

（一）汽车排放污染维修治理监控系统

I/M 制度的闭环运行离不开数据的信息化和网络化，利用互联网的特性，有效地将各个渠道获取的车辆排放检验数据整合起来，建立一个数据共享平台，提供给政府管理部门、M 站、车主，对汽车排放检验、诊断维修信息进行共享和应用。让 M 站各自去与多个部门进行数据联网和共享是不现实的，因此，需要统一的汽车排放污染维修治理监控系统为各个 M 站进行网络对接和数据共享。

汽车排放污染维修治理监控系统可以行政区域划分，依照部、省、市、区县四级分布，各个行政区域下的汽车排放污染维修治理监控系统和 I 站排放检验数据、路检数据、营运车辆联网联控中心进行数据共享。由政府部门委托第三方机构进行顶层设计，制定统一的联网数据交互与共享接口、数据元定义、数据安全等技术

指标。

1. I 站数据共享

I 站数据共享包括五种工况法检测报告数据。I 站将汽车排放污染检测数据共享到汽车排放污染维修治理监控系统，数据应包括号牌号码、车牌颜色、车辆型号、车辆类型、使用性质、车辆识别代号（VIN）、初次登记日期、燃料种类、I 站名称、检测方法、检测报告编号、检测日期、最终判定结果等车辆信息，相对湿度（%）、环境温度（℃）、大气压力（kPa）等环境参数，过程数据及检测设备信息（排气分析仪制造厂、排气分析仪名称及型号、出厂日期、上次检定日期、日常校准/检查记录、日常比对记录）。

I 站在共享数据信息时，需要对共享的数据信息提供完整性校验。依照数据信息保密性安全规范进行安全传递与处理应用，确保数据信息能够被安全、方便、透明地使用。

2. 路检数据共享

将路检遥感检测数据共享到汽车排放污染维修治理监控系统，数据应包括车辆信息、检测方法、检测时间、检测结果和检测判断限值。汽车排放污染维修治理监控系统进行筛选后，为 M 站提供路检数据共享服务。

3. 营运车辆联网联控动态监控数据共享

营运车辆动态监测到车辆排放的污染物超标，将数据共享到汽车排放污染维修治理监控系统，数据应包括车辆信息、尾气排放相关数据（发动机转速、车速、故障码、氧传感器值、进气温度、空燃比等）。汽车排放污染维修治理监控系统进行筛选后，为 M 站提供路检数据共享服务。

4. M 站数据共享

M 站将维修治理车辆的数据上传到数据中心。M 站数据共享包括企业信息、车辆信息、维修治理的“三单一证”（进厂诊断检验单、过程检验单、竣工检验单、竣工出厂合格证，如图 8-1 所示）、维修项目、维修工时等数据。

5. 汽车排放污染维修治理电子档案

汽车排放污染维修治理电子档案数据包含 I 站检测报告、M 站“三单一证”（进厂诊断检验单、过程检验单、竣工检验单、竣工出厂合格证）、维修报告单（维修项目、维修配件、维修工时），以及路检、营运车辆动态监测的数据。

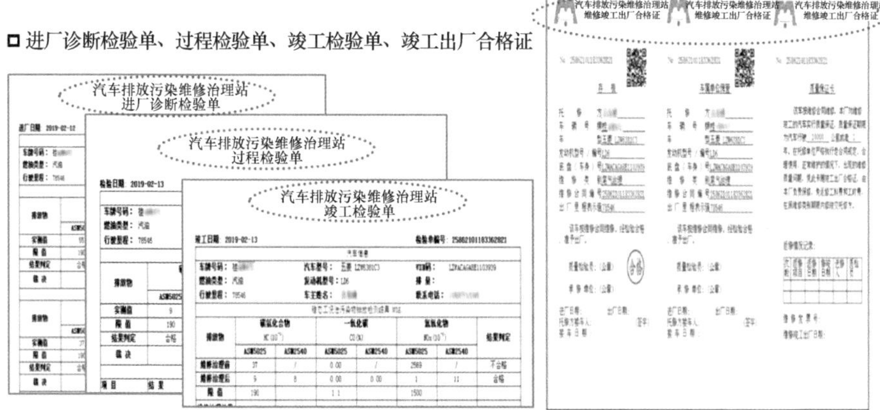

图 8-1　“三单一证”示意图

6. 汽车排放污染维修治理数据统计

汽车排放污染维修治理数据统计包括维修数量统计、排放物统计、维修项目统计、治理车辆年份统计、车辆里程统计。

(1)维修数量统计包括治理日期、维修企业、入厂车辆数量、已维修车辆(维修数量和维修占比)、未维修车辆数量、正在维修车辆数量、维修率、维修合格率。

(2)排放污染统计包括 HC、CO、NO_x、PM 减排量。

(3)维修项目统计是指排放相关配件的维修或更换的数量和占比。

(4)车辆年份统计是指排放污染超标车辆的生产年份和对应此生产年份的车辆维修数量。

(5)车辆里程统计是指排放污染超标车辆的行驶总里程和对应此行驶总里程范围车辆的维修数量统计。

(二)超标车辆维修治理与导流

当汽车排放污染检测超标后,车主可到 I 站公示的维修企业或由车主自行选择维修企业进行维修治理。由于维修企业的信息不全,维修企业得不到充分展示,车主无从选择应该去哪里维修,维修是否收费过高等问题,成为车主的痛点,也给“黄牛”提供了作假的环境条件。这些都给汽车排放污染维修治理带来很多不确定的因素,如车主和维修企业缺乏信任、治理手段造假、不科学治理、过度治理、无法跟踪车辆治理等。因此,对污染物排放超标车辆进行科学、客观的治理与导流,成为污染物排放超标车辆维修治理的重点环节。

M 站运营管理服务可结合互联网和信息技术手段,实现车辆的治理与导流:

(1)通过公开企业信息,如设施装备情况、人员技术情况、维修评价、投诉情况等,让车主放心、快捷、便利地选择 M 站。

(2)通过市场的倒逼机制,整体提高 M 站的技术、服务和管理水平,培育出一批技术可靠、服务品质优良、诚信经营的 M 站。

超标车辆维修治理与导流重点是客观公正的信息导向。只有客观公正的信息导向,才能实现对车主的有效引导,提高车主体验。I 站排放检验数据、路检数据、营运车辆动态监测数据的共享,经过汽车排放污染维修治理监控系统的导流分析模型,为车主提供具备资质的 M 站名录,同时将检测数据推送至 M 站,可以实现 I/M 的数据共享。

车主根据汽车排放污染维修治理监控系统公开的 M 站信息、评价、评分,择优选择 M 站进行汽车排放污染维修治理,最终实现超标车辆治理的导流。超标车辆维修治理与导流,将有效促进 M 站提高服务质量,推动行业健康、良性发展。

(三)检测、诊断、维修治理技术服务

汽车排放污染超标治理技术包括汽车排放污染检测、诊断、维修治理技术。M 站要从理论知识、装备设备、人员技能等方面提高汽车排放污染检测、诊断、维修治理能力,并紧跟汽车最新技术的发展,不断深入和提高 M 站的尾气维修治理能力。纵观整个汽车排放污染超标治理技术的发展历程,检测诊断装备的发展,作业人员的技能培养、认证,车辆技术的发展和研究直接影响着整个汽车排放污染超标治理技术服务体系。

1. 汽车不解体检测诊断技术

传统的汽车诊断很大程度依赖维修人员的理论知识和实践经验,以及通过诊断人员人工观察、推理分析、逻辑判断和维修经验来进行检测诊断,采取耳听、眼观、鼻闻、手摸等方法,对汽车的技术状况进行检查、试验、分析,很多时候还需要使用元件替换法,最终达成故障部位确定和故障原因查明的检修目标。

汽车排放污染超标具有多原因、互相影响、多数情况下故障现象不明显的特点。故障原因涉及发动机机械部分、发动机排放控制部分,各个系统、部件又相互影响,使得汽车排放污染超标故障的判断比较困难。依靠治理理论和实践经验的检修方法虽方便,但是诊断精准性不高、耗时大,如诊断人员对排放超标故障了解

不深或技术水平不高,检修过程便会十分盲目。

因此,需大力推广汽车不解体检测诊断技术。汽车不解体检测诊断系统技术体系的四大核心技术为:应用设备集成化、车辆诊断智慧化、服务手段网络化、经营管理信息化。分析诊断数据可链接汽车排放污染维修治理监控系统、公众服务系统、汽车配件(供应链)追溯系统,提供第三方尾气检测、维修治理设备等测量仪器的标准接口,利用汽车不解体检测诊断系统工作站设备平台实现互联网、移动互联网的无缝技术服务。汽车不解体检测诊断系统平台标准数据通信接口如图 8-2 所示。

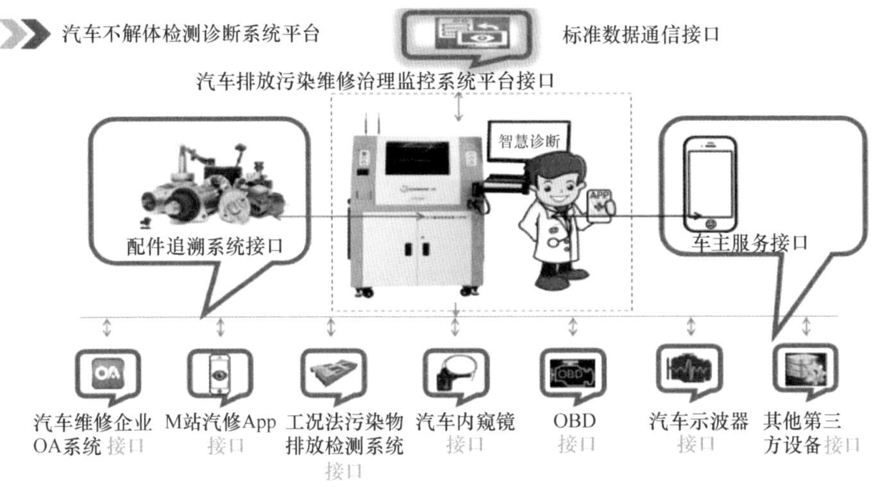

图 8-2　汽车不解体检测诊断系统平台标准数据通信接口

检测数据在不解体检测系统平台上嵌入云诊断分析,根据汽车发动机工作原理、排放控制工作原理,对车辆尾气控制关键数据、尾气排放采集监控,采集的数据通过庞大的尾气维修治理相关知识库,运用大数据分析、故障树、专家诊断、人工神经网络等诊断推理模式自动分析判断故障源和故障指数,实现车辆尾气超标故障智慧诊断。云技术诊断应用了机器学习、人工智能等计算机领域的先进技术,为维修人员提供汽车尾气超标故障部位定位,形成一份完整的汽车检测诊断报告,引导维修人员进行诊断,排除车辆尾气超标的故障。汽车不解体检测诊断系统主要功能如图 8-3 所示。

大力研发、推广汽车不解体检测诊断系统创新技术,利用大数据、物联网、云计算等高新技术产品,推动诊断技术智慧化、智能化,是 M 站车辆检测诊断技术的发展趋势。

图 8-3　汽车不解体检测诊断系统主要功能

2. 维修工艺标准化

《关于促进汽车维修业转型升级提升服务质量的指导意见》(交运发〔2014〕186 号)明确提出建立实施汽车维修技术信息公开制度,汽车生产企业应积极公开汽车维修技术资料。汽车生产企业、职业院校、研究机构、设备厂商等应积极研究和制定汽车排放关键部件的维修工艺,编制汽车排放污染治理相关部件的检测、诊断、修复步骤以及参数;逐步形成维修工艺标准,提高维修工艺水平。通过 M 站运营管理服务,可有效进行对接,加强维修工艺标准化在 M 站的应用推广和培训。

(四)培训服务

M 站作业人员的技术水平严重制约 I/M 制度体系的有序实施,并影响 I/M 制度体系的运行。

对于 M 站作业人员的作业技能和作业规范性的培训认证,可交由行业协会认可且由具备相关能力的社会第三方机构进行,并严格按照 I/M 制度体系规范与细则来具体承担和落实。

I/M 制度体系制定统一的培训课程大纲,其主要培训课程按从业人员类型分为管理和技术两大类;按作业类别可分为诊断和维修两类;按车型类别又可分为汽油车(A)和柴油车(B)两类。制定 M 站作业人员考核认证标准,对考核达标的人员颁发对应级别证书(图 8-4)。不同岗位的作业人员,接受的培训课程不同,证书不是终身制,持证作业人员需要定期培训最新汽车排放控制技术,并经过考核和认证。建立培训认证机构评估考核机制,加强对培训机构的监管,取消不满足条件以及违规培训机构的资质。对于 M 站作业人员作业过程和作业效能的监督,借由信息管理系统软件按照 I/M 管理规范细则所明确的量化指标逐个锁定作业人员,定期进行自动建模和测评,自动形成阶段性分值评价报告。

培训课程：汽油车排放控制系统的机械和电器原理

课程代码：A1

培训课程-汽油类

培训对象：汽油车初级技师学员
目　　的：熟悉汽油车排放控制系统的结构、机械原理、电器部件、电器工作原理等
前提条件：符合初级技师培训报名条件
课程级别：初级
学员人数：
培训费用：
培训时间：

主要内容：

- ▶ 汽油车排放控制系统的组成
- ▶ 汽油发动机构造和工作原理
- ▶ 进气与排气系统工作原理
- ▶ 点火系统类型和工作原理
- ▶ 燃料供给系统工作原理
- ▶ 电控燃油喷射系统工作原理
- ▶ 发动机冷却系统工作原理
- ▶ 燃油蒸发系统工作原理
- ▶ 废气再循环阀结构和工作原理
- ▶ 废气涡轮增压器结构和工作原理
- ▶ 氧传感器类型和工作原理
- ▶ 三元催化转换器类型和工作原理
- ▶ 电子节气门工作原理
- ▶ 二次空气喷射系统工作原理

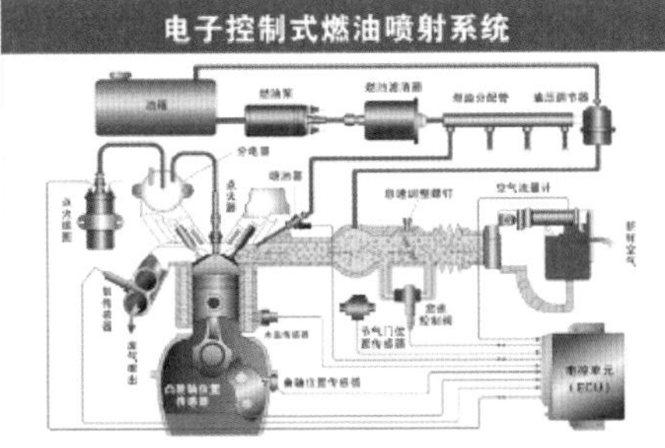

Certificate of Course Completion
培 训 证 书

李

在　　　　培训中心接受如下课程的培训，经考核通过，特发此证。

培训课程：汽油车排放控制系统的机械和电器原理

课程编码：A1

编　号：

20　年11月28日

培训地点：培训中心
培训方式：理论+实训
培训考核：培训结束将进行考核，合格者将获得颁分的培训证明

图 8-4　培训课程和证书

（五）配件服务

M 站在汽车排放污染维修治理中，使用合格的配件是有效保证维修治理质量的关键。

1. 配件认证要求

机动车排放污染维修治理使用的替换零部件应取得国家强制性认证证书。与机动车排放性能相关的零部件品类和目录由交通运输部会同生态环境部制定。与机动车排放性能相关的主要零部件见表 8-1。

与机动车排放性能相关的主要零部件　　表 8-1

序号	零　部　件	
	汽油车零部件	柴油车零部件
1	进气压力传感器	氮氧化物传感器
2	进气温度传感器	催化转换器进口温度传感器
3	空气流量传感器	催化转换器出口温度传感器
4	节气门位置传感器	大气压力传感器
5	冷却液温度传感器	空气流量传感器
6	氧传感器	EGR 系统组件
7	凸轮轴位置传感器	DPF 组件
8	曲轴位置传感器	DOC 组件
9	火花塞	SCR 系统组件
10	喷油嘴	尿素泵组件
11	点火线圈	高压油泵
12	PCV 系统组件	喷油器
13	EGR 系统组件	燃油压力传感器
14	EVAP 系统组件	冷却液温度传感器
15	空气滤清器	进气压力传感器
16	燃油滤清器	空气滤清器
17	真空管	燃油滤清器
18	涡轮增压器	油水分离器
19	三元催化转换器	涡轮增压器
20	空燃比传感器	中冷器

2. 装备配件供应链系统

装备配件供应链系统包括装备配件交易、装备配件追溯和装备配件数据共享。

(1)装备配件交易。在装备配件交易平台交易的物品应在装备配件绿色名录和诚信汽配商名录上。建立配件名录准入和退出机制,满足条件的配件厂商可以申请进入配件名录。平台采用智能匹配功能,可以通过 17 位 VIN 码锁定车型,以及符合该车型的配件内容;也可以输入配件名称,选择品牌等检索配件,在线上支付,由平台送货上门。

(2)装备配件追溯。装备配件追溯包括配件数据采集、追溯查询、诚信汽车配件商名录和绿色配件名录。

配件数据采集是指获取每个维修车辆使用的配件信息,采集的数据从维修电子档案系统获取。

追溯查询可按配件电子身份证(追溯码)或车牌号或保单号查询,可以追溯查询配件的销售、流通和使用全过程环节。

诚信汽车配件商和绿色配件要通过评估认定,有销售假冒伪劣配件的汽车配件商将从名录中删除,退出配件供应链系统。

(3)装备配件数据共享。数据共享接口设计通过接口授权校验后,可和其他系统数据联网。例如汽车排放超标云技术诊断平台通过和调用装备配件数据交换服务接口,直接产生诊断报告、维修方案和维修配件费用。

(六)政策法规服务

汽车排放污染治理政策法规至关重要,对 M 站的政策法规服务是必不可少的,政策法规服务让 M 站能充分理解 I/M 制度体系,从而积极主动参与 I/M 制度体系,有效约束各种不良行为,有效规范汽车产业市场,促进汽车尾气维修治理行业走上科学健康的良性发展轨迹。

1. 政策法规支撑

M 站有效落地运行,离不开 I/M 制度体系政策法规的支撑。交通运输、生态环境、公安、市场监管等多个部门需要紧密配合,根据相关法律法规研究出台地方实施细则,健全 I/M 制度法规体系,实现 I/M 制度体系的闭环,以及汽车排放检验与维修治理的数据闭环。一是要求各方将排放检验不合格车辆的数据共享至 M 站;二是排放检验不合格车辆到 M 站治理合格后数据要共享至 I 站,I 站需要判定车辆确实规范维修才执行复检。只有如此,I/M 制度体系才能持续有序运行。

2. 政策法规宣贯

I/M 制度体系的政策法规正在完善。目前，M 站从业人员对政策法规的理解比较薄弱，需加强政策法规的宣贯，使 M 站从业人员充分理解政策法规。I/M 制度体系应该在政策法规制定的规则下依法运行，并开放包容引入市场机制，促进 I/M 制度体系良性运行。

3. 机动车排放污染维修治理的补贴政策

制定相关的政策，政府购买绩效，实现碳交易，促进企业积极参与，充分发挥企业的积极性。应建立法律援助机制，给 I/M 制度体系的参与者，提供法律援助和法律保障。保护弱势群体，对收入较低的车主，执行相应补贴政策。对排放检验与治理周期内检测治理次数过多的车辆，执行免费补贴政策。

二、M 站运行条件

M 站是经有相关资质的第三方认证机构按照《汽车排放污染维修治理站（M 站）建站技术条件》进行认证并通过，承接排放污染超标车辆依法强制维修治理业务，通过技术诊断查找车辆排放污染超标原因，并有针对性地采取维修治理措施，使超标车辆排放性能恢复并达到相关标准要求，符合相关技术条件的汽车维修企业。M 站在 I/M 制度的运行中承担汽车排放污染维修治理的责任。

（一）企业条件

M 站的建立应满足以下条件：

（1）M 站应符合《汽车维修业开业条件　第 1 部分：汽车整车维修企业》（GB/T 16739.1—2014）对汽车整车维修企业的相关要求，并经所在地县级及以上的交通运输主管部门备案。

（2）M 站应具有现行有效的汽车排放污染检测、诊断、维修相关的法律、法规、规章、标准等文件资料，并确保完整有效、及时更新。

（3）M 站应建立健全组织管理机构，覆盖维修技术、质量控制、配件管理、作业安全、档案管理、设备管理、售后跟踪回访等岗位，并落实责任人。

（4）M 站应建立汽车排放污染检测、诊断、维修治理等操作规程。M 站所采用的汽车污染物排放测量方法应符合当地生态环境主管部门的规定。

（5）M 站应按《机动车维修服务规范》（JT/T 816—2021）要求开展维修服务，

明示经营项目、承修车型，公示配件信息和价格信息、汽车排放污染维修治理流程、工时定额收费标准以及质量保证期。

(6) M 站应悬挂统一式样的标志牌，如图 8-5 所示。

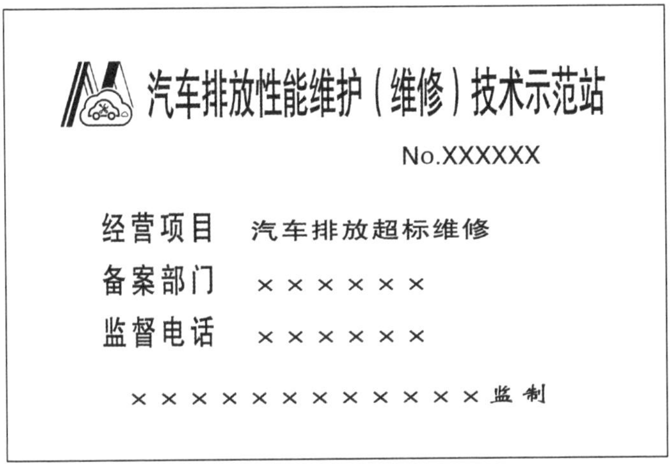

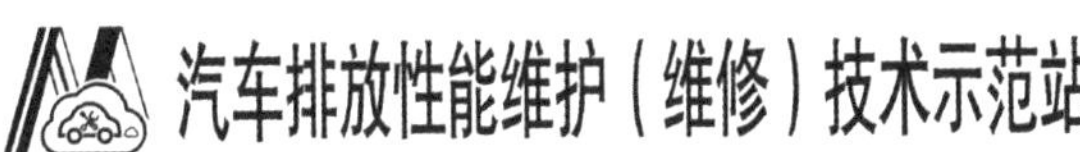

No.XXXXXX

经营项目　汽车排放超标维修

备案部门　××××××

监督电话　××××××

××××××××××××监制

图 8-5　汽车排放污染维修治理站标志牌

(7) M 站的数量和分布应满足以下要求：

①以每年汽车排放污染维修治理量 5000 辆/站确定 M 站设置密度。低于上述密度一般不再设置 M 站。

②地级市市区内 M 站的设置半径一般为 5km，但在同一行政区域内汽车保有量远超过规定数量的除外。

③山区、边远地区的设置规划可依据地理环境等特殊条件区别设置。

（二）人员条件

(1) M 站应有负责人、技术负责人、安全生产管理人员，配备专职检测诊断人员、维修人员和质量检验人员，人员数量应与承修业务量相适应。

(2) 负责人。

①具有企业经营管理及运作能力。

②具有治理环境污染的社会责任感。

③遵纪守法、诚实守信、征信记录良好。

④应经过汽车排放污染维修治理专项培训。

(3) 技术负责人。

①具有汽车维修或相关专业的大专(含)以上学历,或具有汽车维修或相关专业的中级(含)以上专业技术职称,在汽车维修企业5年以上的工作经历。

②具有汽车排放污染超标故障分析诊断能力,能熟练使用检测诊断设备进行检测诊断,解决维修治理中出现的疑难技术问题。

③具有制定企业各项技术质量管理制度和工艺文件的能力,能收集和整理技术资料,指导生产实践。

④具备新技术学习更新能力,以及检测诊断及维修治理过程诚实守信、不弄虚作假的良好职业操守。

⑤应经过汽车排放污染维修治理专项培训。

(4)检测诊断人员。

①具有汽车维修或相关专业的中职(含)以上学历,或具有汽车维修或相关专业的初级(含)以上专业技术职称。

②能熟练使用汽车排放污染检测诊断设备,并具有能开展超标车辆故障技术诊断的能力。

③应持有与承修车辆相适应的机动车驾驶证。

④具有对承修汽车排放污染超标故障进行精确诊断的能力和指导维修人员正确维修治理的能力。

⑤应经过汽车排放污染维修治理专项培训。

(5)维修人员。

①至少有一人取得汽车维修工中级(含)以上职业资格证书。

②具有完成汽车排放污染维修治理作业的能力。

③能熟练使用汽车排放污染维修治理设备和工具,规范作业、精准排除汽车排放污染超标故障。

④应经过汽车排放污染维修治理专项培训。

(6)质量检验人员。

①具备汽车维修质量检验能力。

②应经过汽车排放污染维修治理专项培训。

③应持有与承修车辆相适应的机动车驾驶证。

(7)安全生产管理人员。

①应熟知国家安全生产法律法规,并具有汽车维修安全生产作业知识和安全生产管理能力。

②具备应急处理能力。

（三）设施条件

(1) M 站生产厂房面积、布局应能满足各类仪器设备的工位布置、维修工艺和正常作业的需要，并与其承修车型和业务量相适应。

(2) M 站厂房内应设有专用的汽车排放污染检测诊断工位和维修治理工位，检测诊断工位和维修治理工位的数量应与承修车型、生产作业规模相适应。检测诊断工位和维修治理工位的尺寸应与承修车型相适应；M_{Q1}站和 M_{C1}站的工位面积不小于 $18 \times 8m^2$，M_{Q2}站和 M_{C2}站的工位面积不小于 $8 \times 6m^2$。

(3) M 站应有与承修车型、经营规模以及业务量相适应的合法停车场地，停车场地界定标志明显，不得占用道路和公共场所进行作业和停车。

（四）维修治理服务流程

规范 M 站的维修治理服务流程，可提高 M 站服务质量。根据《机动车维修服务规范》并结合尾气超标故障的特点，建立信息化维修服务核心流程，实现流程化、电子化、标准化，并建立车辆治理电子档案。规范 M 站服务流程应采用信息化的管理系统软件。维修企业信息管理系统开发厂家，应该积极研究开发排放超标治理专项软件，将车辆导流、检测诊断、建立维修电子档案、数据上传、车主服务等全过程实现信息化。M 站维修治理服务流程如图 8-6 所示。

(1) 承修车辆进 M 站，M 站系统从 I 站系统读取承修车辆的排放检测过程及结果数据。当 M 站系统无法获取 I 站系统过程及结果数据时，M 站应按照 I 站规定的测量方法对承修车辆进行汽车排放污染检测。

(2) 对承修车辆进行目视检查。目视检查项目包括查看或询问承修车辆维修记录、检查发动机润滑油、空气滤清器、进气管路、排气管路、真空管路、仪表盘故障警报灯或故障警报等。目视检查不合格的车辆应排除故障。

(3) 对承修车辆进行基础诊断。基础诊断是检测诊断人员凭借自身实践经验和使用检测设备采集发动机工作参数，人工分析汽车排放污染超标故障范围和故障原因，确定汽车排放污染超标故障的诊断方法。

(4) 对承修车辆进行智慧诊断。智慧诊断是应用汽车不解体检测诊断系统物联技术、云计算分析，结合检测诊断故障树模型，实现大数据实时动态分析，精准、快速查出故障范围的诊断方法。

(5) 承修车辆故障诊断后，检测诊断人员签发诊断报告，提出维修方案，维修人员依据诊断报告和维修方案对承修车辆进行维修治理。

(6)承修车辆维修治理后,应进行竣工检验。竣工检验合格的车辆,M站出具维修竣工电子合格证,将车辆三单一证和维修信息上传至汽车排放污染维修治理信息化系统。

(7)车主凭维修竣工电子合格证到I站进行汽车排放污染检验复检。

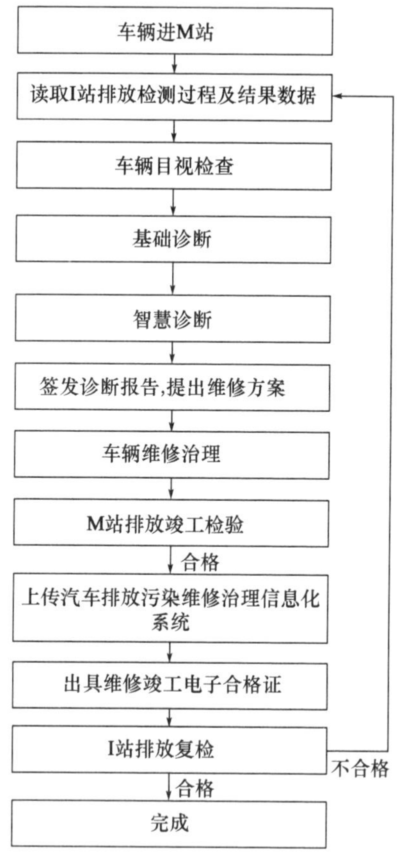

图8-6　M站维修治理服务流程

(五)质量控制

M站应建立质量管理制度和质量保证体系,按照以下要求对维修治理质量进行控制。M站维修企业不得采用临时更换机动车排放控制装置、刷新改写车辆OBD装置等弄虚作假的方式,帮助机动车所有人骗取通过汽车污染物排放检验。

(1)M站应建立完善的质量管理制度和质量保证体系。

(2)M 站应实行维修前检验诊断、维修过程检验和竣工质量检验制度,对车辆维修治理进行全过程质量控制。

(3)M 站应建立配件质量管理制度,采用符合相关质量标准并可追溯的配件。

(4)M 站应实行维修质量保证期制度,质量保证期自维修竣工合格证的签发日期核算。

(六)设备管理及技术要求

M 站应建立设备管理制度,保证设备管理及技术达到以下要求:

(1)M 站应配备与 M 站所在地规定的机动车排放检验方法相一致的检测诊断设备,以及配备必要的维修治理设备,见表 8-2 和表 8-3。

(2)M 站配备的设备及作业工具的规格和数量应与承修车型、生产规模及生产工艺相适应,并符合相关产品标准,技术状况完好。

(3)M 站应制订设备维护计划并有效组织实施,保留维护记录;应依据设备使用说明书,制定设备操作规程。

(4)计量设备及器具应在检定或校准有效期内使用。

(5)M 站应建立标准物质管理制度。

汽车排放污染检测诊断设备　　表 8-2

序号	设备名称	汽油车 M 站	柴油车 M 站	技术参数
1	汽车不解体检测诊断系统	√	√	1.汽车电控故障诊断组件的功能应符合《汽车故障电脑诊断仪》(JT/T 632—2018)的要求; 2.汽车发动机综合检测组件的功能应符合《汽车发动机综合检测仪》(JT/T 503—2004)的要求; 3.点燃式汽车排气分析组件的功能应符合《机动车排气分析仪　第 1 部分:点燃式机动车排气分析仪》(JT/T 386.1—2017)的要求; 4.压燃式汽车排气分析组件的功能应符合《机动车排气分析仪　第 2 部分:压燃式机动车排气分析仪》(JT/T 386.2—2020)的要求; 5.具有基础诊断功能; 6.具有智慧诊断功能; 7.具有汽车排放污染维修治理信息化服务系统功能

续上表

序号	设备名称	汽油车M站	柴油车M站	技术参数
2	工况法污染物排放检测系统(汽油车)	√	—	1.应采用与M站所在地的I站规定相同的测量方法; 2.点燃式机动车排气分析仪应满足《机动车排气分析仪　第1部分:点燃式机动车排气分析仪》(JT/T 386.1—2017)的要求,底盘测功机满足《汽车底盘测功机》(JT/T 445—2021)的要求,流量计满足《气体流量计》(GB/T 32201—2015)的要求; 3.采用稳态工况法(ASM)时,相关设备应符合《汽油车稳态工况法排气污染物测量设备技术要求》(HJ/T 291—2006)的技术要求;采用简易瞬态工况法(VMAS)时,相关设备应符合《汽油车简易瞬态工况法排气污染物测量设备技术要求》(HJ/T 290—2006)的技术要求
3	工况法污染物排放检测系统(柴油车)	—	√	1.应采用与M站所在地的I站规定相同的测量方法; 2.压燃式机动车排气分析仪应满足《机动车排气分析仪　第2部分:压燃式机动车排气分析仪》(JT/T 386.2—2020)的要求,底盘测功机满足《汽车底盘测功机》(JT/T 445—2021)的要求,流量计满足《气体流量计》(GB/T 32201—2015)的要求; 3.采用加载减速工况法(Lugdown)时,相关设备应符合《柴油车加载减速工况法排气烟度测量设备技术要求》(HJ/T 292—2006)的技术要求
4	尾气分析仪	√		
5	不透光烟度计		√	

注:√-要求配备,—-不要求配备。

汽车排放污染维修治理设备　　表8-3

序号	设备名称	汽油车M站	柴油车M站	技术参数
1	红外线测温仪	√	√	符合《工作用辐射温度计检定规程》(JJG 856—2015)的检定要求

续上表

序号	设备名称	汽油车M站	柴油车M站	技术参数
2	烟雾检漏仪	√	√	汽车蓄电池电压供电，内置空气压缩机，输出流量≥10L/min，输出压力≥10Psi（约68.9kPa）
3	喷油器检测清洗分析仪	√	—	超声波清洗，检测均匀性、雾化性、密封性
4	内窥镜	√	√	符合《工业内窥镜》（JB/T 11130—2011）的要求
5	积炭清除设备	√	—	自动清洗，清洗结果不应破坏汽车其他部件的功能
6	DPF清洗设备	—	√	快速清除DPF上的微粒，还原DPF过滤性能，延长DPF寿命
7	SCR清洗设备	—	√	有效还原SCR系统，延长SCR系统寿命
8	干冰清洗机	—	√	干冰给进速度：2~20kg/h（连续可调）
9	氩弧焊机	√	√	符合《氩弧焊机完好要求和检查评定方法》（SJ/T 31437—1994）的要求

注：√-要求配备，—-不要求配备。

（七）安全生产

（1）M站应制定完善的安全生产管理制度。

（2）M站应有所需工种和所配机电设备的安全操作规程，并将安全操作规程上墙或以其他方式明示。

（3）M站使用与存储有毒、易燃、易爆物品和粉尘、腐蚀剂、污染物、压力容器等，均应具备相应的安全防护措施和设施。安全防护设施应有明显的警示、禁令标志。

（4）M站应具有安全生产事故的应急预案。

（八）环境保护

（1）M站应建立环境保护制度（包括流程、台账等），做到危险废弃物集中收集、有效处理，保持环境整洁，并有效执行。有害物质存储区域应界定清楚，均应具备相应的安全防护措施和设施。

(2)M 站作业环境以及按生产工艺配置的处理“四废”及采光、通风、吸尘、净化、消声等设施,均应符合环境保护的有关规定。

(3)M 站调试车间或调试工位应设置汽车尾气收集净化装置。

(4)M 站应采用安全节能环保的设施、设备、材料和工艺开展维修作业。

第三节 监督管理方法

一、I 站监督管理

各级生态环境部门、市场监督部门应对机动车排放检验机构的检验工作加强监管,严肃查处违反有关法律法规和检验标准规范的检验行为,严厉打击排放检验机构不检测出具报告、出具虚假检测报告等行为。

(1)生态环境部门、市场监督部门应运用双随机的方式,每年至少对各机动车排放检验机构进行 2 次现场检查,并留存书面检查记录。

(2)生态环境部门应定期对进行排放检验的车辆检验情况进行统计分析,包括检测的车辆数量、不同类型车辆的数量级占比、初次检验不合格率和维修后复检车辆排放水平的平均变化量。

(3)生态环境部门通过 M 站的维修检测数据,特别是对入厂检测数据和出厂竣工检测数据分析统计,可以分析 I 站检测数据是否存在弄虚作假。

(4)生态环境部门通过路检和巡检,反查出 I 站排放检验和 M 站尾气维修治理的真实性,对弄虚作假的机动车所有人和 I 站依法处罚。

(5)市场监督管理部门应加强对机动车排放检验机构计量检定,加强对机动车排放检验机构计量认证资格及检验检测行为的监督管理,严厉打击违法检验及出具虚假检验数据、报告等行为。

二、M 站监督管理

各级交通运输部门、生态环境部门应加强对机动车排放污染维修治理机构的监管,对违反有关法律法规和维修标准规范的行为予以严肃查处。

(1)交通运输部门建立维修服务流程和数据监管,对治理的检测数据和作业视频、图片上传的监管平台进行监督存证。

(2)交通运输部门监督并保证收费合理、公开、透明。

(3)交通运输部门监督投诉纠纷处理。

(4)交通运输部门应定期向社会公布本辖区内机动车排放污染维修治理站的名单、联系方式、运行情况、维修治理车辆数量、所维修车辆复检合格率等信息。

(5)交通运输部门对严重违规的M站,依法严厉处罚。

(6)市场监督管理部门应加强对M站检验设施设备计量检定的督查。

(7)市场监督管理部门加强对汽车排放相关部件和配件质量监督,M站不得使用不符合认证要求的机动车排放性能相关的零配件品类。

三、营运车辆监督管理

(1)对于机动车申请注册地迁入变更登记的,应取得拟迁入地机动车排放检验合格报告。否则,拟迁入地公安部门不予办理转入手续。

(2)非营运客、货运车辆申请进入道路运输市场的,应取得拟注册地机动车排放检验合格报告;未取得排放检验合格报告的,交通运输部门不予办理《道路运输证》。道路客运、货运车辆排放检验不合格的,交通运输部门不予通过道路运输车辆年审。

(3)拥有5辆以上客车、货车及出租汽车的运营企业,应制定车辆管理维护制度及具体实施作业计划,确保本企业车辆排放合格。

(4)"两客一危"重点车辆,通过全国重点营运车辆联网联控系统监测分析排放相关数据,识别排放污染超标车辆,防止排放治理装置失效或者人为破坏。

第四节　公众服务

一、公众服务作用和意义

车主既是制造排放污染的参与者,也是排放污染的受害者;但是车主却往往站在汽车排放污染治理的对立面,被动参与甚至抵触汽车排放污染治理。然而,公众的参与作用和意义重大,需要深层次考虑解决。

I/M制度体系中的公众服务,不仅让公众了解汽车排放污染治理的原因和好处,更要让公众享有阳光、快捷、便利的汽车排放污染治理服务,让车主省心、省时。公众服务通过政策法规建立规范化的市场,通过市场化合理引导,使得I站检测、M站治理能提升车主的体验感,使得排放检验、维修治理不再是一件费时、复杂

的事。

公众是汽车排放污染治理的先锋，是汽车排放污染治理的监督者，公众全面参与汽车排放污染治理，能够增加汽车排放污染治理方案的多样性，以及汽车排放污染治理监督的多样性，并最终促使I/M制度体系健全优化。政府的制度措施是不得已的强制手段，如果没有公众的积极参与，效果也不可能很好。事实上，公众参与并不是遥不可及的事情。例如，既然知道超速行驶会加重雾霾的形成，就应在高速公路上以正常车速行驶；既然知道拥堵会导致汽车排放污染增加，就应减少私人小汽车的使用，力争绿色出行。

因此，需要依托互联网和移动终端建立的高效、便捷的公众服务平台，建立I站检测、M站信息导流、汽车排放污染治理复检完整流程的公众服务，同时发挥公众的社会监督职能，使I/M制度体系永葆活力。

二、公众宣传

我国I/M制度体系虽然得到了发展，但很多车主还不清楚I/M制度体系的内容和意义，甚至部分I站和M站都对I/M制度体系理解浅显，因此，必须加大I/M制度体系的宣传力度，营造和谐的汽车排放污染治理环境，充分利用宣传舆论导向作用，结合各地实际，通过政府宣贯、媒体宣传、促销推广等不同形式，对I/M制度体系进行深入宣传。

公众宣传旨在增强公众对于排放污染影响健康的认识以及提高健康环保用车意识，从而促进对I/M制度体系的理解、参与，推广公众绿色出行。公众宣传应从更广的维度宣传环保健康用车，针对不同的公众群体采用具有指向性的宣传策略，例如汽车环保意识进课堂，从小培养环保意识，通过企业网站、微信、论坛、QQ群等自媒体工具的宣传，加强与年轻车主的互动，让所有人都感到自己是汽车排放污染治理的影响者和参与者，而不是局外人。只有公众真正参与到汽车排放污染治理中，汽车排放污染治理才能长期保持活力，良性运行。

三、公众维修治理服务

很多车主对汽车维修不是非常了解，对汽车排放污染治理更加不具备专业知识。车主的维修服务就要解决车主维修最关心的问题：一是哪些M站更诚信、可靠；二是维修方案是否合理，是否会过度维修；三是维修费用是否昂贵，是否会乱收费；四是维修后是否会仍不达标。

建立 M 站准入条件,委托第三方机构实施“放心汽修”认证来对 M 站进行综合能力评价,利用大数据分析进行 M 站信誉评价,可以使不满足条件的 M 站退出 I/M 制度体系。M 站的信息通过信息平台对社会公布,包括 M 站地理位置、企业资质、场地设施、设备条件、维修记录、工时费、考核资质等级、投诉情况等内容。运用市场的手段,为车主提供全面客观的 M 站信息,给车主更多选择和参考,最终让车主放心维修,同时通过市场的力量淘汰不良 M 站和培育出一批运行优良的 M 站。

建立汽车排放污染治理的收费标准,包括检测诊断费用、维修工时费用;建立绿色维修配件名录,公布汽车排放污染治理主要配件的供应厂商、价格、保质期等。这样既能保证维修质量,又能让车主明白收费的标准,放心维修。

实行汽车排放污染治理质量保证期制度,质量保证期为汽车行驶 5000km 或者 30 日,质量保证期中行驶里程和日期指标,以先达到者为准。质量保证期自汽车维修合格证上出厂日期算起。M 站应公示承诺的汽车维修质量保证期。在质量保证期内,汽车因同一故障或维修项目经两次修理仍不能正常使用的,M 站应负责联系其他 M 站,并承担相应修理费用。汽车排放污染维修治理质量信誉评价结果是 M 站诚信档案的重要组成部分,由车主对 M 站进行汽车排放污染维修治理质量信誉评价。

建立汽车排放污染治理档案平台,在充分保护车主隐私的前提下,汽车排放污染治理档案向公众公开,公众不仅能检索自己车辆的维修档案,也能搜索同类车辆或类型故障的维修档案。组织志愿专家团队,提供在线诊断服务功能,提供车主尾气维修治理的咨询,解决车主的疑惑,也为维修企业提供技术支持。

四、公众权益保护

各级生态环境、交通运输部门应加强机动车排放污染维修治理、机动车排放检验与维护制度的宣传教育;应建立公众的服务网站,供车主查询汽车排放污染检测、维修治理的政策法规,并发布汽车排放污染检测、治理公众权益指南,提高社会公众对机动车排放污染治理的认识,促进机动车排放污染社会共治,保护公众利益。

交通运输部门、生态环境部门应设立、开通机动车排放检验与维修治理工作的监督、投诉电话或网站,听取社会公众意见建议,接受咨询投诉。

附录1

本书涉及英文缩略语

英文缩略语	中　　文	英文缩略语	中　　文
AIR	二次空气喷射系统	IAC	怠速控制阀
ASM	稳态工况法	ICT	通信技术
BDS	北斗卫星导航系统	ILRS	修复系统
CAN	区域网络控制器	I 站	机动车排放检验机构
DLC	诊断接口	LED	发光二极管
DOC	柴油机氧化催化器	LPG	液化石油气
DPF	柴油车颗粒捕集器	MAF	空气流量传感器
ECM	发动机模块(计算机)	MAP	进气歧管绝对压力传感器
ECT	冷却液温度传感器	MBT	最佳点火提前角
ECU	发动机电子控制单元	MIL	故障指示灯
EGR	废气再循环	M 站	汽车排放性能维护(维修)站
ERP	企业资源管理	NG	天然气
EVAP	燃油蒸发排放控制	NMHC	非甲烷碳氢化合物
GPS	全球定位系统	NMOG	非甲烷有机气体
HC	碳氢化合物	NO	一氧化氮
HO_2S	加热型氧传感器	NO_x	氮氧化物
I/M	汽车排放检验与维护	NTC	负温度系数电阻

续上表

英文缩略语	中　文	英文缩略语	中　文
OBD	车载诊断系统	TCM	自动变速器模块
PCM	动力系统控制模块	THC	总碳氢化合物
PCV	曲轴箱通风阀	TPS	节气门位置传感器
PM	颗粒物	TSI	双怠速法
PWM	脉宽调制信号	VMAS	瞬态工况法
SAE	国际自动机工程师协会	VVT	可变气门正时系统
SCR	选择性催化还原装置	WOT	节气门全开位置
SOF	可溶性有机物		

本书涉及标准

序号	标 准 号	标 准 名 称
1	GB 11340—2015	装用点燃式发动机重型汽车曲轴箱污染物排放限值
2	GB 14762—2008	重型车用汽油发动机与汽车排气污染物排放限值及测量方法（中国Ⅲ、Ⅳ阶段）
3	GB 14763—2005	装用点燃式发动机重型汽车　燃油蒸发污染物排放限值及测量方法（收集法）
4	GB/T 16739.1—2014	汽车维修业开业条件　第1部分：汽车整车维修企业
5	GB 16739.2—2014	汽车维修业职业条件　第2部分：汽车综合小修及专项维修业户
6	GB 17691—2018	重型柴油车污染物排放限值及测量方法（中国第六阶段）
7	GB/T 17692—1999	汽车用发动机净功率测试方法
8	GB 18285—2018	汽油车污染物排放限值及测量方法（双怠速法及简易工况法）
9	GB/T 18344—2016	汽车维护、检测、诊断技术规范
10	GB 18352.6—2016	轻型汽车污染物排放限值及测量方法（中国第六阶段）
11	GB/T 26765—2011	机动车安全技术检验业务信息系统及联网规范
12	JT/T 816—2021	机动车维修服务规范
13	HJ 845—2017	在用柴油车排气污染物测量方法及技术要求（遥感检测法）
14	JB/T 11996—2014	机动车尾气遥测设备　通用技术要求
15	T/CAMRA 010—2018	汽车排放污染维修治理站（M站）建站技术条件
16	RB/T 218—2017	检验检测机构资质认定能力评价　机动车检验机构要求

参 考 文 献

[1] 全国干部培训教材编审指导委员会.推进生态文明　建设美丽中国[M].北京:人民出版社,2019.

[2] 中华人民共和国生态环境部.2021 年中国移动源环境管理年报[R].北京:中华人民共和国生态环境部,2021.

[3] 中华人民共和国生态环境部.2020 中国生态环境状况公报[R].北京:中华人民共和国生态环境部,2021.

[4] 中华人民共和国交通部公路司.汽车排放污染物控制实用技术[M].北京:人民交通出版社,1999.

[5] 刘巽俊.内燃机的排放与控制[M].北京:机械工业出版社,2005.

[6] 王建昕,帅石金.汽车发动机原理[M].北京:清华大学出版社,2011.

[7] 葛蕴珊.汽车排放与环境保护[M].北京:中国劳动出版社,2010.

[8] 双菊荣,王伯光.机动车排气检验:标准解析、设备原理、技术方法与应用[M].北京:科学出版社,2017.

[9] 包晓峰,丁焰,等.柴油车环保达标监管[M].北京:中国环境出版社,2015.

[10] John B H.Internal Combustion Engine Fundamentals[M].New York:McGraw-Hill,1989.

[11] William M P.The IM240 Transient I/M Dynamometer Driving Schedule and The Composite I/M Test Procedure[J].maintenance,1991.

[12] John B H.Internal Combustion Engine Fundamentals[M].New York:Mc-Graw Hill, 1988.

[13] Richard S.Introduction to Internal Combustion Engines [M].4th edition.New York: Palgrave Macmillan,2012.